高等职业教育智能光电技术应用专业群
建设项目系列教材

U0957506

光电器件装配与调试

GUANGDIAN QIJIAN ZHUANGPEI
YU TIAOSHI

主　编　肖　彬　黄　焰　郑　丹
副主编　张泽奎　邓　峰　胡　蝶
　　　　曹小华
主　审　何　琼

華中科技大學出版社
http://www.hustp.com
中国·武汉

内容简介

本书根据教育部《高等职业学校专业教学标准》，参照国家有关技术质量标准和规范，按光电器件装配与调试模块化学习的要求编写，本书以真实生产项目和典型工作任务为载体，将理论与实践相统一，编排合理、图文并茂、资源丰富，是一本形式新颖的工艺手册式活页教材。本书选取光纤光缆、光纤连接器、同轴有源器件、光电显示器件、光伏发电平台五个学习模块，按其装配调试、封装制作的真实生产项目展开，将所需学习的基本知识和基本技能与典型工作任务相结合，由浅入深、循序渐进，提升学习者有关光电器件装配与调试的专业技能和职业素养。

本书适合作为高等职业院校智能光电技术应用、智能光电制造等专业的课程教材，也可作为相关行业工程技术人员的参考用书。

图书在版编目(CIP)数据

光电器件装配与调试/肖彬，黄焰，郑丹主编. —武汉：华中科技大学出版社，2022.6
ISBN 978-7-5680-7684-5

Ⅰ.①光… Ⅱ.①肖… ②黄… ③郑… Ⅲ.①光电器件-装配(机械) ②光电器件-调整试验 Ⅳ.①TN206

中国版本图书馆 CIP 数据核字(2022)第 101087 号

光电器件装配与调试
GuangDian QiJian Zhuangpei yu Tiaoshi

肖　彬　黄　焰　郑　丹　主编

策划编辑：王红梅
责任编辑：刘艳花　李　露
封面设计：秦　茹
责任校对：阮　敏
责任监印：周治超
出版发行：华中科技大学出版社(中国·武汉)　　电话：(027)81321913
武汉市东湖新技术开发区华工科技园　　邮编：430223
录　　排：武汉市洪山区佳年华文印部
印　　刷：湖北新华印务有限公司
开　　本：787mm×1092mm　1/16
印　　张：16.75
字　　数：407 千字
版　　次：2022 年 6 月第 1 版第 1 次印刷
定　　价：78.00 元

华中出版

本书若有印装质量问题，请向出版社营销中心调换
全国免费服务热线：400-6679-118　竭诚为您服务

前言

近年来，国家出台了一系列职业教育改革相关政策文件，印发了《国家职业教育改革实施方案》，发布了《职业教育专业目录(2021 年)》，推进课程思政和“互联网＋”教学改革，落实立德树人根本任务，加强新形势下教材建设，适应中国特色社会主义发展要求。本书根据教育部最新《高等职业学校专业教学标准》，参照国家有关技术质量标准和规范，紧紧围绕高素质技能型人才培养目标进行编写，以服务学生学习和教师教学为宗旨，突出理论和实践相统一，侧重职业岗位能力的培养，强化动手能力和实际操作能力，体现职业教育的先进理念，对接国家产业发展的需求。本书主要特色如下。

1. 探索课程思政，推进三全育人

本书构建“知识目标、能力目标、素质目标”三维目标体系，在专业知识中融入课程思政元素，注重学生专业技能、职业修养、创新能力、责任意识等方面的培养，落实立德树人的根本任务，真正实现全程育人、全方位育人。本书选取了一定的应用教学案例，合理设定教学环节，科学拓展编写内容的广度和深度，从所涉专业、行业出发，增加知识性、人文性，提升引领性、时代性，注重学思结合、知行统一，增强诚实守信的职业精神、勇于探索的创新精神、爱岗敬业的劳模精神和精益求精的工匠精神，使学生成为德智体美劳全面发展的社会主义建设者和接班人。

2. 建设数字资源，深化三教改革

本书编写紧跟时代发展，将信息技术与传统教育深度融合，按照结构化课程和颗粒化资源的要求序化教学内容，同步开发配套数字资源，实现线上线下资源相结合的“互联网＋职业教育”新形态一体化教材。学习者可通过扫描教材中的二维码观看视频、微课等资料，随扫随学、方便灵活，将课程建设、教材编写、配套资源开发、信息技术应用一体化统筹推进，为职业院校有效推动课堂建设和教法改革提供了资源保障和技术保障。

3. 项目任务驱动，开发活页教材

本书以典型光电器件制造项目为载体，理实一体，工学结合，任务驱动，紧紧围绕职业工作任务与职业能力设计模块化教材内容，选取光纤光缆、光纤连接器、同轴有源器件、光电显示器件、光伏发电平台等，按其装配调试、封装制作的真实生产项目展开，将所需学习的基本知识和基本技能与典型工作任务相结合，由浅入深、循序渐进，提升学习者对光电器件装配与调试的专业技能和职业素养。为适应职业岗位教学内容的变化更新，方便岗位作业教学使用。本书为新型活页式、工作手册式教材，将活页式需求内化于内容设计中，体现灵活重组、独立使用、便于更新的学习需求，形成职业岗位能力教学点的内容颗粒化教材，精准对位职业岗位具体工作。同时，科学设计活页教材页码，实现活页页码不乱，使用查找方便。

4. 坚持产教融合，校企双元开发

本书由经验丰富的骨干教师和企业技术专家、能工巧匠共同开发，明确校企双元育人的双主体地位，把人才培养作为共同的愿景和责任，紧跟产业发展趋势和行业人才需求，及时将产业发展的新技术、新工艺、新规范纳入教材内容，反映典型岗位(群)职业能力要求。根据企业真实岗位能力要求设计教材内容，学习任务源于实际工作中的真实业务，同步跟踪行业最新发展，保证了教材内容与真实企业工作任务的对接，解决了教材开发中存在的与企业生产实际脱节、内容陈旧且更新不及时、教材案例选用不系统的问题。

5. 版式设计新颖，符合学情特点

本书按模块设有知识目标、能力目标和素质目标，按任务设有描述分析、知识链接、实施过程、能力提升和评价反馈，按知识点设有注意事项和拓展学习等栏目。本书形式新颖，功能丰富，图文并茂，版式新颖，活泼生动，装帧大气，符合高职学生的认知规律和学习特点。

本书由武汉软件工程职业学院肖彬、黄焰、郑丹任主编，由武汉软件工程职业学院张泽奎和邓峰、武汉昱升光电股份有限公司胡蝶和曹小华任副主编，由武汉软件工程职业学院何琼主审。全书分为 5 个模块，肖彬负责教材的总体设计与规划；模块 1 由郑丹编写；模块 2 由肖彬、胡蝶编写；模块 3 由黄焰、曹小华编写；模块 4 由张泽奎编写；模块 5 由邓峰编写；统稿、定稿工作由肖彬完成。

本书的编写得到了很多院校、企业专业人士的大力支持和帮助，广泛参阅了大批专家、学者公开出版的专著和教材，以及相关网站的信息资源，在此一并表示衷心感谢。同时，真诚感谢华中科技大学出版社和以王红梅编辑为代表的出版社编辑同仁们，是你们坚守专业规范的匠心精神，推动了这本教材的不断完善、不断创新，让我们共同为实现新时代职业教育的发展砥砺前行。

本书的出版是编者长期教学经验的积累和总结，倾注了编者的心血和智慧。由于编者水平有限，书中难免有疏漏和不妥之处，敬请广大读者批评指正，以便本书在今后的修订中不断完善。

编　者

2022 年 7 月

目录

模块 1　光纤光缆的装配与调试　1/1
项目 1　SM、MM 光纤熔接法接续的操作与检测　1/1
任务 1　熔接前光纤端面的制作　1/2
任务 2　熔接接续操作　1/13
任务 3　结果检测　1/24
项目 2　二进二出 12 芯光缆接头盒的封装与固定　1/32
任务 1　封装前的准备　1/33
任务 2　封装固定操作　1/43
任务 3　结果检测　1/54
模块 2　光纤连接器的装配与调试　2/1
项目 1　SC/ UPC 预埋式光纤快速连接器的制作与检测　2/1
任务 1　光纤预处理　2/2
任务 2　光纤快速连接器的组装　2/13
任务 3　插入损耗与回波损耗的检测　2/22
项目 2　SC/ PC-SC/ PC 单模单芯光纤跳线的制作与检测　2/34
任务 1　光纤跳线的组装　2/34
任务 2　光纤连接器端面研磨　2/46
任务 3　端面检测与光学测试　2/56
模块 3　同轴有源器件的装配与调试　3/1
项目 1　插拔型 LC-TOSA 的制作与检测　3/1
任务 1　TOSA 组件清洗与压配　3/2
任务 2　LD 耦合　3/11
项目 2　4PIN SC ROSA 的制作　3/23
任务 1　4PIN SC ROSA 的手动耦合　3/23
任务 2　4PIN SC ROSA 的自动耦合　3/33
项目 3　单纤双向型 BOSA 的制作与检测　3/40
任务 1　三通分光片装配　3/40

任务 2　LD 封焊　3/50
任务 3　BOSA 参数检测　3/59
模块 4　光电显示器件的封装制作　4/1
项目　直插式 LED 的制作与检测　4/1
任务 1　LED 的初始封装　4/2
任务 2　LED 封装的焊线、配胶、灌胶环节　4/11
任务 3　LED 的切角、分选、包装　4/20
模块 5　光伏发电技术相关实验及实训平台　5/1
项目　了解风光互补发电系统的结构、功能和进行远程数据获取　5/1
任务 1　了解光伏发电系统的构成　5/2
任务 2　风力发电机和变频器的控制及数据获取　5/10
任务 3　仪表数据处理和图表生成　5/23

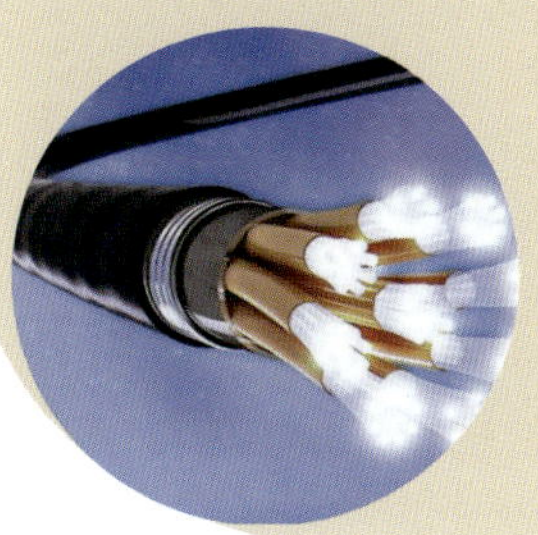

模块1 光纤光缆的装配与调试

所谓光纤通信，就是利用光纤来传输携带信息的光波以达到通信的目的。光纤通信以其独特的优越性成为当今信息传输的主要手段，与卫星通信、微波通信共同支撑着全球通讯网。光纤通信系统组成如图 1-1 所示，主要包括发射系统、接收系统和作为广义信道的基本光纤传输系统三大部分。基本光纤传输系统分为光发射机部分、光纤线路部分和光接收机部分。光纤线路的功能是把来自光发射机的光信号以尽可能小的畸变（失真）和衰减传输到光接收机。光纤线路由光纤、光纤接头和光纤连接器组成。光纤是光纤线路的主体，接头和连接器是不可缺少的器件。实际工程中使用的是容纳许多根光纤的光缆。

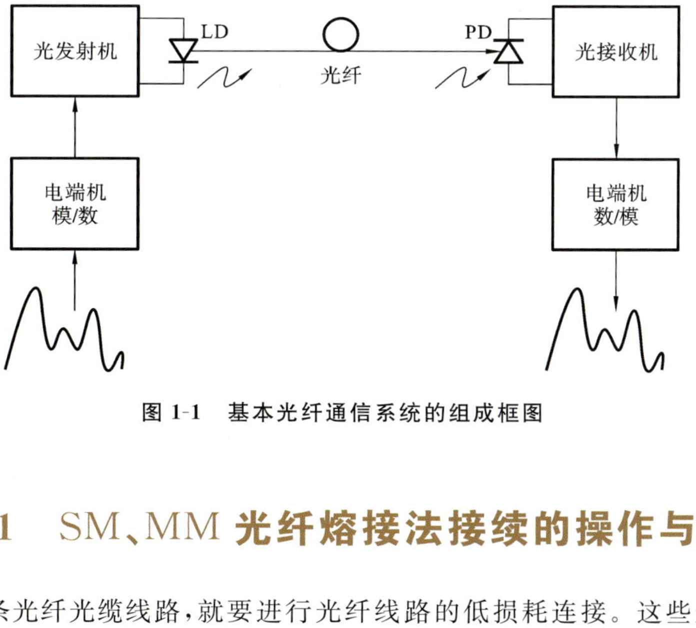

图 1-1　基本光纤通信系统的组成框图

项目 1　SM、MM 光纤熔接法接续的操作与检测

要形成一条光纤光缆线路，就要进行光纤线路的低损耗连接。这些连接存在于光源与光纤、光纤与光纤及光纤与光检测器之间。光纤的连接有的是永久连接的，有的是可拆卸式（活动）连接的。光纤间不可拆除的对接便是光纤的固定连接，通常称之为接头，通常用作线路中间光纤与光纤的连接；而一个易拆卸的连接则称为连接器，俗称活接头，常位于光缆终端处，用于将光源或光检测器与光缆中的光纤连接起来。

我们往往希望光纤的固定接续能操作简便、插入损耗小、性能稳定。因而，采用高精度的全自动熔接机来熔接光纤，是目前最为常用且实用的一种固定接续的方法。

学生应通过对 3 个子任务的学习，掌握光纤接续工艺及检测评价方法，形成对光纤固定连接的基本认知，并具备一定的专业实践能力。

◆ **知识目标**

¤ 了解光纤的概念、基本结构、分类和特点
¤ 了解光纤传输损耗特性
¤ 了解光纤连接的常见方法
¤ 掌握光纤端面制备的工艺流程
¤ 了解光纤熔接设备的基本结构、工作原理
¤ 掌握光纤熔接的工艺流程
¤ 理解光纤熔接有关参数的概念和意义

◆ **能力目标**

¤ 能快速识别常见光纤的类型
¤ 能熟练使用光纤端面制作的工具和设备
¤ 能独立完成 SM、MM 光纤端面的制作
¤ 能分析、解决光纤端面制作过程中的问题
¤ 能熟练使用检测仪表对光纤端面的质量进行分析评价
¤ 掌握光纤熔接机的操作流程
¤ 掌握光纤接续质量的检测方法
¤ 能归纳整理光纤熔接各环节的作业指导书

◆ **素质目标**

¤ 建立对光纤光缆的基本认知，建立职业能力初步认知
¤ 培养专业信息分析和解决问题的能力，具备一定的工程实践能力
¤ 培养爱岗敬业、细心踏实的综合职业素养，提升语言表达能力、团队协作能力

任务 1　熔接前光纤端面的制作

1. 描述分析

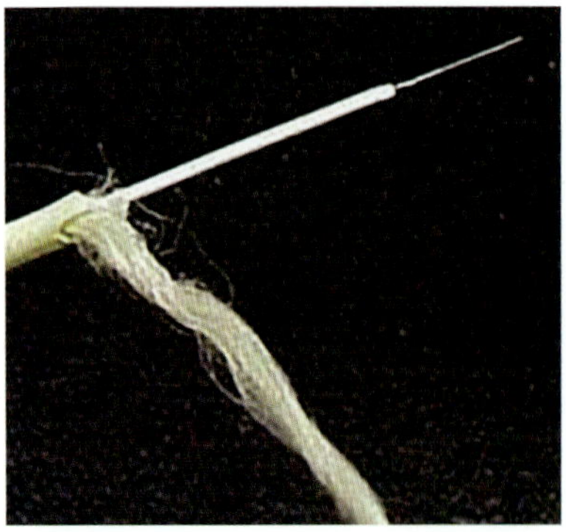

图 1-2　带二次涂覆层的光纤实物图

在安装任何光纤通信系统时，必须考虑以低损耗的方式把光纤连接起来，要求尽量减少在连接的地方出现的光能量损耗。带涂覆层的光纤的实物图如图 1-2 所示。合格的光纤端面是高质量光纤连接的必要条件，端面质量直接影响熔接质量。光纤端面的制备包括剥覆、清洁和切割这几个环节。那么，光纤的结构和类型有哪些？光纤损耗产生的原因有哪些？光纤接续前端面的处理流程中，各工具如何使用？需要注意什么？安全事项有哪些？带着这几个问题，我们进入任务 1 的学习。

2. 知识链接

1）光纤概述

光纤是一种由高度透明的石英（或其他材料）经复杂的工艺拉制而成的光波导材料。光纤的典型结构为多层同轴圆柱体，一般由折射率较高的纤芯、折射率较低的包层及涂覆层和护套构成，其典型结构图如图 1-3 所示。纤芯和包层作为光纤结构

的主体，对光波的传播起着决定性作用。涂覆层与护套的作用则是隔离杂散光、提高光纤强度、保护光纤等。

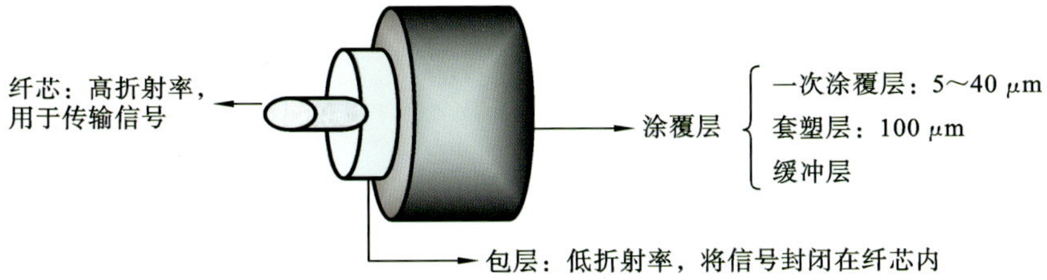

图 1-3 典型光纤结构示意图

光纤作为光信号传输的介质，可根据传输特性、传输模式数量、制造所用材料、纤芯折射率分布规律等分类。按纤芯中传输的模式数量分类，光纤可分为能传输几百至上千个模式的多模（Multimode，MM）光纤和只能传输一种模式的单模（Singlemode，SM）光纤。多模光纤的制造工艺成本较低，但存在模间色散。单模光纤因无模间色散，可用于高速传输系统。根据折射率在纤芯和包层的径向分布情况，多模光纤又可分为阶跃多模光纤和渐变多模光纤。

将多根光纤放在一个保护套内，并按一定的结构排列，就可构成光缆。

拓展学习

查阅资料，了解单模光纤、多模光纤的制造工艺与传输特性的不同，知晓其特点、结构和应用。

2）光纤连接

光纤的连接方式有永久性连接和活动性连接两种，永久性连接的接头称为固定接头，使用熔接（热接）或冷接（接续子）方法；活动性接头为活接头（机械接头），如珐琅盘、FC/PC、SC 等活动连接器。光纤连接方式分类如图 1-4 所示。

- 光纤连接方式
  - 永久性连接
    - 熔接法
    - 胶接
    - 固定连接器连接
  - 活动性连接
    - FC 型连接器
    - PC 型连接器
    - ST 型连接器
    - SC 型连接器

图 1-4 光纤连接方式

永久性的连接通常用作线路中间光纤与光纤的连接；而一个易拆卸的活动接头常位于光缆终端处，用于将光源或光检测器与光缆中的光纤连接起来。

光纤作为光波导遇到不连续点就会产生损耗或反射，固定接头和活接头都是特定的不连续点。对于固定接头，光波将产生较大的瑞利散射；对于活接头，将产生较大的菲涅尔反射。

光纤的接续直接关系到工程质量和寿命，光纤端面的制备是光纤接续的关键步骤之一。

3）光纤熔接前端面的制作工具

连接两根光纤之前，必须准备光纤的端面，应保证端面平滑，并与轴线垂直，防止连接点的偏转与散射。一般的方法有研磨、抛光与切割。研磨和抛光可得到较好的端面，但不用于现场制备光纤端面。切割需要在光纤上划一道刻痕，利用表面产生的应力集中而折断光纤，若应力控制不好，将产生裂纹或分叉。

制作光纤端面所需工具和材料有直尺、光纤剥纤钳、专用剪刀、光纤切割刀、无尘纸、酒精泵瓶等，如表 1-1 所示。因光纤脆弱易损伤，操作难度高，请选用正品优质工具，并保证工具保养精良。

表 1-1　光纤熔接前端面的制作工具

工具名称	光纤剥纤钳	专用剪刀（凯夫拉剪刀）	光纤切割刀
功能	剥除光纤涂覆层等	剪切光缆中的芳纶丝	切割光纤
实物图	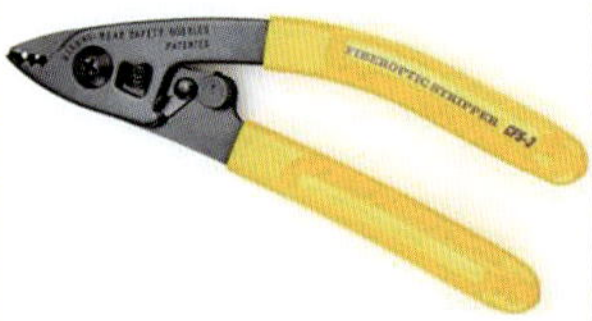		

部分工具和材料的要求如下。

（1）直尺：用于测量纤芯等部分的预留余量，最小刻度为 1 mm。

（2）酒精泵瓶：方便单手按压蘸取酒精。

（3）无尘纸：表面无尘屑，能蘸取无水酒精清洁裸纤外壁。

（4）光纤切割刀：分为手动切割刀和电动切割刀两种。前者操作简单，性能可靠，随着操作者水平的提高，切割效率和质量可大幅度提高，且要求裸纤较短，但该切割刀对环境温差要求较高。后者切割质量较高，适宜在野外寒冷条件下作业，但操作较复杂，工作速度恒定，要求裸纤较长。熟练的操作者在常温下进行快速光缆接续或抢险，采用手动切割刀为宜；反之，初学者或在野外较寒冷条件下作业时，应采用电动切割刀。

本任务采用 CT-30 手动切割刀，适应单芯石英光纤，光纤涂覆层直径为 0.25 mm 和0.9 mm，光纤包层直径为 125 μm，切割光纤长度为 9～16 mm，切割角度小于等于 0.5°，刀刃寿命为 12000 次。切割刀结构如图 1-5 所示。

3. 实施过程

连接两根光纤之前，必须准备光纤的端面，保证端面为镜面（避免全反）且垂直于光纤的纤轴。

本任务介绍刻痕拉断法，适用 ϕ2.0 mm 护套、芳纶丝、ϕ0.9 mm 紧套光纤、ϕ0.25 mm 预涂覆光纤和 ϕ0.125 mm 裸纤端面处理。

光纤端面制作包括以下步骤。

图 1-5 切割刀结构

1）步骤一，剥除涂覆层

使用米勒钳和专用剪刀，按长度需要，剥除多余的光纤外保护层(松套管、紧套层)、涂覆层，如图 1-6 所示，以便后续端面处理工作。

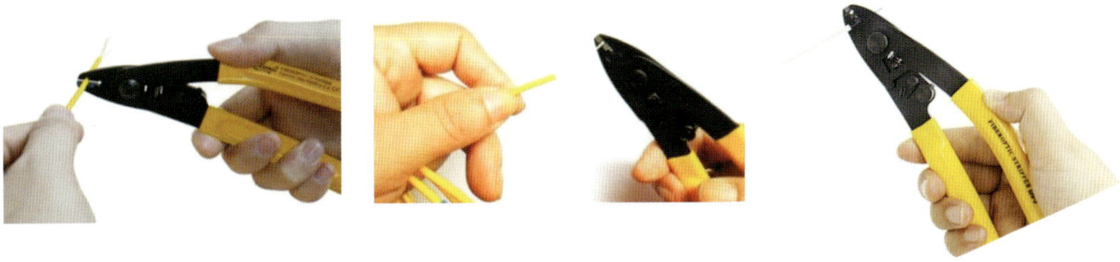

（a）剥除松套管 （b）剥除紧套层 （c）去除涂覆层

图 1-6 剥纤

(1) 检查光缆断面是否平整，若断面不齐，则用专用剪刀修剪整齐。

(2) 剥去光缆皮线，用米勒钳剪断光缆皮线约 3.5 cm，露出芳纶丝及 ϕ0.9 mm 光纤。注意让米勒钳和光纤成 45°角，适当用力，以免光纤折断。剪断护套时，不能切断芳纶丝，更不能损伤 ϕ0.9 mm 光纤。

(3) 固定芳纶丝，将芳纶丝捻到一起，反向打弯后将其用卡环临时固定在光缆皮线上。注意芳纶丝应全部固定，不能有散落或遗漏。制备光纤端面之前要先将光纤放在盘纤板内比画一下，把多余的光纤去掉，然后在其一侧套上热缩管，再制备光纤端面。

(4) 剥除光纤涂覆层。

在制作光纤端面的过程中，在剥除光纤涂覆层时，剥纤钳(米勒钳)要与光纤轴线垂直，确保剥纤钳不刮伤光纤。要掌握“平、稳、快”三字剥纤法。“平”，即持纤要平，左手拇指和食指捏紧光纤，使之成水平状，所露长度以 5 cm 为好，余纤在无名指、小拇指之间自然打弯，以增加力度，防止打滑。“稳”，即剥纤钳要握得稳。“快”，即剥纤要快，剥纤钳与光纤垂直，上方向内倾斜一定角度，然后用钳口轻轻卡住光纤，右手随之用力，用力要适度，顺光纤轴向平推出去，整个过程要自然流畅，一气呵成。

☆ **注意事项**

在剥除光纤涂覆层时，要确保剥纤钳不刮伤光纤。

2）步骤二，清洁裸纤

裸纤的清洁应按下面步骤进行。

（1）观察光纤剥除部分的涂覆层是否全部剥除，若有残留应重剥。如有极少量不易剥除的涂覆层，可用棉球蘸适量酒精，边浸渍边逐步擦除。

（2）将无尘纸撕成层面平整的扇形小块，蘸少许酒精（以两指相捏无溢出为宜），折成 V 形，夹住已剥覆的光纤，顺光纤轴向擦拭，如图 1-7 所示，力争一次成功。一块无尘纸使用 2～3 次后要及时更换，每次要使用无尘纸的不同部位和层面，这样既可提高无尘纸的利用率，又可避免光纤的二次污染。

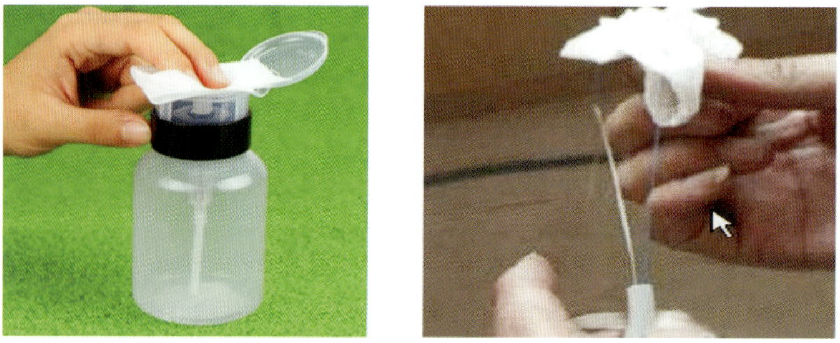

图 1-7　裸纤清洁

☆ **注意事项**

（1）剥除了涂覆层的裸纤极易断裂，应沿同一方向擦拭裸纤，避免损伤裸纤。

（2）如一次擦不干净，则应更换无尘纸位置多擦几次，直至干净为止。

（3）擦净后切勿直接用手触摸裸纤，避免污染裸纤表面。

3）步骤三，切割光纤端面

裸纤的切割是光纤端面制备中最为关键的部分，精密、优良的切刀是基础，严格、科学的操作规范是保证。

首先，打开光纤切割刀的上压板，观察确认刀片滑块靠近自己；其次，打开压纤板，将清洁干净的裸纤放入 V 形槽内，并调整剩余裸纤为 10 mm，按下压纤板固定光纤；然后，合上上压板，确保光纤位置不移动且呈直线状；快速推动刀片滑块，打开上压板和压纤板，观察光纤是否切断，小心取出光纤；清理切掉的光纤，还原光纤切割刀。

操作人员应经过专门训练，应已掌握动作要领和操作规范。首先要清洁切割刀和调整切割刀的位置,切割刀的摆放要平稳,切割时,动作应自然、平稳、勿重、勿急,避免断纤、斜角、毛刺及裂痕等不良端面的产生。另外,应学会"弹钢琴",合理分配和使用自己的右手手指,使之与切口的具体部件相对应、相协调,并提高切割速度和质量,切割刀操作过程如下。

光纤切割刀操作示意图如图 1-8 所示。轻压切割刀臂并滑动锁扣解锁切割刀臂;推压滑动刀座至锁定位置,将制备好的光纤放在切割刀上;将切割刀臂按压到底,在滑动刀座弹回初始位置时放开,内置弹簧会自动将其回复至打开状态。

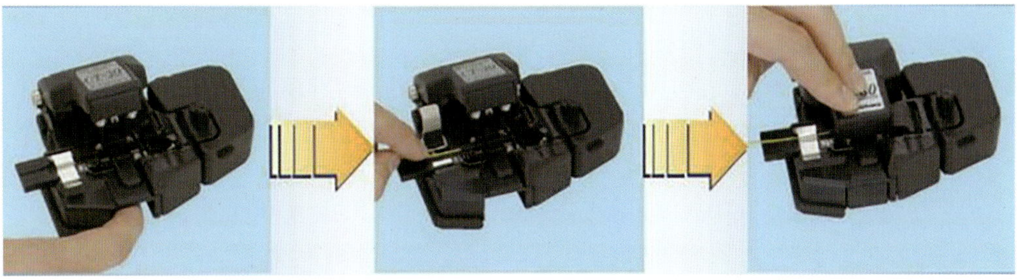

图 1-8 光纤切割刀操作

(1) 250 μm 裸纤切割操作示意图如图 1-9 所示。

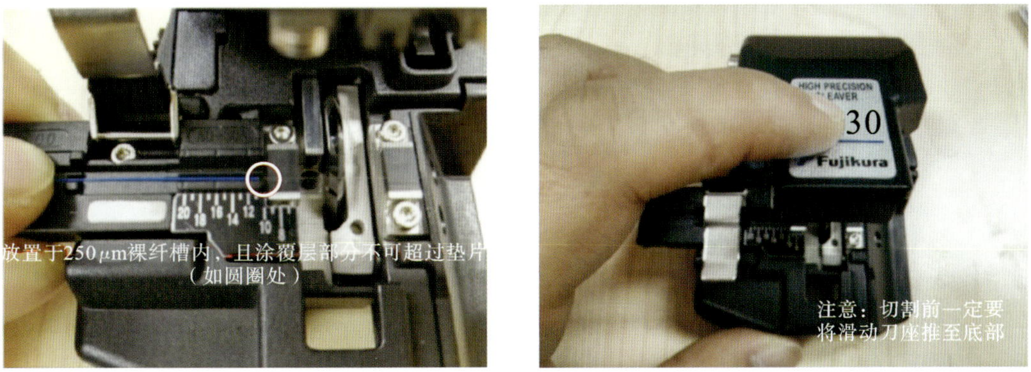

图 1-9 250 μm 裸纤切割操作

(2) 900 μm 裸纤紧包操作示意图如图 1-10 所示。

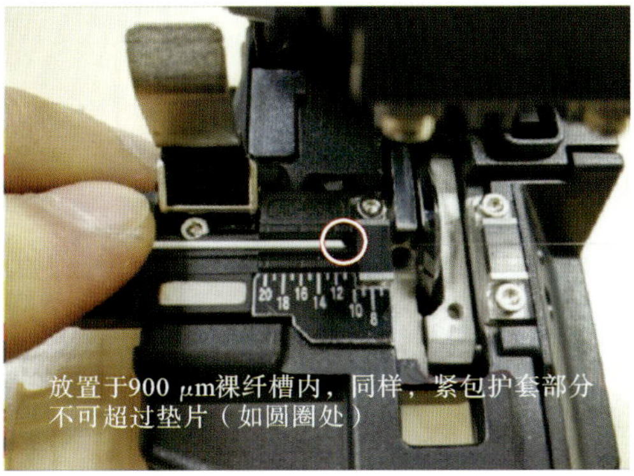

图 1-10 900 μm 裸纤紧包操作

端面质量将直接影响接续质量，所以在熔接前一定要做好合格的端面。用专用的剥纤钳剥去涂覆层，再用蘸有酒精的清洁棉在裸纤上擦拭几次，用力要适度，然后用精密光纤切割刀切割光纤。裸纤的清洁、切割和熔接的时间应紧密衔接，不可间隔过长，特别是已制备的端面，切勿放在空气中。移动时要轻拿轻放，防止与其他物件擦碰。在接续中应根据环境对切割刀 V 形槽、上压板、刀片进行清洁，谨防端面污染。

☆ 注意事项

（1）切割后的光纤端面要小心保管，在取光纤时，要轻拿轻放，确保光纤不碰到任何物体，避免端面碰伤。

（2）为保证光纤切割端面的最佳效果，不要用手接触刀刃，每次使用前应观察刀片是否干净，定期用无水酒精清洁刀片、V 形槽和压纤板，确保无灰尘及油污，妥善保管。

（3）光纤有细小而锋利的边缘，在操作时要小心，避免伤害到眼睛或皮肤。穿上合适的工作服，戴上安全眼镜和手套，减少意外事故的发生。

（4）设置安全工作区，要将裸纤收集放入特殊的黄色危险物品垃圾桶，减少安全隐患，进一步减少生产风险。

4）步骤四，结果检查与现场 6S

完成上述步骤后应进行自检，通过目测或者熔接机显示屏观察切割端面平整度，如图 1-11 所示。如果光纤端面不合格，熔接机将拒绝工作，或接出的接头损耗很大，不符合工程要求。端面经自检确认合格后方可流入下道工序。

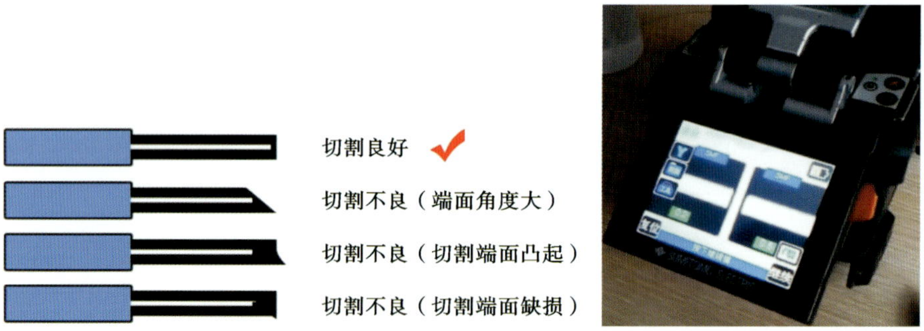

图 1-11　端面切割检测

整理光纤切割刀等工具，将切割掉的光纤收集放入特殊的黄色危险物品垃圾桶。

现场 6S 管理可充分调动操作者的工作积极性，营造高效的工作环境，培养操作者良好的工作习惯，使实施过程制度化和规范化，其适应真实工作场景的要求，可提高操作者的安全意识和劳动素养。

拓展学习

查阅资料，了解现场 6S 的要点，即整理、整顿、清扫、清洁、素养、安全。请结合本任务谈谈自己如何做好现场 6S 管理。

4. 能力提升

能力提升包括制定计划、要点归纳、训练记录三个方面。

1）制定计划

要求指引	分组分工，梳理流程，制定计划，协作共同完成； 详细记录，展示成果，分享经验，互相查漏补缺； 自评互评，总结反思，巩固提高，分阶突破难点。
安排组织	每3～4名学生组成小组，设组长1名，负责带领本组同学分工合作，制定工作计划，学习行为组织。教师负责学习引导、安全监督、控制进度、规范流程、保证教学质量。本小组成员及分工如下：
工作计划	小组讨论结果如下：
预期目标	

2）要点归纳

知识笔记&思维导图

续表

工艺流程

3）训练记录

<table>
<tr><td rowspan="4">基本信息</td><td>任务内容</td><td colspan="2">SM、MM 光纤熔接法接续的操作与检测——熔接前光纤端面的制作</td></tr>
<tr><td>小组成员</td><td colspan="2"></td></tr>
<tr><td>所需条件</td><td colspan="2"></td></tr>
<tr><td>完成时间</td><td colspan="2"></td></tr>
<tr><td>序号</td><td>训练内容</td><td colspan="2">完成情况</td></tr>
<tr><td>1</td><td>剥除涂覆层</td><td>记录：</td><td>结果：</td></tr>
<tr><td>2</td><td>清洁裸纤</td><td>记录：</td><td>结果：</td></tr>
</table>

续表

3	切割光纤端面	记录：	结果：
4	结果检查与现场 6S	记录：	结果：

5. 评价反馈

1）鉴定评价

任务内容		SM、MM 光纤熔接法接续的操作与检测——熔接前光纤端面的制作				
小组成员						
评价方式		个人自评、小组互评、教师评价				
考核项目		评分依据	标准分数	个人自评	小组互评	教师评价
学习过程	制定计划	是否正确可行	10			
	要点归纳	是否全面无误	10			
	工具使用	是否熟练有效	10			
	操作环节	是否迅速规范	10			
	完成情况	是否符合要求	10			
训练记录	知识内容	是否详实准确	10			
	操作过程	是否熟练完成	10			
	时间统计	是否在规定时间内完成	10			
综合态度	团队协作	是否和谐团结	4			
	讨论分享	是否积极精彩	4			
	安全意识	是否牢固树立	4			
	生产纪律	是否严格遵守	4			
	现场 6S	是否执行落实	4			
合计			100			

2）总结反馈

小组成员		
自我反思	任务难点	
	成功之处	
	不足之处	
	改善方案	
小组总结		
教师点评		

任务 2　熔接接续操作

1. 描述分析

我们往往希望光纤的固定接续能操作简便、插入损耗小、性能稳定。熔接法是指在光纤端面处理好后，进行轴心对准，并熔化光纤端面进行连接。这种方法产生的连接损耗非常小，典型的平均值为 0.06 dB。采用高精度的全自动熔接机来熔接光纤，是目前最为常用且实用的一种固定接续的方法，光纤熔接机外形如图 1-12 所示。那么，光纤熔接机如何规范操作？需要注意什么？安全事项有哪些？带着这几个问题，我们进入任务 2 的学习。

2. 知识链接

1）光纤的接续损耗

所谓损耗就是指光纤每单位长度上的衰减，单位为 dB/km。光在光纤中传输时会产生损耗，而损耗的高低直接影响传输距离或中继站间隔。这种损耗主要是由光纤自身的传输损耗和光纤接头处的连接损耗组成的。然而，光缆一经定购，其光纤自身的传输损耗也基本确定，而因光纤的接续而产生的损耗则与光纤本身及现场施工等诸多因素有关。光纤的接续损耗占整个光纤线路损耗相当大的一部分，因此光纤连接问题不容忽视，努力降低光纤的接续损耗，对光纤通信有着非常重大的意义。

影响光纤接续损耗的因素较多，如图 1-13 所示，大体可分为本征因素和非本征因素两类。

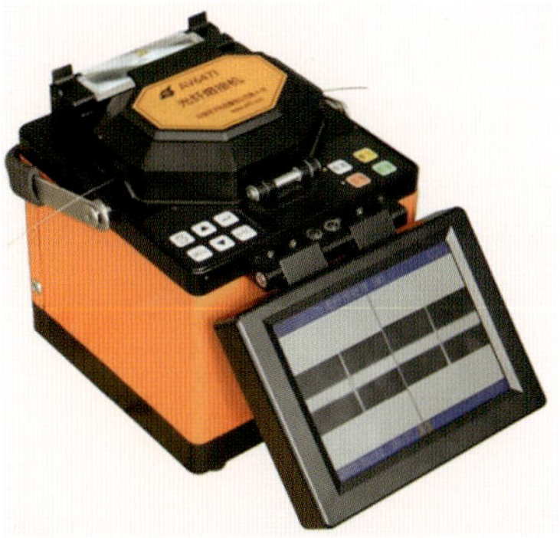

图 1-12　光纤熔接机

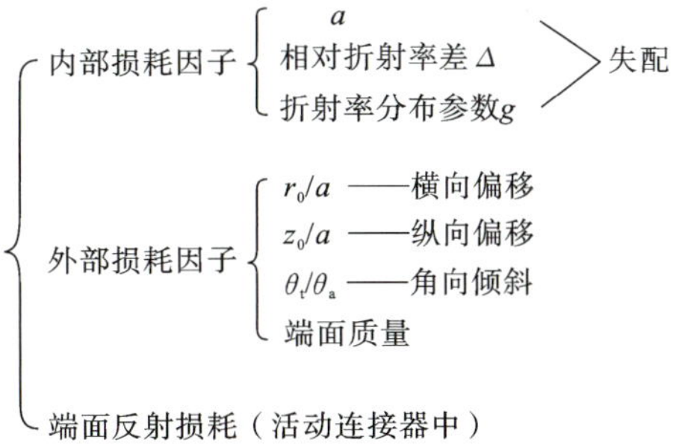

图 1-13　光纤接续损耗因素分类

（1）本征因素造成的损耗。

本征因素所造成的损耗是由光纤制造过程中出现的偏差和缺陷引起的，不能用机械或外加工的方法加以修正，是固有的损耗。

造成这类损耗的原因主要有如下几个：光纤模场直径不一致；根光纤芯径失配；纤芯截面不圆；纤芯与包层同心度不佳等。其中，光纤模场直径不一致造成的影响最大。按国际电报电话咨询委员会（CCITT）的建议，单模光纤的容限标准为：模场直径为（9～10）μm±10%，即容限约为±1 μm；包层直径为（125±3）μm；模场同心度误差应小于等于 6%；包层不圆度应小于等于 2%。

（2）非本征因素造成的损耗。

影响光纤接续损耗的非本征因素是光纤制造过程结束后进行对接出现的损耗，是附加损耗。这类损耗产生的原因主要有以下几个。

横向偏移：单模光纤纤芯很细，两根对接光纤轴心错位，使得纤芯不同心，从而影响接续损耗。当错位 1.2 μm 时，接续损耗达 0.5 dB，如图 1-14(a)所示。

纵向偏移：当熔接机放电电压较低时，容易产生端面分离，损耗很大，这种情况一般在有拉力测试功能的熔接机中是可以被发现的，如图 1-14(b)所示。

角向倾斜：当光纤断面倾斜 1°时，约产生 0.6 dB 的接续损耗，如果要求接续损耗≤0.1 dB，则单模光纤的倾角应≤0.3°，如图 1-14(c)所示。

端面质量：光纤端面的平整度不高或光纤端面有气泡时也会产生损耗，如图 1-14(d) 所示。

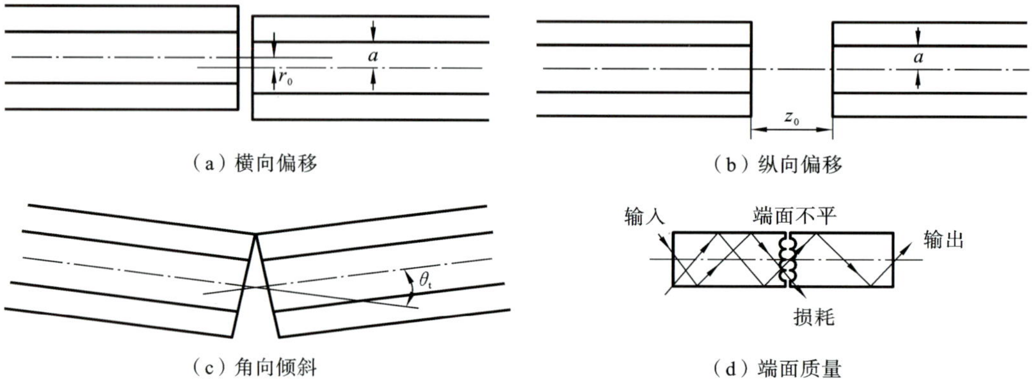

(a) 横向偏移 (b) 纵向偏移 (c) 角向倾斜 (d) 端面质量

图 1-14 光纤接续损耗示意图

接续点附近的光纤物理变形：光缆在架设过程中有拉伸变形、接续盒中夹固光缆压力太大等，都会对接续损耗有影响，甚至熔接几次都不能改善。

除了几何偏移外，在制造中因为两根光纤几何特性和波导特性存在差异，也会产生耦合损耗。另外，接续人员的操作水平、操作步骤、盘纤工艺水平、熔接机中电极的清洁程度、熔接参数设置、工作环境清洁程度等都会影响接续损耗值。

拓展学习

查阅资料，了解光纤损耗的大小(衰减系数 α)的定义，了解光纤耦合损耗的产生原因有哪些。

2) 使用工具介绍

根据选用的 ϕ2.0 mm 皮线光缆的结构特点，光纤熔接需要使用光纤熔接机、热缩套管、直尺、皮线光缆开剥器、专用剪刀(凯夫拉剪刀)、光纤剥纤钳、光纤切割刀、无尘纸、酒精泵瓶等，如表 1-2 所示。因光纤脆弱易损伤，操作难度高，请选用正品优质工具，并保证工具保养精良。

部分工具和材料的要求如下。

(1) 皮线光缆开剥器：轻松剥除皮线光缆 PVC 护套。

(2) 专用剪刀(凯夫拉剪刀)：剪切光缆中的芳纶丝，使用舒适，寿命长。

(3) 光纤剥纤钳：剥除光纤紧套层和涂覆层。

(4) 光纤切割刀：切割制作良好平整的光纤端面。

(5) 无尘纸：表面无尘屑，能蘸取无水酒精清洁裸纤外壁。

(6) 酒精泵瓶：方便单手按压蘸取酒精。

(7) 光纤熔接机：对光纤进行熔接。

表 1-2 使用工具

工具名称	光纤切割刀	热缩套管	光纤熔接机
功能	切割光纤，制作优良端面	对光纤熔接点进行加固保护	对光纤进行熔接
实物图	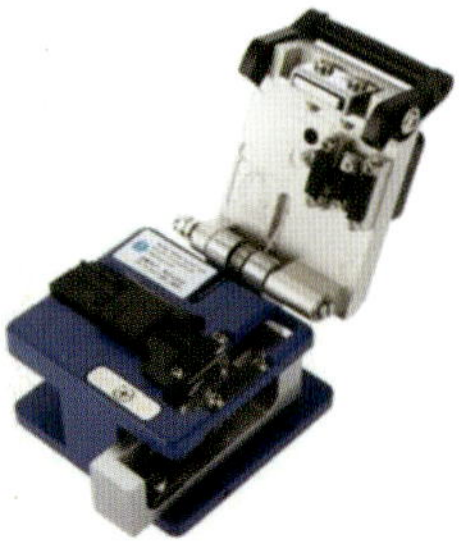		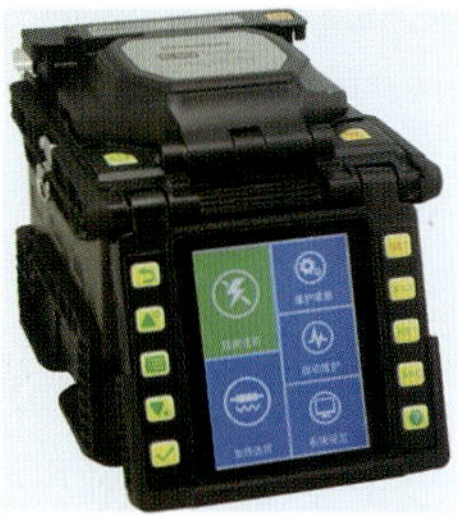

单纤熔接机是目前使用最广泛的一种机型，它一次可完成一根光纤的连接。它可对光纤进行自动对准、熔接和连接损耗的测试，具有热接头图像处理系统，能对熔接过程进行自动监测。

光纤熔接机主要由高压电源、放电电极、光纤调准装置、控制器和显示器几部分构成。

电极预放电，清洁光纤端面，接通高压后，电极间产生电弧使对接光纤的端面熔化，利用石英分子间的作用力使光纤连接起来。光纤熔接机结构如图 1-15 所示。首先，光纤熔接机要正确地找到光纤的纤芯并将它准确地对准，然后通过电极间的高压放电电

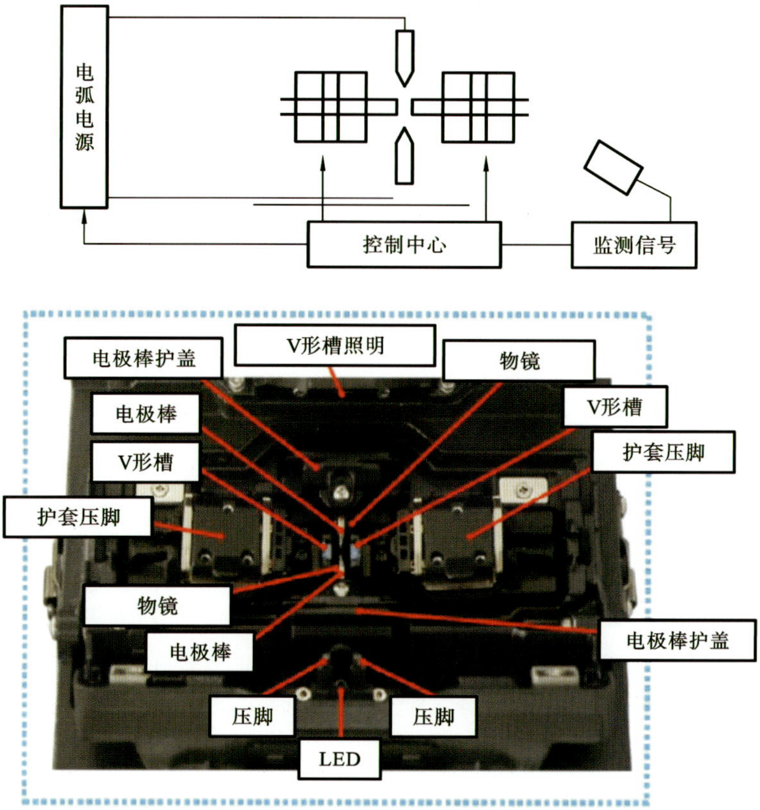

图 1-15 光纤熔接机结构框图和实物结构图

弧将光纤熔化再推进熔接。高压电源用于产生 3000～4000 V 的高压。放电电极安装于电极架上，两尖端间隔一般为 0.7 mm，在接通高压后电极间产生电弧，使光纤熔化。光纤调准装置是对光纤进行对准的微调机构，它的微调范围在 ±10 μm 以上。控制器包括监视单元和微处理机两部分。其监视单元是本地光功率监测机构，由微处理机完成自动调整和连接损耗估算。可以通过改变微机程序调整放电时间和放电电流。光纤熔接机的熔接损耗是根据纤芯接头的错位、变形、是否有气泡等因素计算出来的。显示装置用显微镜观察被接光纤端部，用电视或液晶显示器观察光纤状态和熔接质量。

工作过程示意图如图 1-16(a)所示，将光纤放在熔接机的 V 形槽中，小心压上光纤压板和光纤夹具，根据光纤切割长度设置光纤在压板中的位置，关上防风罩，即可自动完成熔接，整个过程只需十几秒。以单模光纤为例，工作程序图如图 1-16(b)所示。

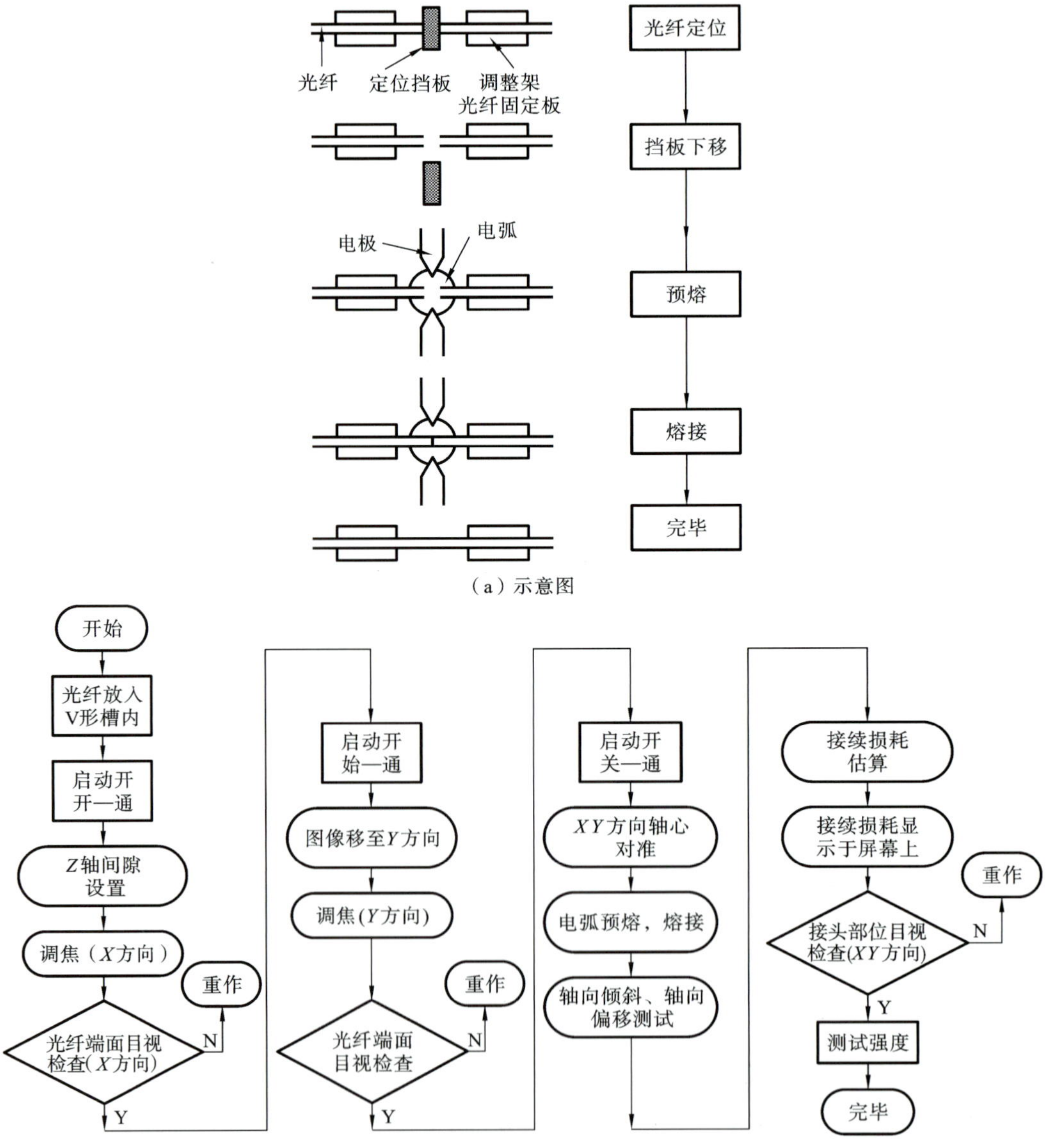

(a) 示意图

(b) 程序图

图 1-16　光纤熔接过程

3. 实施过程

CATV 使用的光纤有常规型单模光纤和色散位移单模光纤，工作波长有 1310 nm 和 1550 nm 两种，熔接前要根据系统使用的光纤和工作波长来选择合适的熔接程序。如没有特殊情况，一般都选用自动熔接程序。用热缩套管对光纤接头进行保护的示意图如图 1-17 所示。

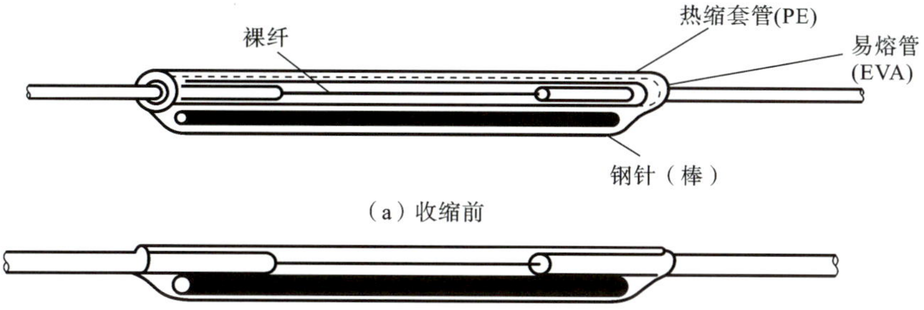

（a）收缩前

（b）收缩后

图 1-17 用热缩套管对光纤接头进行保护

熔接过程包括端面的准备、纤芯的对正、熔接和接头增强等。具体操作流程如下。

1）步骤一，剥除涂覆层

使用米勒钳和专用剪刀，按长度需要，剥除多余的光纤外保护层（松套管、紧套层），剥除从头部算起 30～40 mm 的涂覆层，方法如前所述，以便后续工作。

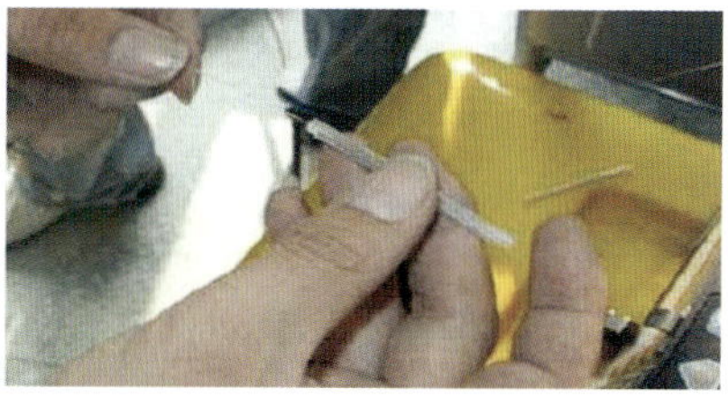
图 1-18 装热缩套管

2）步骤二，装热缩套管

剥除涂覆层后我们要给需要熔接的两根光纤各自套上光纤热缩套管，如图 1-18 所示。光纤热缩套管主要用于在玻璃丝对接好后套在连接处，经过加热形成新的保护层。

> ☆ **注意事项**
>
> （1）熔接点附近的光纤历经高温时处于“真裸”状态，十分脆弱，承受抗弯能力很差，因此有必要立即施加保护。
>
> （2）为避免玷污光纤，应在切割光纤端面之前套入热缩套管。

3）步骤三，清洁裸纤

为保证光纤端面切割光滑平整，在切割之前必须对剥除涂覆层的裸纤表面进行清洁。用无尘纸按压酒精泵瓶，蘸取无水酒精后轻轻擦拭裸纤表面，方法如前所述。

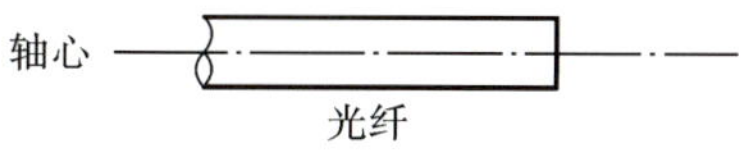

图 1-19 光纤端面与轴心示意图

4）步骤四，切割光纤端面

将两根接续光纤各自的端面处理好，最好令光纤端面与轴心垂直，或与垂直线相差小于 1°，如图 1-19 所示。

用光纤切割刀斩切光纤，斩切长度要适中。具体操作是，打开切割刀的大、小压板，放置光纤，令光纤涂覆层边缘对准切割刀标尺上 16 mm 刻度处，将光纤放入光纤导槽中并与刀刃垂直，合上小、大压板，切割具体操作和注意事项如前所述。

5）步骤五，熔接光纤

光纤切割之后不能再对裸露的光纤进行清洁，切割面不要与其他任何物体接触或长时间放置，应立即将其放入熔接机 V 形槽里。熔接光纤时不能用肉眼直接向纤中窥探，以防激光灼伤眼睛。在熔接之前，对光纤熔接机进行放电实验测试，放电状态良好方可进行接续。光纤熔接步骤如下。

(1)将光纤固定、对正。打开防风罩和皮线夹具。将制备好的光纤放入 V 形槽并将光纤顶端保持在电极棒和 V 形槽之间的区域。用手指压住光纤并关上夹具使光纤不能松动，确保光纤处于 V 形槽底部。如放置不当，请重新放置。注意光纤底部不要触碰 V 形槽和电极棒。按照同样的方式制备好待接续光纤端面，按照上述方式将光纤放入熔接机另一侧，如图 1-20 所示。

通过 CCD 摄像和计算机处理，通过显示器检测。在 X、Y、Z 轴 3 个方向进行最佳对正，通过自身发射激光并检测最大的光功率来调整对正。可以从光纤熔接机的显示屏中看到两端玻璃丝的对接情况，如果误差不大，仪器会自动调节对正，当然我们也可以通过按钮 X、Y 手动调节位置。将端面制备完毕的光纤放入熔接机的 V 形槽中，并露出 2～3 mm，查看光纤端面是否接近电极棒处，切勿超过两个电极棒的中线，两根光纤保持合适的距离，盖好防护盖。启动熔接机的自动熔接开关进行熔接，等待几秒钟后就完成了光纤的熔接工作。

(2) 按 SET 键开始熔接。预热推进，用电弧对光纤端部加热 0.2～0.5 s，使毛刺、凸面除去或软化；同时将 2 根光纤相对推进到合适位置后停下，使端面直接接触且受到一定的挤压力。让两根光纤保持几微米的间隙进行预熔。接下来会检查切割角度和端面，如图 1-21 所示。如果切割角度的测量值高于阈值或者检测到光纤碎片，蜂鸣器会发出声音并弹出错误信息警告操作者。

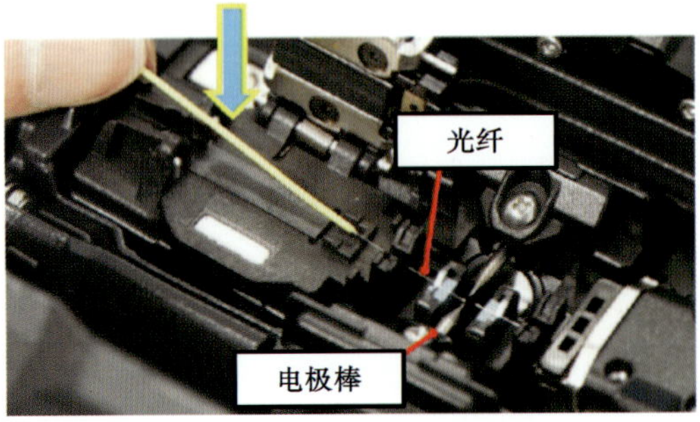

图 1-20　光纤固定、对正

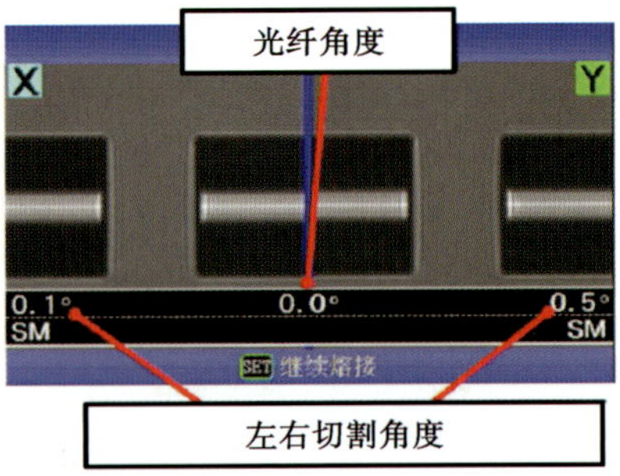

图 1-21　光纤预熔接端面检查

最后通过高温电弧使光纤接头熔接在一起，通过发射激光可以调节放电时间，达到最佳熔接效果。放电时间为：多模 2～4 s，单模 1 s。目前熔接机的对正、熔接、拉力测试操作可全自动进行。熔接结束后，显示屏会显示熔接点损耗估算值，如图 1-22 所示。熔接点处的衰减值一般要求控制在 0.02 dB 以下。之后，用大约 4 N 的力进行拉力测试。当检测切割角度或熔接损耗中的任何一个值超过设定门限值时，熔接机会显示错误信息。如果熔接后的光纤被检查出有异常，如“过粗”、“过细”或“气泡”，熔接机都会显示错误信息。当没有错误信息提示，但通过熔接显示器观察发现熔接效果很差时，建议重新熔接。

(3) 光纤接头用热缩套管进行保护。熔接完的光纤玻璃丝还露在外头，很容易折断。这时候就可以使用刚刚套上的光纤热缩套管进行固定了。

首先取出熔接好的光纤，如图 1-23 所示，在熔接机边缘用左手捏住光纤左边，打开右边的夹具盖，从右边滑动热缩套管至熔接点位置。用右手捏住光纤右边，光纤的取出就完成了。左手拿住光纤，将热缩套管移至熔接点位置，勿使熔接点松弛。另外，别让光纤受过多的压力导致断裂。

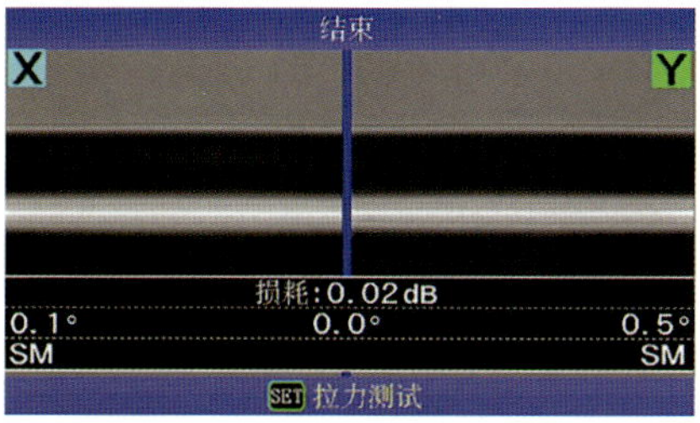

图 1-22 光纤熔接点测试

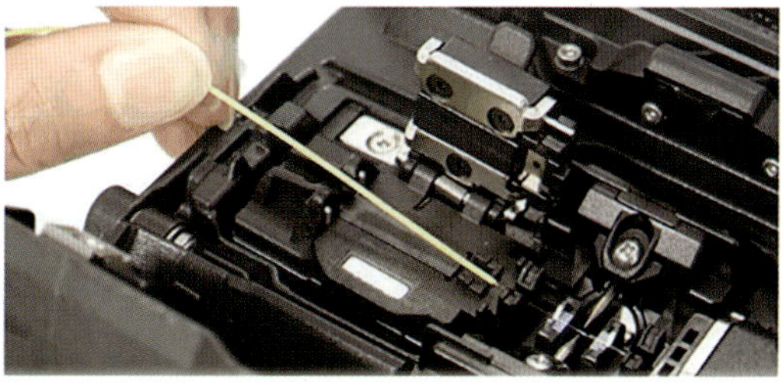

图 1-23 取出熔接好的光纤

接着，将套好光纤热缩套管的光纤向下移至加热炉并放到加热器中，如图 1-24 所示。关闭加热炉盖，按“HEAT”键，加热循环自动开启。加热器可使用 20mm 微型热缩套管和 40 mm 及 60 mm 一般热缩套管，20 mm 热缩管需 40 s，60 mm 热缩管需 85 s。

图 1-24 捏紧光纤直到加热炉盖完全关闭

加热过程完成后，蜂鸣器响，加热 LED 灯灭。打开加热炉盖，适当用力从加热炉中取出热缩套管，观察加热完后的热缩套管，检查内部有无气泡、脏物和灰尘。至此便完成了纤芯的熔接工作。

☆ 注意事项

(1) 热缩套管应在剥覆前穿入，严禁在端面制备后穿入。

(2) 剥纤时应掌握“平、稳、快”三字剥纤法。

(3) 切割后的裸纤长度应保留在 1.5 cm 左右。若太长，熔接后裸纤长度会超过热缩套管长度，则不能保护裸纤。

(4) 制备光纤端面时必须先擦拭后切割，制备好的光纤端面必须清洁，不得有污物。裸纤的清洁、切割和熔接应紧密衔接，不可间隔过长，特别是已制备的端面切勿长时间暴露在空气中，更不能使其受潮。

(5) 熔接作业开始前需要做放电实验。使熔接机在熔接环境中放置至少 15 min。

(6) 切割下的废光纤请注意妥善处置，以免造成人身伤害。

6）步骤六，结果检查与现场 6S

完成上述步骤后应进行自检。光纤熔接点的检测方式有：操作人员观测方式、熔接机自动监测方式、光源光功率计监测方式、OTDR 监测方式。

（1）在显示器上观察光纤接续部位有以下情况时应重接：有连接痕迹、连接层呈球状、接头部位变粗、存在轴向偏移、存在气泡、接头部位变细。这些可能是由端面切割不良、端面不干净、预熔时间短、放电强度太大、锥形功能打开及光纤送入量不合要求等造成的，应该重新熔接。

（2）连接耗损估计。在熔接指示器上查看损耗读数是否符合标准。不同情况有不同的标准，一般为小于等于 0.02 dB。

（3）张力测定。熔接机上有张力测定装置，其已加上了 240 g 的张力。若没有此装置，必要时可用手轻拉光纤，不断则为合格。

（4）接续损耗测量。这是个经验数据，若施工中监测，则必须准确测量接头损耗。应尽可能使用同一品牌的纤芯。光缆架设应严格按要求进行，避免纤芯损伤。接续应在整洁的环境中进行。应选用高精度的切割刀来制作光纤端面，挑选经验丰富的接续人员进行接续。

熔接机的显示接续损耗为参考值。应边熔接边在局端用 OTDR 进行监测（有条件时采用双向平均法进行测试），并做好记录。

现场 6S 管理可充分调动操作者的工作积极性，营造高效的工作环境，培养操作者良好的工作习惯，使实施过程制度化和规范化，其适应真实工作场景的要求，可提高操作者的安全意识和劳动素养。

拓展学习

查阅资料，了解现场 6S 的要点，即整理、整顿、清扫、清洁、素养、安全。请结合本任务谈谈自己如何做好现场 6S 管理。

4. 能力提升

能力提升包括制定计划、要点归纳、训练记录三个方面。

1）制定计划

要求指引	分组分工，梳理流程，制定计划，协作共同完成； 详细记录，展示成果，分享经验，互相查漏补缺； 自评互评，总结反思，巩固提高，分阶突破难点。
安排组织	每 3～4 名学生组成小组，设组长 1 名，负责带领本组同学分工合作，制定工作计划，学习行为组织。教师负责学习引导、安全监督、控制进度、规范流程、保证教学质量。本小组成员及分工如下：
工作计划	小组讨论结果如下：
预期目标	

2）要点归纳

知识笔记 & 思维导图
工艺流程

3）训练记录

基本信息	任务内容	SM、MM 光纤熔接法接续的操作与检测——熔接接续操作	
	小组成员		
	所需条件		
	完成时间		
序号	训练内容	完成情况	
1	剥除涂覆层	记录：	结果：
2	装热缩套管	记录：	结果：
3	清洁裸纤	记录：	结果：
4	切割光纤端面	记录：	结果：
5	熔接光纤	记录：	结果：
6	结果检查与现场 6S	记录：	结果：

5. 评价反馈

1）鉴定评价

任务内容		SM、MM 光纤熔接法接续的操作与检测——熔接接续操作				
小组成员						
评价方式		个人自评、小组互评、教师评价				
考核项目		评分依据	标准分数	个人自评	小组互评	教师评价
学习过程	制定计划	是否正确可行	10			
	要点归纳	是否全面无误	10			
	工具使用	是否熟练有效	10			
	操作环节	是否迅速规范	10			
	完成情况	是否符合要求	10			

续表

训练记录	知识内容	是否详实准确	10			
	操作过程	是否熟练完成	10			
	时间统计	是否在规定时间内完成	10			
综合态度	团队协作	是否和谐团结	4			
	讨论分享	是否积极精彩	4			
	安全意识	是否牢固树立	4			
	生产纪律	是否严格遵守	4			
	现场 6S	是否执行落实	4			
合计			100			

2）总结反馈

小组成员		
自我反思	任务难点	
	成功之处	
	不足之处	
	改善方案	
小组总结		
教师点评		

任务 3　结果检测

1. 描述分析

光纤连接后，光传输经过接续部分会产生一定的损耗，称为接头损耗（接续损耗）。不论是单模光纤还是多模光纤，接头处都会因被连接的两根光纤本身的几何、光学参数不完全相同和连接时轴心错位、端面倾斜、端面间隔大、端面不清洁等因素产生接头损耗。

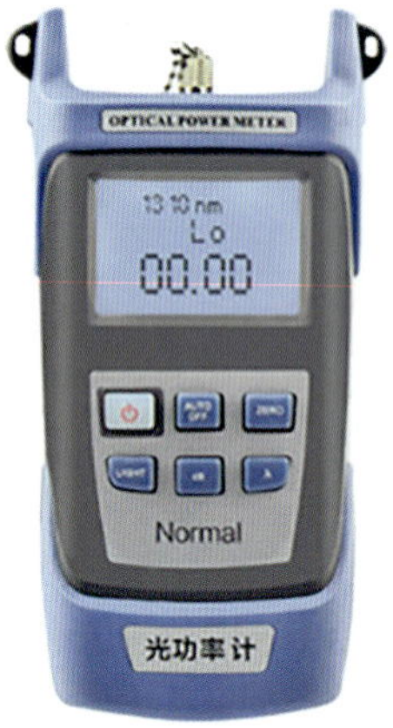

图 1-25　光功率计

熔点处的衰减值一般要求控制在 0.02 dB 以内，最大值不超过 0.03 dB。光功率计是检测光纤损耗的常用仪表之一，其外形如图 1-25 所示。那么，光纤接续损耗点损耗如何测试呢？工具如何使用？需要注意什么？安全事项有哪些？带着这几个问题，我们进入任务 3 的学习。

2. 知识链接

1）光纤的传输损耗特性

传输损耗的概念：光波在光纤中传输时，由于光纤材料对光波的吸收和散射、光纤结构的缺陷和弯曲及光纤间的耦合不完善等原因，光功率会随传输距离按指数规律衰减，这种现象称为光纤的传输损耗。光纤的传输损耗是光纤的重要参数之一。

（1）以功率表示衰减：通常，光波在实际的光纤中传输时，光功率 P 将随着传输距离 L 的增加而作指数衰减。如果 P_{in}是长度为 L 的光纤的输入端注入光功率，则输出端的光功率 P_{out}应为

$$P_{out}=P_{in}\exp(-\alpha l) \tag{1.1}$$

（2）以 dB（分贝）为单位表示衰减：光纤损耗的大小可用光波在光纤中传输 1 km 产生的功率衰减分贝数(dB)，即衰减系数 α 来表示

$$\alpha=-\frac{1}{L}10\lg\frac{P_{in}}{P_{out}} \tag{1.2}$$

习惯上 α 的单位用 dB/km 表示，式中，P_{in}为注入光纤的光功率；P_{out}为经过光纤传输后的输出光功率；L 为光纤长度。

将信号功率与某个绝对值或某个噪声功率进行比较。

分贝为一种功率比值，其用相当简单的方式表示很大的比值：

$$\mathrm{dB}=10\lg(P_{out}/P_{in})$$

功率比与损耗的对应关系如表 1-3 所示。

表 1-3　功率比与损耗的对应关系

功率比	10^N	10	2	1	0.5	0.1	10^{-N}
dB	$+10^N$	+10	+3	0	−3	−10	-10^N

如功率增加一倍，表明增益是 3 dB；功率减小到一半，表明损耗是 3 dB。分贝是一比值或相对单位，示例如下。

光纤损耗为 6 dB——通过光纤后，功率减小到 25%。

连接器损耗为 1 dB——通过连接器后，功率减小到 80%。

2）利用光功率计进行接头损耗测试

光纤接头损耗测试示意图如图 1-26 所示。

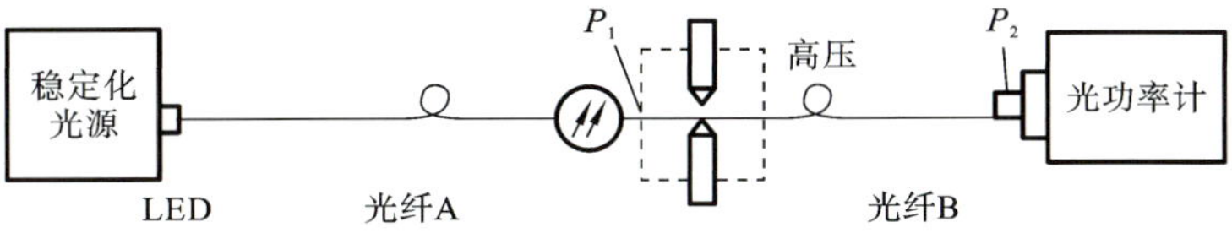

图 1-26 光纤接头损耗测试示意图

测试方法：测出光纤 A 的输出功率 P_1，接续后 A、B 两根光纤的光功率 P_2。设接头损耗为 A'_S，光纤 B 的传输损耗为 A'_B，由衰减定义 $A=10\lg\frac{P_1}{P_2}$，$10\lg\frac{P_1}{P_2}=A'_S+A'_B$，即 $A'_S=10\lg\frac{P_1}{P_2}-A'_B$。

拓展学习

查阅资料，了解光纤损耗检测仪器——光时域反射仪（OTDR）的使用场合。

3）使用工具介绍

使用工具如表 1-4 所示。

表 1-4 使用工具

工具名称	光纤光源	光功率计	光纤接头	光纤清洁笔
功能	手持式激光光源，为单模/多模光纤提供稳定输入	测量绝对光功率或通过一段光纤的光功率相对损耗	用于光纤与光纤、光纤与设备（光端机、光测试仪表）等的连接	用于清除光纤连接器或端面的灰尘、油污和碎屑等
实物图	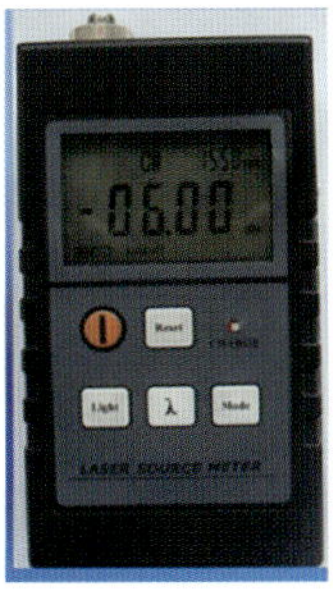	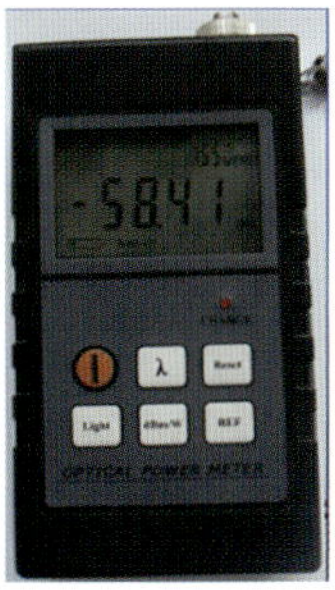	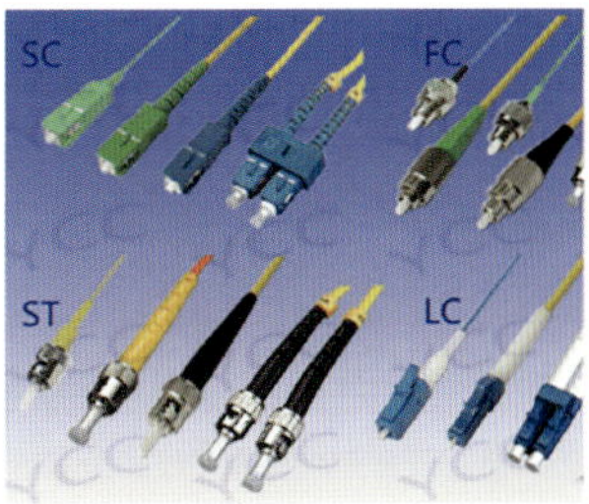	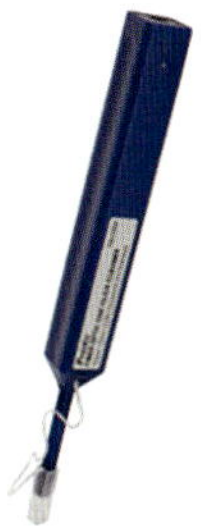

下面介绍常见手持式光功率计的使用，其面板功能如图 1-27 所示。其主要用于连续光信号功率的测量，采用四位液晶显示，具有自动量程转换、自动关机、自动清零、多波长测量、相对功率测量等功能。工作波长为 850 nm、980 nm、1300 nm、1310 nm、1490 nm、1550 nm、1625 nm 可选。测量范围为−40 dBm 至+20 dBm（0.1 nW 至 100 mW），

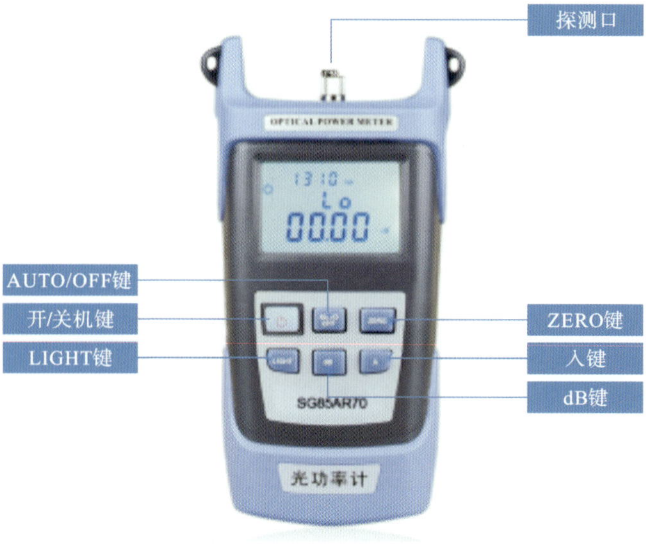

图 1-27 光功率计面板

测量精度为±5%,探头接口类型为 FC/SC 型。

3. 实施过程

某些熔接机使用一种用于光纤成像和测量几何参数的断面排列系统,从两个垂直方向观察光纤,通过计算机处理并分析该图像,从而确定包层的偏移、纤芯的畸变、光纤外径的变化和其他关键参数,使用这些参数来评价接头的损耗。但依赖于接头和它的损耗评估算法求得的接续损耗可能与真实的接续损耗存在相当大的差异。

用光功率计测量光纤损耗的方法为:光纤一端接光源,另一端接光功率计,将光功率计工作波长设为 1310 nm 或 1550 nm,先用尾纤连接光功率计,读数并记录功率值。然后接上被测光纤,读功率数。两数相减就是光纤的衰耗。

1) 步骤一,清洁接头

为了测试结果的准确性,不论是仪器还是光纤接口,在使用前均应用清洁笔清洁干净,如图 1-28 所示。

2) 步骤二,预热光源

开机检查电源能量情况,并预热光源5~10 min。

3) 步骤三,设定光源性质

按需要设定光源性质、波长、功率单位,确认一致性。

4) 步骤四,校表

用标准尾纤连接光源、光功率计,确定入纤功率。直接用对接头把两根跳线连好,跳线一端接功率计,一端接光源,测出的功率值(dBm)作为基准值 A(读数值)。

5) 步骤五,测试线路上的光功率

松开对接头的跳线端头,注意:光源、光功率计端的跳线头不要动,维持原测试条件,可减少误差。在待测线路两端连好跳线,进行测量,如图 1-29 所示,测出的值为 B(读数值)。

6) 步骤六,计算

线路损耗值$=B-A+0.5$(dBm)。

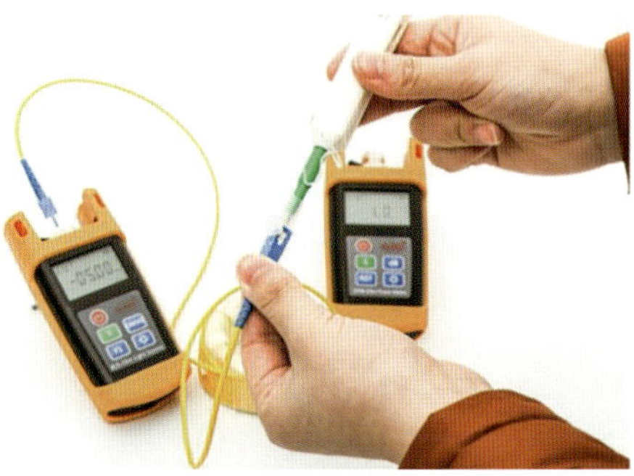

图 1-28 光纤连接器端面清洁

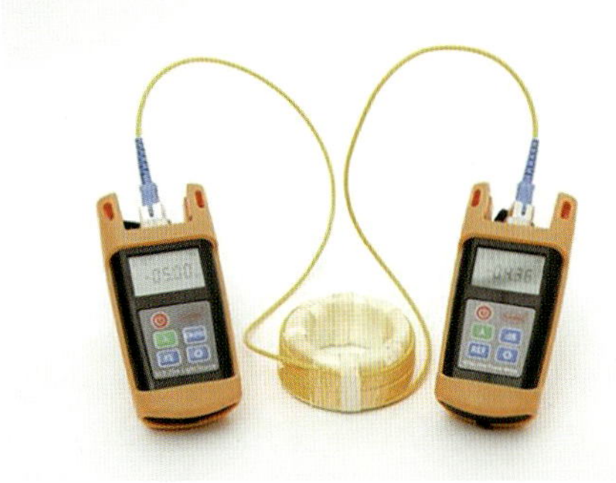

图 1-29 测试线路上的光功率

将光纤盘剪断，采用光纤熔接机接续后（尽量熟练操作，减少光纤长度损耗；尽量靠近光纤盘末端，减少耗材使用），重复步骤五、六，再次得到接续后线路损耗值。两次损耗值之差可近似看作接续点熔接损耗值。

☆ **注意事项**

(1) A 值里边因测试引入了一个接头的损耗，实际接收功率应为 A_1 值，$A_1=A+0.5$ dBm。

(2) B 值里边因测试引入了两个接头的损耗，实际接收功率应为 B_1 值，$B_1=B+1$ dBm。一个活动连接头的损耗取 FC 对接头经验值 0.5 dBm。

有哪些措施可以降低光纤接续损耗呢？

(1) 对于固有损耗，也就是由两段光纤本征因素偏差所引起的接续损耗，在工程和维护工作中，应选择一致性较好的光纤、光缆，这样才能保证接续质量。在一条线路上尽量采用同一批次的光纤。对于同一批次的光纤，其模场直径基本相同，光纤在某点断开后，两端间的模场直径可视为一致，因而在此断开点熔接可使模场直径对光纤熔接损耗的影响降到最低。光缆施工时应严格按规程和要求进行，配盘时尽量做到整盘配置（单盘≥500 m），以尽量减少接头数量。敷设时严格按缆盘编号和端别顺序布放，使损耗值达到最小。

(2) 可以通过完善操作工艺、改善操作环境、更换高精度仪表或工具，降低或改善非固有损耗，具体措施如下。

① 改善接续环境。

严禁在多尘及潮湿环境中露天操作，光缆接续部位及工具、材料应保持清洁，不得让光纤接头受潮，被切割的光纤必须保持清洁，不得有污物。切割后的光纤不得在空气中暴露过长时间，尤其是在多尘、潮湿的环境中。接续环境温度过低时，应采取必要的升温措施。

② 调校接续设备。

在每次光缆接续之前，必须将接续机具调校到最佳状态。

机械式切割刀：光纤端面的制备是光纤接续最为关键的工序。光纤端面的完善与否会严重影响光纤接续损耗。优质的端面应平整、无毛刺、无缺损，且与轴线垂直，光纤端面的轴线倾角应小于 0.1°，呈现一个光滑平整的镜面，且保持清洁，无灰尘污染。应选用优质的切割刀，并正确使用切割刀切割光纤。裸纤的清洁、切割和熔接应紧密衔接，不可间隔过长。移动光纤时要轻拿轻放，防止其与其他物件擦碰而损伤端面。

正确使用熔接机是降低光纤接续损耗的关键，熔接机的使用要求如下。

(a) 应严格按照熔接机的操作说明和流程正确操作熔接机。

(b) 合理放置光纤，勿放置错位。

(c) 根据光纤类型正确合理地设置熔接参数（预放电电流、预放电时间、主放电电流、主放电时间等）。

(d) 在使用中和使用后应及时去除熔接机中的灰尘（特别是夹具、各镜面和 V 形槽内的粉尘和光纤碎末）。

(e) 熔接机电极的使用寿命一般约为 2000 次，使用时间较长后电极会被氧化，导致放电电流偏大而使熔接损耗值增加。此时可拆下电极，用蘸酒精的医用脱脂棉轻轻擦拭后再装到熔接机上，并放电清洗一次。若多次清洗后放电电流仍偏大，则必须重新更换电极。

(f) 不要使用劣质或已经变形的热缩套管。

不良的热熔保护会引起损耗，如热熔保护管自身存在质量问题，热熔后会出现扭曲，产生气泡；熔接机的加热器加热时，加热参数设置不当，造成热熔保护管变形或产生气泡；热缩套管不干净、有灰尘或沙砾，热熔时对接续点有损伤，使损耗增大。

③ 提高操作水平。

7) 步骤七，结果检查与现场 6S

使用完毕后，将光纤光源、光功率计关机，放入收纳盒。现场 6S 管理可充分调动操作者的工作积极性，营造高效的工作环境，培养操作者良好的工作习惯，使实施过程制度化和规范化，其适应真实工作场景的要求，可提高操作者的安全意识和劳动素养。

拓展学习

查阅资料，了解现场 6S 的要点，即整理、整顿、清扫、清洁、素养、安全。请结合本任务谈谈自己如何做好现场 6S 管理。

4. 能力提升

能力提升包括制定计划、要点归纳、训练记录三个方面。

1) 制定计划

要求指引	分组分工，梳理流程，制定计划，协作共同完成； 详细记录，展示成果，分享经验，互相查漏补缺； 自评互评，总结反思，巩固提高，分阶突破难点。
安排组织	每 3～4 名学生组成小组，设组长 1 名，负责带领本组同学分工合作，制定工作计划，学习行为组织。教师负责学习引导、安全监督、控制进度、规范流程、保证教学质量。本小组成员及分工如下：

续表

工作计划	小组讨论结果如下：
预期目标	

2）要点归纳

知识笔记 & 思维导图
工艺流程

3）训练记录

基本信息	任务内容	SM、MM 光纤熔接法接续的操作与检测——结果检测
	小组成员	
	所需条件	
	完成时间	

续表

序号	训练内容	完成情况	
1	清洁接头	记录：	结果：
2	预热光源	记录：	结果：
3	设定光源性质	记录：	结果：
4	校表	记录：	结果：
5	测试线路上的光功率	记录：	结果：
6	计算	记录：	结果：
7	结果检查与现场 6S	记录：	结果：

5. 评价反馈

1）鉴定评价

任务内容		SM、MM 光纤熔接法接续的操作与检测——结果检测				
小组成员						
评价方式		个人自评、小组互评、教师评价				
考核项目		评分依据	标准分数	个人自评	小组互评	教师评价
学习过程	制定计划	是否正确可行	10			
	要点归纳	是否全面无误	10			
	工具使用	是否熟练有效	10			
	操作环节	是否迅速规范	10			
	完成情况	是否符合要求	10			

续表

训练记录	知识内容	是否详实准确	10			
	操作过程	是否熟练完成	10			
	时间统计	是否在规定时间内完成	10			
综合态度	团队协作	是否和谐团结	4			
	讨论分享	是否积极精彩	4			
	安全意识	是否牢固树立	4			
	生产纪律	是否严格遵守	4			
	现场 6S	是否执行落实	4			
合计			100			

2）总结反馈

小组成员		
自我反思	任务难点	
	成功之处	
	不足之处	
	改善方案	
小组总结		
教师点评		

项目2 二进二出12芯光缆接头盒的封装与固定

光缆接头盒用于光缆的直通连接和大容量分歧接续，可起到保护光缆接头的作用，可以满足光缆架空、地下直埋、管道和井内敷设施工的要求。

光缆接头一般包含以下内容。

(1) 接头盒内部组件安装和光缆护套组件的安装。

(2) 开剥光缆，去除光缆护套并清擦光缆内的填充油膏。

(3) 将光缆固定到接头盒上，并固定(接续)加强芯。

(4) 辨别束管色谱，给束管编号并将束管固定。

(5) 去除束管、辨别光纤色谱、套上热缩套管。

(6) 光纤接续，同时监测接续质量。

(7) 余留光纤的收容。

(8) 光缆内金属构件的连接及各种监测线的安装。

学生应通过学习常见光缆的分类和结构、接头盒的结构和用途等基础知识，掌握光缆中间接头的操作方法和技术要求、光缆的开剥方法、光缆在接头盒中盘纤的方法、光缆接头中金属护套和加强芯的处理方法，并具备一定的故障分析和排除的能力。

◆ **知识目标**

¤ 了解光缆的概念和基本结构

¤ 了解光缆的分类和用途

¤ 了解光缆接头盒的结构

¤ 掌握光缆接头盒封装与固定的工艺流程

¤ 了解光缆接头盒封装与固定的注意事项

◆ **能力目标**

¤ 能快速识别常见光缆的类型

¤ 能熟练使用光缆接头盒封装与固定的工具和设备

¤ 掌握光缆中间接头的密封方法和技术要求

¤ 能独立完成光缆接头盒的封装与固定

¤ 能分析解决光缆接头盒封装与固定过程中的问题

¤ 掌握光缆开剥及接头盒中盘纤的方法

¤ 掌握光缆接头盒封装与固定的操作流程

¤ 熟悉光缆接头中金属护套和加强芯的处理方法

¤ 能熟练使用检测仪表对光缆接头盒的质量进行分析评价

¤ 能归纳整理光缆接头盒封装与固定各环节的作业指导书

◆ **素质目标**

¤ 建立对光缆接头盒的基本认知，建立职业能力初步认知

¤ 培养专业信息分析和解决问题的能力，具备一定的工程实践能力

¤ 培养爱岗敬业、细心踏实的综合职业素养，提升语言表达能力、团队协作能力

任务 1 封装前的准备

1. 描述分析

学习常见光缆的分类和结构，掌握光缆接续前的准备工作。那么，光缆接头盒开盒方式是什么？光缆的开剥如何规范操作？工具如何使用？需要注意什么？安全事项有哪些？带着这几个问题，我们进入任务 1 的学习。

2. 知识链接

1）光缆概述

经过一次涂覆或二次涂覆（套塑）后的光纤虽然具有一定的抗拉强度，但是还是经不起工程中的弯折、扭曲和侧压力的作用。欲使光纤达到工程应用的要求，必须通过绞合、套塑、金属铠装等措施，把若干根光纤组合在一起，这就构成了光缆。直埋式光缆如图 1-30 所示。

图 1-30 直埋式光缆

光缆的典型结构一般可分为缆芯、护层、加强芯和填充物四大部分。

（1）缆芯：缆芯是光缆构造的主体，为保证光纤的正常工作，对缆芯有一定的要求，即光纤在缆芯内排列合理，保证光缆在受到外力作用时，光纤不受影响。缆芯由光纤的芯数决定，可分为单芯型和多芯型两种。

（2）护层：像电缆一样，在光缆的外层有一层保护层，即护层，它使光纤能适用于在各种场合敷设（如架空、管道、直埋、室内、过河、跨海等）及不受外界环境因素的影响。护层可分为内护层（多用聚乙烯或聚氯乙烯等）和外护层（多用由铝带和聚乙烯组成的 LAP 外护套加金属铠装等）。

（3）加强芯：一般使用金属材料，主要承受敷设安装时所加的外力，用来保护光纤。

（4）填充物：在光缆缆芯的空隙中注满填充物（如石油膏），其作用是保护光纤免受潮湿气和减少光缆间的相互摩擦。

光缆结构设计要点主要是根据传输容量、使用环境、敷设方式、制造工艺等来合理选择各种光缆以使光纤可抵抗外界机械作业、温度变化和水作用。下面以层绞式结构光缆为例来介绍光缆结构。

层绞式结构光缆类似传统的电缆结构，其由多根二次被覆光纤松套管（或部分填充绳）绕中心金属加强件绞合成圆形的缆芯，缆芯外先纵包复合铝带并挤上聚乙烯内护层，再纵包阻水带和双面覆膜皱纹钢（铝）带并加上一层聚乙烯外护层。层绞式结构光缆类似传统的电缆结构，故又称之为古典光缆。层绞式光缆实物图和端面示意图如图 1-31 所示。

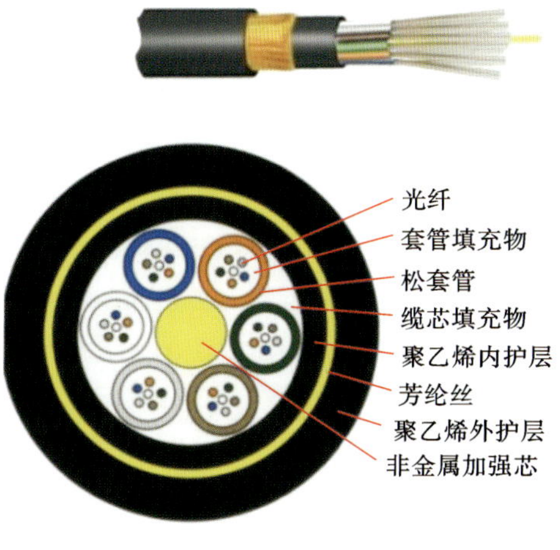

图 1-31 层绞式光缆实物图和端面示意图

层绞式光缆的结构特点是:光缆中容纳的光纤数量多,光缆中光纤余长易控制,光缆的机械性能好,其适用于直埋、管道敷设,也可用于架空敷设。

拓展学习

查阅资料,了解光网络工程应用中还有哪些常用光缆,知晓其特点和结构。

2) 使用工具介绍

根据选用的 $\phi 2.0$ mm 皮线光缆的结构特点,光纤预处理需要使用的工具有光缆接头盒、直尺、皮线光缆开剥器、专用剪刀(凯夫拉剪刀)、光纤剥纤钳、光纤切割刀、无尘纸、酒精泵瓶等,部分工具如表 1-5 所示。因光纤脆弱易损伤,操作难度高,请选用正品优质工具,并保证工具保养精良。

表 1-5 使用工具

工具名称	光缆接头盒	光缆接续工具箱
功能	保护光缆接头部分的光纤和接头	光缆开剥工具及其辅助工具
实物图	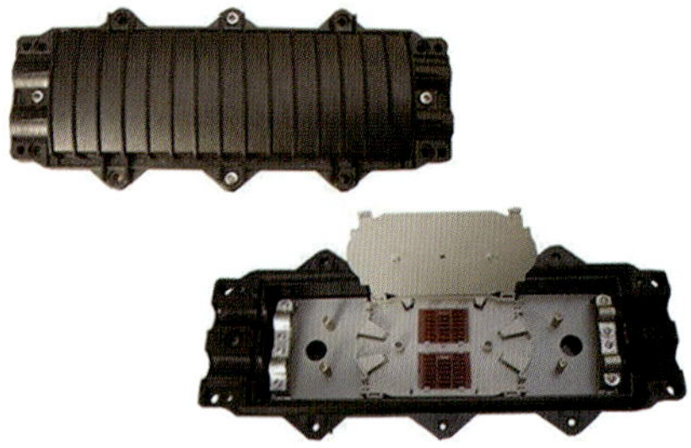	

光缆接续工具箱中的主要工具及作用如表 1-6 所示。

表 1-6 光缆接续工具箱中的主要工具及作用

工具名称	作 用	工具名称	作 用
光纤剥纤钳(米勒钳)	剥离光纤护套、涂覆层等	胶带	连接插头散件
端面切割刀	处理光纤端面	裁纸刀	切割光缆护套
专用剪刀	剪切芳纶丝	无水酒精	清洁光纤
尖嘴钳	剥离光纤护套	无尘纸	清洁光纤
斜口钳	剥离光纤护套	横向切割刀	切割光缆护套
钢卷尺	测量预留芯线长度	钢丝钳	剪切加强芯
活络扳手	开启、密封光缆盒	线缆盒专用起子	开启、密封光缆盒
钢锯	剪切加强芯	密封胶带	密封光缆盒
绝缘胶带	绝缘保护接头	扎带	捆扎芯线
专用扳手	扭紧或松动接头盒	六角扳手	扭紧或松动接头盒
标贴纸	做记号	记号笔	做记号
一字起	开启、密封光缆盒	十字起	开启、密封光缆盒

3. 实施过程

光缆接续一般包含的内容：机头及内部组件安装、光缆护套组件安装；开剥光缆，去除光缆外护套并清除光缆内的填充油膏；将光缆固定到接头盒上，并固定(接续)加强芯；辨别束管色谱，给束管编号并将束管固定。

1）步骤一，光缆接续前的准备

(1) 技术准备：在光缆接续工作开始前，必须熟悉所使用的接头盒的性能、操作方法和质量要点。尤其是对于以前从未使用过的接头盒，一定要仔细研究其使用方法。

(2) 器具准备：主要包括接头用器材(接头盒)准备、仪表器具(熔接机、OTDR、开剥光缆工具、封装接头盒工具等)准备，野外作业还需进行车辆准备和防护器具(遮阳伞、帐篷等)准备。

(3) 光缆准备：指待接光缆的接续前测试(包括光测试、电气特性测试)，接续前待接光缆出现问题应及时处理。

(4)接续位置的确定：光缆接头位置一般在光缆施工时已经确定，遇特殊情况应做出必要调整。

2）步骤二，光缆接头盒拆封

清洁接头盒，用起子拧下周边的所有紧固螺钉。将拧下的螺钉拧入接头盒四角的空螺孔内，分离上下壳体与夹层笼屉，清除自黏胶带(条)，并连同光缆支架部件移出盒外，如图 1-32 所示。

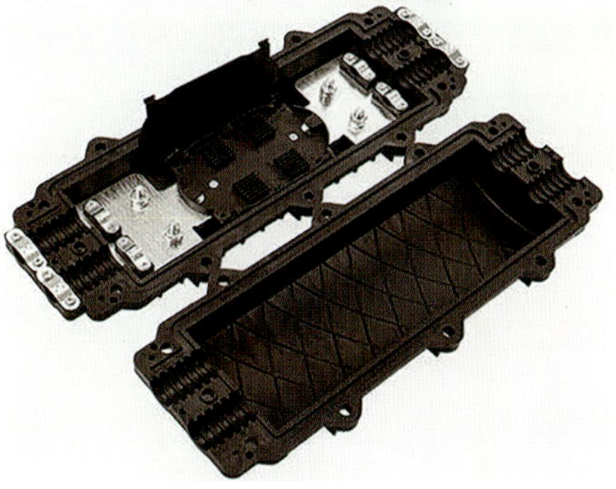

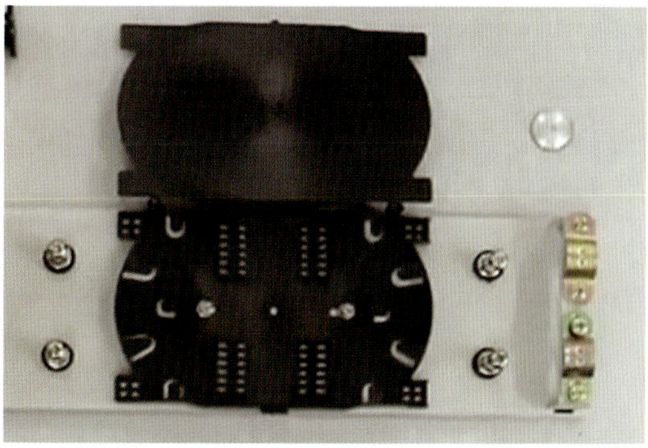

图 1-32 光缆接头盒拆装

3）步骤三，光缆外护层的开剥处理

(1) 开剥长度的确定：根据实际光缆留长及不同结构的光缆接头护层所需的长度、选定的接头盒，确定外护层的开剥长度，并用 PVC 胶带做标记。如图 1-33 所示，一般光缆的开剥长度为 1～3 m，设计有特殊要求的应做相应的处理。光缆开剥前应先检查光缆端头有无明显损伤，有无进水，是否受潮。

(2) 开剥外护层：应用专用开剥刀横向切割聚乙烯内护层及 LAP 层一周，去除该护层，缆口应平齐无毛刺。注意切割深度，不得伤及光纤松套管。用纵向开剥刀割去缆线总缠绕线、包带，将芳纶丝拢在一起。将光纤松套管、加强芯、芳纶丝上的油膏及脏物擦干净，应从铝塑综合护层切断处向外顺擦，以防松套管折断。可用煤油或专用清洗剂擦洗，严禁使用汽油等易燃物擦洗。用电吹风将松套管因扭绞引起的弯曲展直，切忌过热使松套管软化变形。用松套管切割刀横向切割，将松套管在切割划痕处轻轻折断后抽

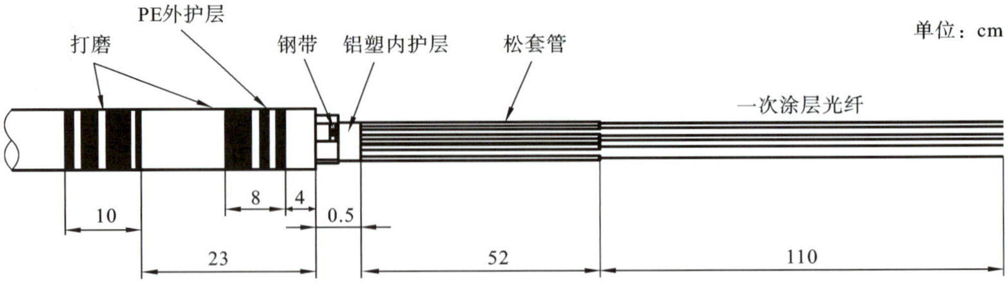

图 1-33 光缆开剥尺寸

出，切忌伤及光纤。

开剥后，光纤的套管、涂层暂不处理，缆线内的铜导线或加强芯根据接续需要留合适长度，多余部分及其他填充线都剪去，但是千万不得剪光纤。光缆外护层开剥过程和开剥后示意图如图 1-34 所示。

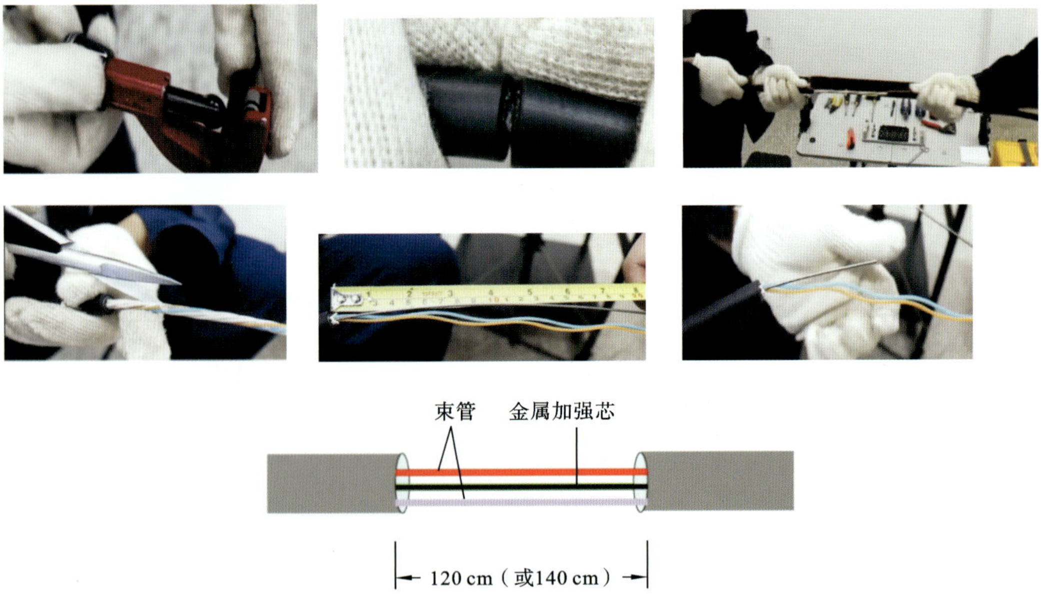

图 1-34 光缆外护层开剥过程和开剥后示意图

☆ **注意事项**

(1) 开剥光缆对操作人员的技术要求比较高，开剥时应避免使光纤受损。

(2) 清洗光缆内的油膏时严禁使用汽油等挥发性溶剂，避免加速护层和束管老化。

(3) 护层光纤的预留长度应充足，光缆预留一般不少于 4 m(接头处光缆预留 8～10 m，机房接头光缆预留 15～25 m)，接头护层内的光缆预留长度不少于 60 cm(根据设计要求确定，一般为 1.2～2 m)。

4) 步骤四，光缆固定

光缆固定包括加强芯的固定和光缆本体的固定。如图 1-35 所示，为防止光纤松套管受损，将挡圈放入待接续的两根光缆中，并在开剥的光缆口用绝缘胶带缠绕几圈，然后将加强芯和光缆固定在接头盒钢质支架或塑料支架上，固定钢丝时一定要压紧，不能有松动，否则有可能造成光缆打滚，折断纤芯。加强芯可适度折弯，以提高光缆在接头处的抗拉力。加强芯的折弯程度以能够防止接头盒密封后光缆左右转动为宜。

图 1-35 光缆固定

5）步骤五，光缆束管的开剥处理

使用纵向束管剥除器开剥束管至标记处，开剥时应特别注意防止伤及铜线和光纤。发现光纤有损伤时要及时去除损伤处重新开剥。开剥后，应用酒精棉清洁光纤上的油膏。束管开剥过程图和开剥后示意图如图 1-36 所示。

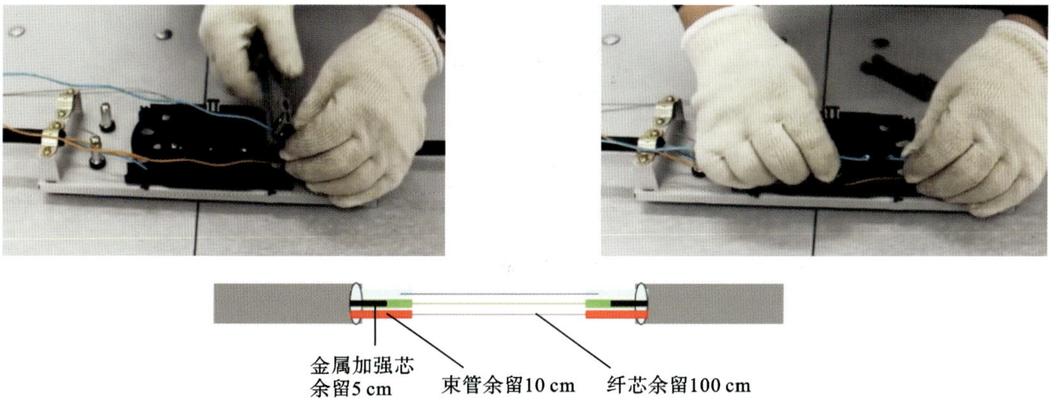

图 1-36 束管开剥过程图和开剥后示意图

6）步骤六，光纤配盘与整理

在光纤束管上套上编码管，准备开始配盘。按照收容板的容纤数量，以自下而上的顺序逐个配盘。同条光缆或束管应尽量位于同一层或相邻层，并按主缆（入缆）单元束管、光纤编号或排列顺序依次进层或盘。编号或排列靠前的在下层或外侧。除做缆标外，每个束管和光纤均应进行标记。

正对光缆端面，按填充芯颜色从红色松套管或领示填充芯开始，按照顺时针方向确定松套管管序为 1、2、3……管，至绿色填充芯结束，此端光缆为 A 端；从红色填充芯开始，按逆时针方向确定松套管管序为 1、2、3……管，至绿色填充芯结束，此端光缆为 B 端，如图 1-37 所示，以上管序分法简称红头绿尾法。松套管内光纤的顺序（以 12 纤为例）以色谱蓝、橙、绿、棕、灰、白、红、黑、黄、紫、粉红、青绿顺序排列。

整理松套管，用扎带将松套管绑在连接支架的松套管固定处，扎带松紧要合适，光

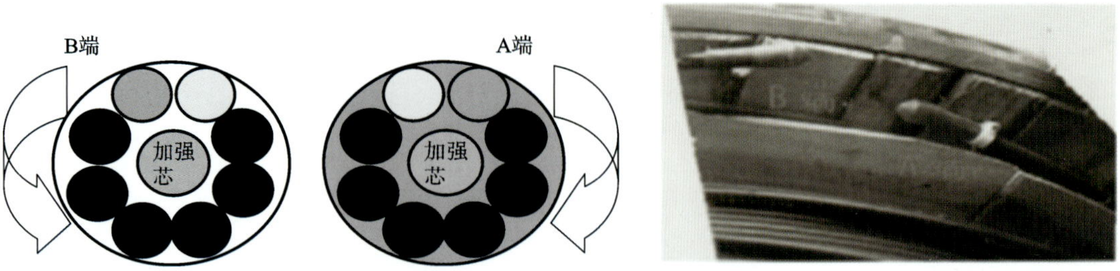

图 1-37　光纤纤序示意图

纤松套管应稍能移位松动。将待接续光纤进行余留盘纤（一般要求进缆一侧 2 圈，另一侧 1.5 圈），并套入热缩套管待用，如图 1-38 所示。

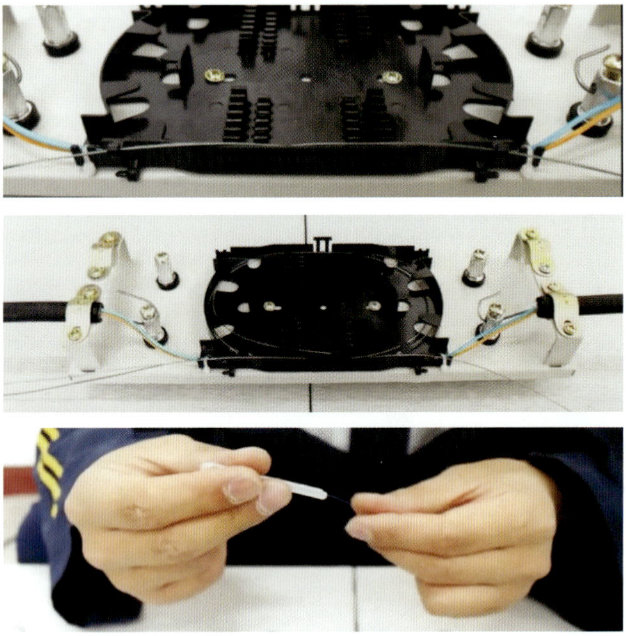

图 1-38　光纤整理

7）步骤七，结果检查与现场 6S

预处理完成后，应使光缆及接头盒保持干净整洁，可检查确定各层完成情况及余留长度是否符合要求，方便后续组装。

现场 6S 管理可充分调动操作者的工作积极性，营造高效的工作环境，培养操作者良好的工作习惯，使实施过程制度化和规范化，其适应真实工作场景的要求，可提高操作者的安全意识和劳动素养。

拓展学习

查阅资料，了解现场 6S 的要点，即整理、整顿、清扫、清洁、素养、安全。请结合本任务谈谈自己如何做好现场 6S 管理。

4. 能力提升

能力提升包括制定计划、要点归纳、训练记录三个方面。

1）制定计划

要求指引	分组分工，梳理流程，制定计划，协作共同完成； 详细记录，展示成果，分享经验，互相查漏补缺； 自评互评，总结反思，巩固提高，分阶突破难点。
安排组织	每 3～4 名学生组成小组，设组长 1 名，负责带领本组同学分工合作，制定工作计划，学习行为组织。教师负责学习引导、安全监督、控制进度、规范流程、保证教学质量。本小组成员及分工如下：
工作计划	小组讨论结果如下：
预期目标	

2）要点归纳

知识笔记 & 思维导图

续表

工艺流程

3）训练记录

基本信息	任务内容	二进二出 12 芯光缆接头盒的封装与固定——封装前的准备	
	小组成员		
	所需条件		
	完成时间		
序号	训练内容	完成情况	
1	光缆接续前的准备	记录：	结果：
2	光缆接头盒拆封	记录：	结果：
3	光缆外护层的开剥处理	记录：	结果：
4	光缆固定	记录：	结果：

续表

5	光缆束管的开剥处理	记录：	结果：
6	光纤配盘与整理	记录：	结果：
7	结果检查与现场 6S	记录：	结果：

5. 评价反馈

1）鉴定评价

任务内容		二进二出 12 芯光缆接头盒的封装与固定—— 封装前的准备				
小组成员						
评价方式		个人自评、小组互评、教师评价				
考核项目		评分依据	标准分数	个人自评	小组互评	教师评价
学习过程	制定计划	是否正确可行	10			
	要点归纳	是否全面无误	10			
	工具使用	是否熟练有效	10			
	操作环节	是否迅速规范	10			
	完成情况	是否符合要求	10			
训练记录	知识内容	是否详实准确	10			
	操作过程	是否熟练完成	10			
	时间统计	是否在规定时间内完成	10			
综合态度	团队协作	是否和谐团结	4			
	讨论分享	是否积极精彩	4			
	安全意识	是否牢固树立	4			
	生产纪律	是否严格遵守	4			
	现场 6S	是否执行落实	4			
合计			100			

2）总结反馈

小组成员		
自我反思	任务难点	
	成功之处	
	不足之处	
	改善方案	
小组总结		
教师点评		

任务2 封装固定操作

1. 描述分析

光缆接头盒实物图如图1-39所示，光缆接头盒的封装固定包括加强芯和外护层的固定及连接、光纤接续、光缆接头盒的密封等内容。通过学习本任务应掌握光缆接续方法、中间接头的密封方法及技术要求、盘纤方法，熟悉光缆接头中金属护套和加强芯的处理方法。光缆接头盒的封装固定方法不仅将直接影响光缆线路的传输性能，也关系其使用寿命。那么，光缆接头盒的封装固定如何规范进行？工具如何使用？需要注意什么？安全事项有哪些？带着这几个问题，我们进入任务2的学习。

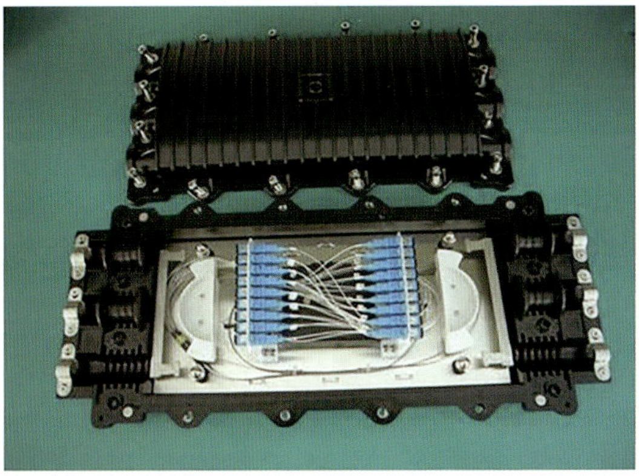

图1-39 光缆接头盒实物图

2. 知识链接

1）光缆接头盒简介

光缆接头盒的型号和种类较多，但构造基本相同，包括保护罩、固定组件、密封组件及余纤收容盘四部分，其适用于直埋、架空、直通/分歧、功能配线、分路器放置等工程需求。

（1）光缆接头盒的结构组成如图1-40所示，光缆接头盒由以下结构组成。

① 接头盒外罩(保护罩)：光纤接头盒的保护部分，起着保护接头盒“内脏”的作用，其材质一般为高强度工程塑料，具有抗冲击、耐张力、耐压力、耐腐蚀、抗老化等特点。

② 固定组件：固定组件又称为光缆外护套固定、加强芯固定和接头盒固定三个部分。光缆外护套固定和加强芯固定部分的主要作用是固定待接光缆。

③ 密封组件：接头盒密封主要有橡胶垫(条、圈)密封、密封胶密封、热缩套管密封等形式，目的是防止水、潮气、有害气体进入接头盒内部。

④ 光纤收容器：光纤收容器又称容纤盘、光纤接续盘、余纤收容盘，作用是收容光纤并固定光纤接头，其是整个接头盒的核心。

（2）光缆接头盒的性能要求：光缆接头盒必须保护光缆接头部分光纤和接头免受振动、张力、压力弯曲等机械外力的影响，防止潮湿气体、有害气体侵蚀光纤。光缆线路敷设后，光缆接头是线路的薄弱环节，日常维护工作中，进行迁改、割接、故障抢修时均需动及接头盒，因此，光缆接头盒必须具备以下性能。

① 适应性。根据场景和敷设方式的不同，光缆接头盒应满足各种光缆在各种敷设

（a）外形

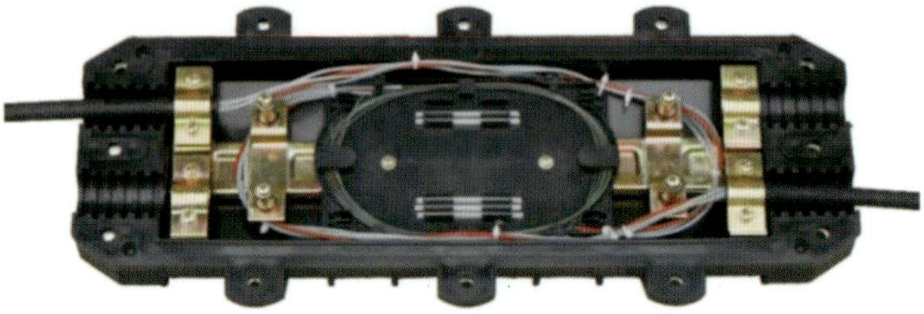

（b）内部结构

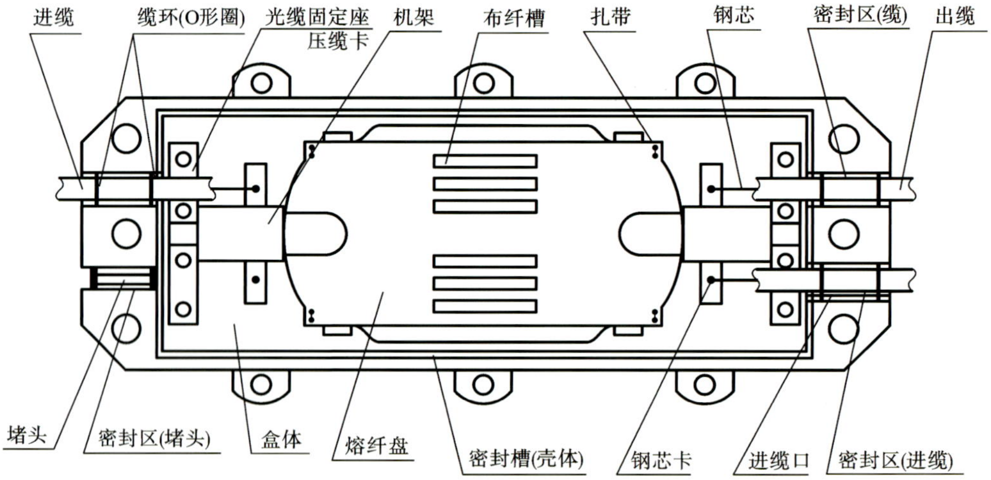

（c）结构组成示意图

图 1-40　光缆接头盒的结构组成

条件下的不同要求。

② 气闭性和防水性。为防止接头盒进水影响光纤寿命，一般要求光缆接头盒有良好的密封性能。

③ 机械性能。光缆接头盒必须具备一定的机械性能，保证光纤接头在一定的外力作用下不受影响。

④ 耐腐蚀、抗老化。壳体采用添加了抗老化剂的高强度工程塑料材料，外部紧固件全部采用不锈钢材料，以保证接头盒的寿命。

⑤ 操作性。要求接头盒操纵简便(接头盒材料应尽量简化，容易拆装)。

⑥ 统一性。接头盒材料、相关工具应尽可能标准化，便于维护工作的实施。

⑦ 可拆卸性。要求接头盒拆装方便，材料应能重复利用，尽可能减少拆卸工具。

⑧ 重量轻。接头盒应尽量轻便，减小劳动强度。

拓展学习

查阅资料，了解光网络工程应用中，有哪些常用的光缆接头盒，并知晓其特点和结构。

2）使用工具介绍

以二进二出接头盒为例，采用的光缆接续工具有光纤切割刀、光纤熔接机及其他辅助工具等，如表 1-7 所示。因光纤脆弱易损伤，操作难度高，请选用正品优质工具，并保证工具保养精良。

表 1-7 使用工具

工具名称	光纤熔接机	光缆接续工具箱
功能	对光纤进行熔接	光缆开剥工具及其辅助工具
实物图	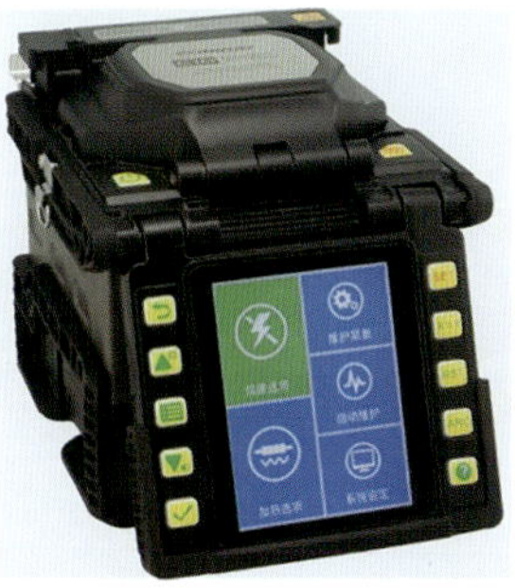	

3. 实施过程

光缆接头盒的封装固定包括加强芯和外护层的固定及连接、光纤接续、光缆接头盒的密封等。

1）步骤一，加强芯、金属护层的接续处理

（1）加强芯的固定及连接：首先在接头盒金属板条上固定好金属支撑架，再将金属加强芯的 25 cm 塑料护层插入加强固定卡，紧固螺钉即可将加强芯牢牢固定，方法如图 1-41 所示，如果两端光缆的加强芯不作电气联通，则要把两个金属支撑架分别固定在相应的金属连接压板上；如果两端光缆的加强芯需作电气联通，则要把两个金属支撑架固定在同一块金属连接压板上。

（2）光缆钢丝铠装层的连接：接续时，用剖刀在开剥点上部将光缆外护层及钢带纵向剖开 40～50 mm，然后嵌入接线卡子夹紧钢带和外护层，拧紧螺钉，将接续卡子上的尖牙紧紧咬住外护层和钢带，形成一个牢固的接线柱，并在接线卡上引出线，最后将接线卡子和纵剖部位用聚乙烯胶带缠绕数圈，如图 1-42 所示。

（3）钢丝铠装连接：过桥引线一般采取焊接方式。

（4）LAP 层连接：L 形切口使用带齿连接片的过桥线方法，同钢带铠装的连接。

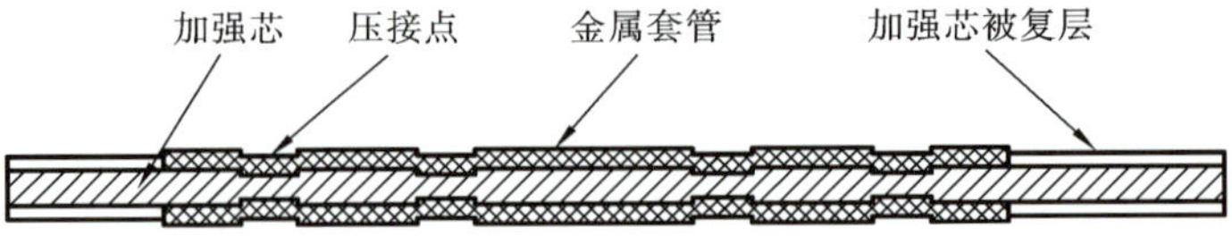

（a）冷压接法

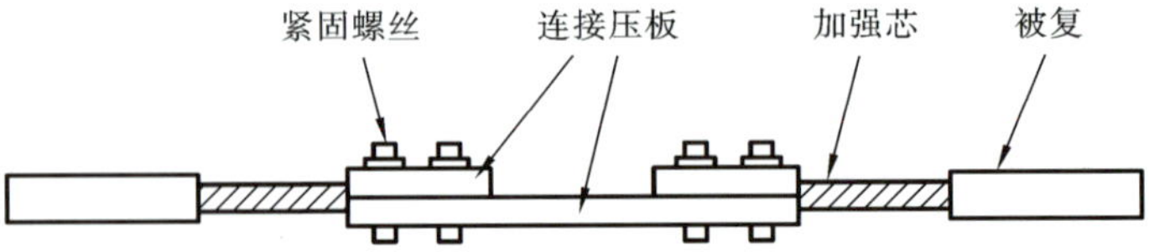

（b）夹板连接法

图 1-41　加强芯的固定

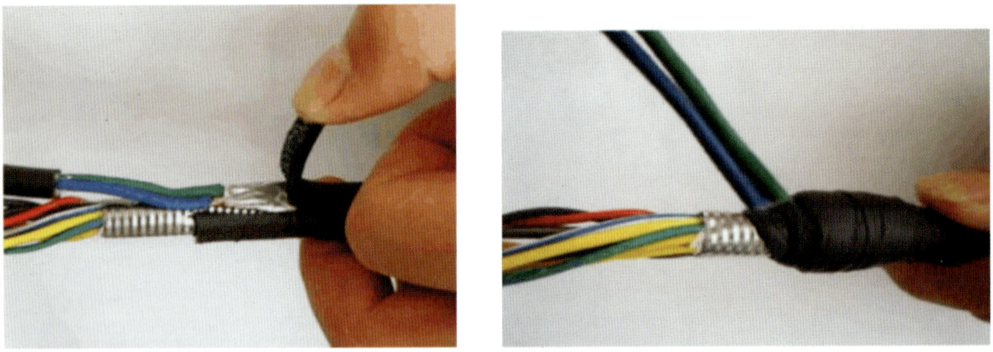

图 1-42　光缆钢丝铠装层的连接

（5）铜线连接：一般采用锡焊方式，或者用螺钉作机械连接。

待其他接续工作完毕后，在安装光缆接头盒之前用万用表测试接头盒两端的金属铠装层与连接导线的接触是否紧贴可靠。要求：铠装光缆与连接导线可靠连接，连接点的接触电阻小于 0.2 Ω。如图 1-43 所示，将数字万用表调至 200 电阻挡位，分别用万用表的红黑表笔紧密接触接头盒两端的光缆金属铠装层的“横截断面”处，保证测试结果符合上述要求，否则需及时返工重做。

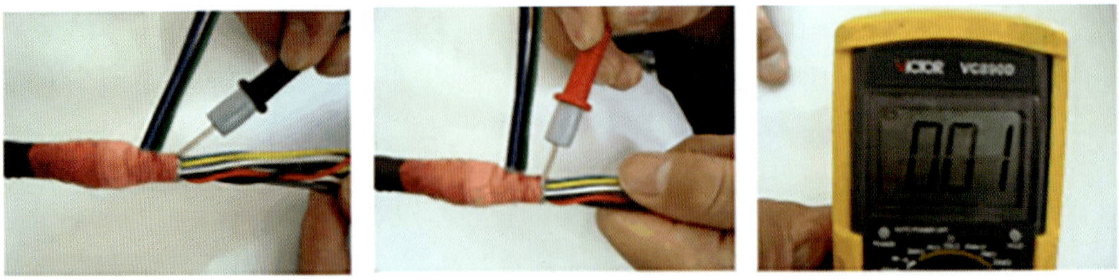

图 1-43　光缆钢丝铠装层连接可靠性检测

☆ **注意事项**

光缆的金属外护层和加强芯紧固在接头盒内，同一侧的金属外护层和加强芯在电气上应联通。两侧的金属外护层、金属加强芯应绝缘。

2）步骤二，光纤接续

按熔接机的操作步骤，依据光纤色谱顺序逐一完成光纤熔接，如图 1-44 所示。

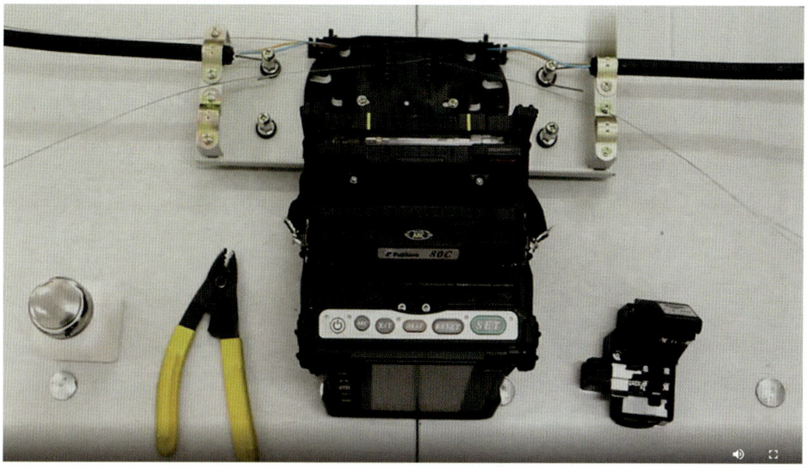

图 1-44　光纤熔接

（1）去除一次涂层：用光纤涂覆层剥离器按规定长度夹住光纤，均匀用力向外拉动光纤，用酒精清理残留物。

（2）切割制备端面：用光纤切割刀将去除涂覆层的光纤按照切割装置上的标记放置好，固定以后按正确使用方法制备光纤端面。注意，制备好的端面应为平整镜面，并且端面垂直于光纤轴线，同时要求边缘整齐，无缺损和毛刺，端面制作好后的裸纤长度为1～2 cm。

（3）光纤对准熔接：先在每一根进出的光纤上套一根光纤热缩保护管。打开防尘罩，将制备好端面的两根光纤按要求固定在 V 形槽内，关上防尘罩，按下熔接按钮，熔接机将自动对准熔接。注意光纤接续应在整洁干净的环境中进行，严禁在多尘或潮湿的环境中进行。光纤接续部位、材料应保持清洁，切割后的光纤不得有污染，不得在空气中暴露过长时间。

（4）熔接质量评估：光纤接头损耗的现场评估包含两个方面，即光纤熔接机检测和 OTDR 监测。OTDR 监测在下节任务中具体介绍。可用可视故障探测仪——红光测试仪检测每一根光纤在熔接后的光亮强弱，以判断光纤的熔接质量。

（5）接头的增强保护：光纤接续工作完成后，裸纤的一次涂覆层已经不存在了，光纤强度大大降低，并且熔接部位经过电弧的灼烧后变得很脆，所以需要进行接头保护。轻轻从熔接机上取下光纤，注意用力平稳，避免从倾斜方向硬拉光纤，将热缩套管轻轻拉到接头部位。打开加热器盖板，将套有热缩套管的光纤接头放入熔接机加热器内，合上盖板，加热到一定时间取出，放到熔接机的散热片上冷却即可。

每接完一根光纤便将其按顺序临时固定在光纤接续盘上，待测试合格后再热缩，然后再按顺序进行其他光纤的接续。

☆ **注意事项**

(1) 光缆接续前，应核对光缆的型号、端别，保证光缆的传输特性优良，检查护层的对地绝缘电阻。

(2) 光缆接续应创造良好的工作环境，一般应在车辆内或接头帐篷内作业，以防灰尘带来的影响，在雨雪天应避免露天作业；当温度低于 0 ℃时，应采取升温措施，以确保光纤的柔韧性和熔接设备的正常工作，以及施工人员的正常操作。

(3) 光缆接续应连续作业，单个光缆接头应在一个工作日内完成。对于当日未结束连接的光缆接头，应采取措施防止其受潮并确保安全。

(4) 光纤接头的接续损耗应低于内控指标，每条光纤通道的平均接续损耗应达到设计文件的规定值。

3）步骤三，盘纤

如图 1-45 所示，应灵活采用圆、椭圆、CC、S 等多种弧形盘纤，注意盘绕半径应大于或等于 4 cm，应尽可能利用预留空间，有效降低因盘纤带来的附加衰耗。固定热缩套管时注意施力点的选择，不可使管内裸纤受伤。

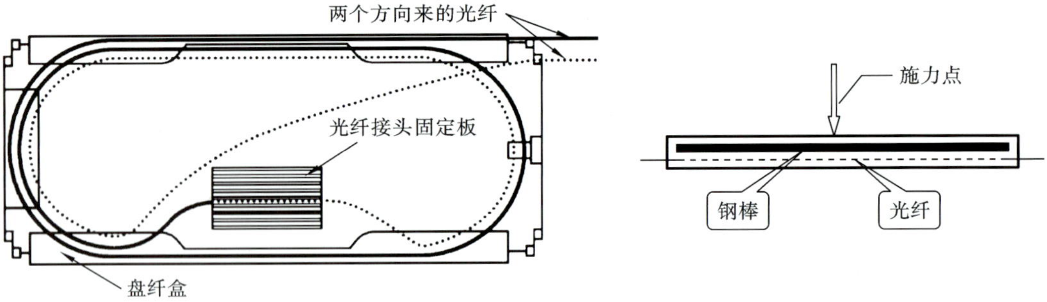

图 1-45　盘纤和施力点示意图

沿松套管或光缆分歧方向进行盘纤，以预留盘中热缩套管安放单元为单位盘纤，如图 1-46 所示。注意先中间后两边，即将热缩后的套管放进槽中，再处理两侧余纤。从一端开始盘纤，然后固定热缩管，再处理另一侧余纤。如个别光纤过长或过短，可将其放在最后单独盘绕。按余纤的长度和预留空间的大小顺势自然盘绕，切勿生拉硬拽。最后盖上收容盘，注意不要压伤光纤，用胶带将光缆接续数据卡片粘在收容盘上。

☆ **注意事项**

(1) 盘纤时避免出现微弯，余纤避免受力，固定热熔管时避免裸纤受伤。

(2) 光纤余留及收入接头盒内的光纤余长应不少于 60 cm。光纤松套管在光纤接续盘下部绕半圈，从对角位置进入光纤。用尼龙扎带将光纤松套管固定在支架板上。

4）步骤四，光缆接头盒的密封

余纤收容完成后，进行接头盒的封盒。封盒前，要检查盒内光纤是否翘起、外露，收

图 1-46 盘纤过程

纤盘是否固定好，进缆口、接头盒四周的密封填充胶要填充均匀。紧固上下盒体时，要循环递进加力，使盒体均匀受力，防止断裂。封盒过程中和封盒后要加强 OTDR 监测，检查封盒是否对光纤有损害。

光缆接头盒的密封分为下壳体与笼屉的密封和笼屉与上壳体的密封，两操作步骤基本相同。将光缆及支架整体放回接头盒的下壳体内，光缆的对应外压处应做好标记，取出光缆及整体支架。标记处光缆的密封部位应做清洁和打磨。应使用细砂纸沿光缆的垂直方向旋转打磨，再做清洁处理。过程如图 1-47 所示。

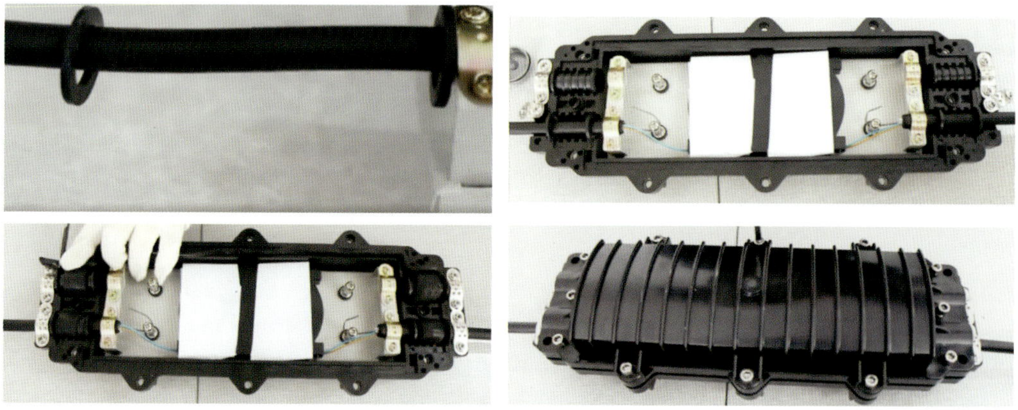

图 1-47 光缆接头盒密封过程

（1）用砂纸将光缆固定卡外侧 60 mm 外的缆身打毛并用酒精清洁。

（2）将接头盒下盒体由下而上套到连接支架上，并将挡圈放入盒体挡槽内，并用记号笔在挡圈内侧标出密封区域。

（3）在密封区域拉伸缠绕，各层胶带间应紧贴，缠胶带前要保持胶带清洁，缠绕高度为略高于挡圈高度。堵头的缠绕方式同上。

（4）将预先放置的挡圈移至缠绕好的密封带两侧并将接续支架放入下盒体，两侧挡圈必须入槽到位。

(5) 清洁接续盒下壳体与夹层笼屉的横向、纵向封闭沟槽，把自黏胶条嵌入下壳体的沟槽内，嵌入长度应与沟槽长度一致，不要拉伸胶条，注意清洁。

(6) 在无光缆引入的盒体端口放入缠好密封带的堵头。

(7) 将上盒体合至下盒体上，上下对齐，放入紧固螺栓，对角交替拧紧外部紧固螺栓。最后联系机房进行测试。

一定要密封好，防止接头盒进水。接头盒的安装位置根据光缆熔接点的位置、杆塔的具体高度来确定，余缆盘在余缆架内，固定在杆塔上。注意，接头盒进水后，光纤及光纤熔接点长期浸泡在水中，可能会造成部分光纤衰减增加，盘余缆时要顺应进行，不可强扭硬拽，以防损伤光纤。

5) 步骤五，结果检查与现场 6S

光缆接头的安装固定方式应已提前明确，施工中应注意按设计的安装图样执行，使接头规范、整齐美观。

施工场地应按国标要求放置施工标志，并注意文明施工，尽量减少施工对周围群众的影响。施工完毕应做到人走场净，注意保护环境。

现场 6S 管理可充分调动操作者的工作积极性，营造高效的工作环境，培养操作者良好的工作习惯，使实施过程制度化和规范化，其适应真实工作场景的要求，可提高操作者的安全意识和劳动素养。

拓展学习

查阅资料，了解现场 6S 的要点，即整理、整顿、清扫、清洁、素养、安全。请结合本任务谈谈自己如何做好现场 6S 管理。

4. 能力提升

能力提升包括制定计划、要点归纳、训练记录三个方面。

1) 制定计划

要求指引	分组分工，梳理流程，制定计划，协作共同完成； 详细记录，展示成果，分享经验，互相查漏补缺； 自评互评，总结反思，巩固提高，分阶突破难点。
安排组织	每 3～4 名学生组成小组，设组长 1 名，负责带领本组同学分工合作，制定工作计划，学习行为组织。教师负责学习引导、安全监督、控制进度、规范流程、保证教学质量。本小组成员及分工如下：
工作计划	小组讨论结果如下：
预期目标	

2）要点归纳

知识笔记 & 思维导图
工艺流程

3）训练记录

基本信息	任务内容	二进二出 12 芯光缆接头盒的封装与固定——封装固定操作	
	小组成员		
	所需条件		
	完成时间		
序号	训练内容	完成情况	
1	加强芯、金属护层的接续处理	记录：	结果：

续表

2	光纤接续	记录：	结果：
3	盘纤	记录：	结果：
4	光缆接头盒的密封	记录：	结果：
5	结果检查与现场 6S	记录：	结果：

5．评价反馈

1）鉴定评价

任务内容		二进二出 12 芯光缆接头盒的封装与固定——封装固定操作				
小组成员						
评价方式		个人自评、小组互评、教师评价				
考核项目		评分依据	标准分数	个人自评	小组互评	教师评价
学习过程	制定计划	是否正确可行	10			
	要点归纳	是否全面无误	10			
	工具使用	是否熟练有效	10			
	操作环节	是否迅速规范	10			
	完成情况	是否符合要求	10			
训练记录	知识内容	是否详实准确	10			
	操作过程	是否熟练完成	10			
	时间统计	是否在规定时间内完成	10			
综合态度	团队协作	是否和谐团结	4			
	讨论分享	是否积极精彩	4			
	安全意识	是否牢固树立	4			
	生产纪律	是否严格遵守	4			
	现场 6S	是否执行落实	4			
合计			100			

2）总结反馈

<table>
<tr><td>小组成员</td><td colspan="2"></td></tr>
<tr><td rowspan="4">自我
反思</td><td>任务
难点</td><td></td></tr>
<tr><td>成功
之处</td><td></td></tr>
<tr><td>不足
之处</td><td></td></tr>
<tr><td>改善
方案</td><td></td></tr>
<tr><td>小组
总结</td><td colspan="2"></td></tr>
<tr><td>教师
点评</td><td colspan="2"></td></tr>
</table>

任务 3　结果检测

1. 描述分析

光时域反射仪是一种科技含量很高的精密仪表，如图 1-48 所示。它所采用的测试技术称为背向散射测试技术，能测试整个光纤链路的衰减，并能提供和长度有关的衰减细节，同时可测出接头损耗及故障点。OTDR 具备非破坏性，且其只需在一端进行测试，其功能多、操作简便、测量重复性高、体积小、不需其他仪表配合、能自动存储和打印测量结果，目前已成为光通信系统工程检测中最重要的仪表。

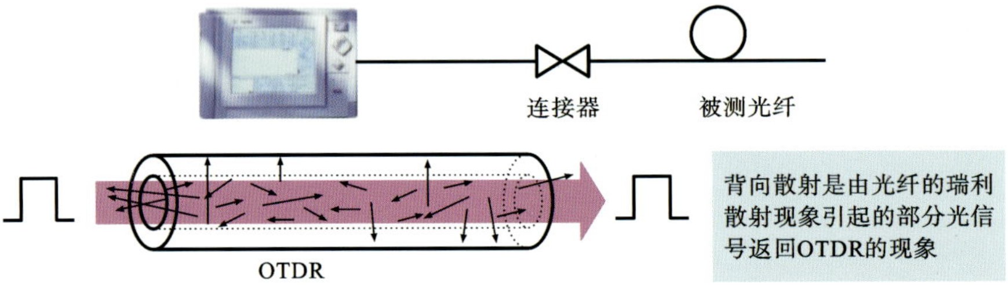

图 1-48　光时域反射仪

加强 OTDR 测试仪表的监测，对于提高光纤的熔接质量、减小因盘纤带来的附加损耗、减少封盒可能对光纤造成的损害、提高光缆工程质量具有十分重要的意义。

光缆敷设之前，必须进行单盘检验，通过单盘检验来确认光缆的质量是否达到设计文件或合同规定的要求，这对于确保工程工期、施工质量，保证通信质量、工程经济效益等非常重要。那么，如何利用 OTDR 对单盘光缆进行检测？如何规范操作？需要注意什么？安全事项有哪些？带着这几个问题，我们进入任务 3 的学习。

2. 知识链接

1）光时域反射仪

(1) 工作原理：光时域反射仪将窄的光脉冲注入光纤端面作为探测信号。因被测光纤链路特性及光纤本身特性而产生的反射光和菲涅尔反射信号返回光纤入射端，信号通过一耦合器送到接收机，光信号被转换成电信号，背向散射曲线显示在屏幕上。通过合适的光耦合和高速响应的光电检测器检测到输入端的背向光的大小和到达时间，就能定量检测光纤的传输特性、长度和故障点等。光时域反射仪是基本的光纤链路安装和维护测试工具，其测试原理如图 1-49 所示。

(2) 光纤线路测试连接：单盘光缆一般对其损耗值进行检测，采用的方法有切断法、后向测量法、插入法。图 1-50 所示的为后向测量法连接示意图。选择 1～2 km 的标准光纤作为辅助光纤，用 V 形槽连接器将被测光纤与辅助光纤连接。

拓展学习

查阅资料，了解用切断法、后向测量法、插入法测量光纤损耗的优点和缺点。

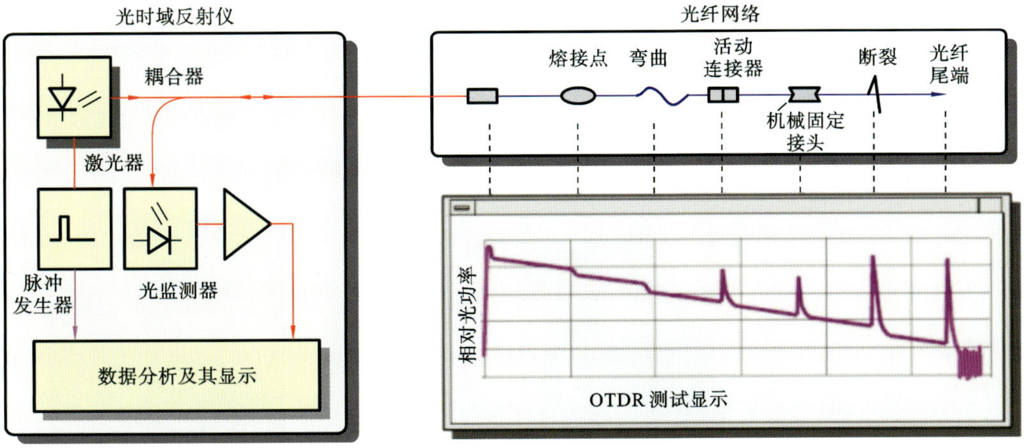

图 1-49 光时域反射仪的工作原理框图

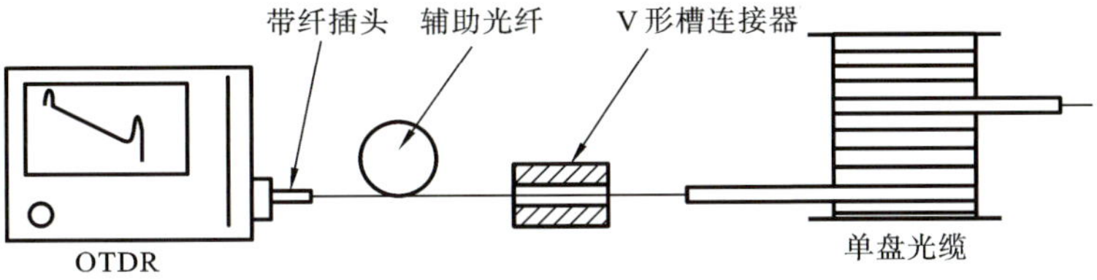

图 1-50 光时域反射仪的测试连接

(3) OTDR 链路上可能出现的各类事件如图 1-51 所示。

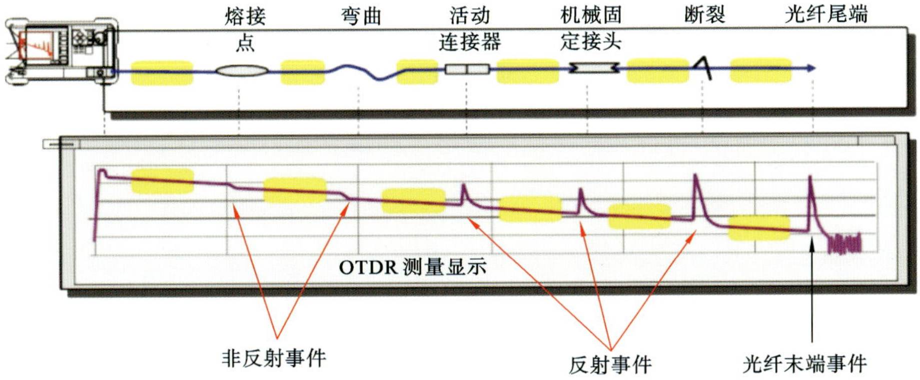

图 1-51 OTDR 各类测试事件

非反射事件:光纤的熔接点与弯曲点会引起损耗,但通常不会引起明显反射。由于它们的反射较小,我们称之为非反射事件。

反射事件:光纤的活动接头、机械接头和断裂点等会引起损耗与反射,我们把这种反射幅度较大的事件称为反射事件。

光纤末端事件:光纤的端点会引起明显反射,我们把这种事件称为光纤末端事件。

2) 使用工具介绍

任务需采用光时域反射仪及其他辅助工具,如表 1-8 所示。因光纤脆弱易损伤,操作难度高,请选用正品优质工具,并保证工具保养精良。

表 1-8 使用工具介绍

工具名称	光时域反射仪	光缆和跳线
功能	用于光缆工程测量(用于测量光纤损耗、光纤长度、光纤衰减、连接点损耗、故障点)	用于连接光纤和 OTDR
实物图	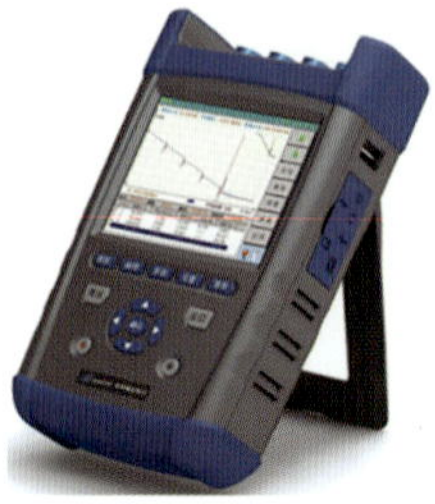	

下面以 AV6416 光时域反射仪为例,介绍反射仪的面板和功能,接口示意图如图 1-52 所示,按键示意图如图 1-53 所示。

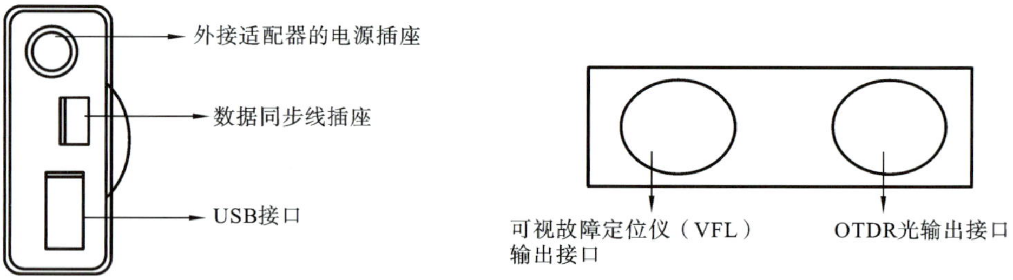

(a)侧面接口示意图　　(b)上面接口示意图

图 1-52 接口示意图

(1) 光纤长度测试:光纤线路长度测试用于获得光纤长度信息,以便配盘及辅助衰减测量,如图 1-54 所示。

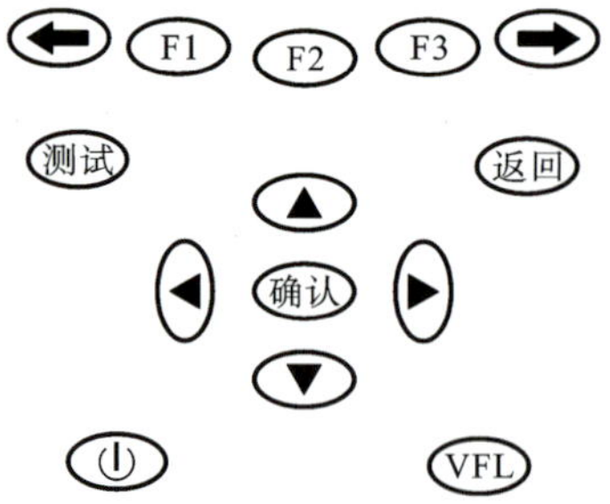

图 1-53 OTDR 按键示意图

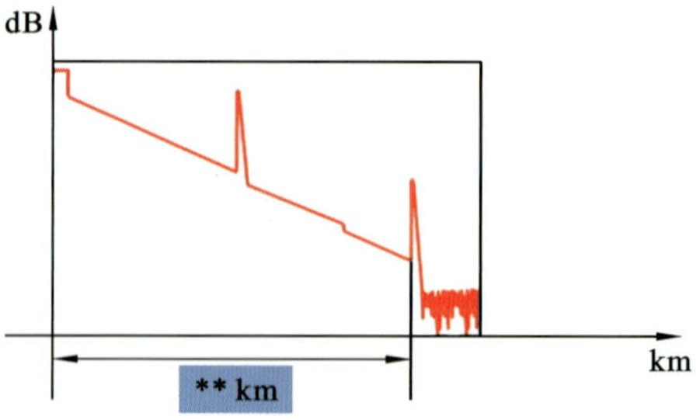

图 1-54 光纤线路长度测试

① 将光标移动到事件点(或光纤末端反射峰)附近。

② 将波形曲线在水平和垂直方向上扩展到最大。

③ 细调活动光标位置,将其移动到事件点(或光纤末端反射峰的起跳点)上。

④ 屏幕上显示的活动光标所在的标记点与测试点的距离即为此事件点(或光纤末端)到 OTDR 输出端的距离,如图 1-55 所示。

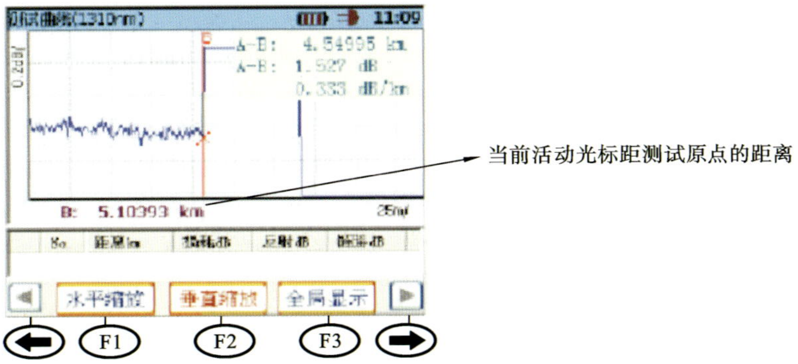

图 1-55　光纤长度测量

(2) 光纤衰减测量:衰减=链路损耗/长度(dB/km),用于评价链路质量,可以采用两点法或最小二乘法来测量,如图 1-56、图 1-57 所示。

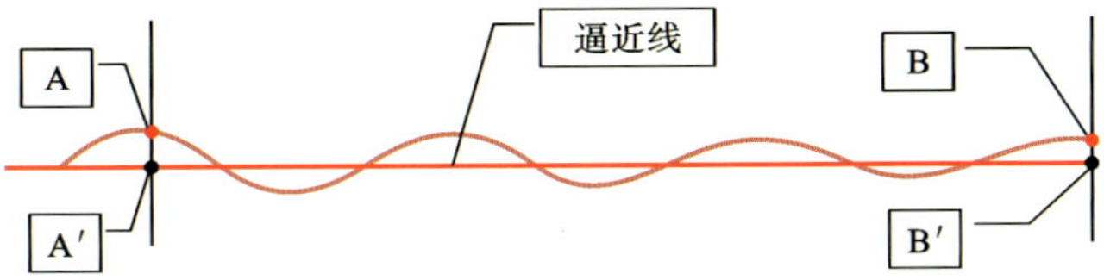

图 1-56　两点法测量

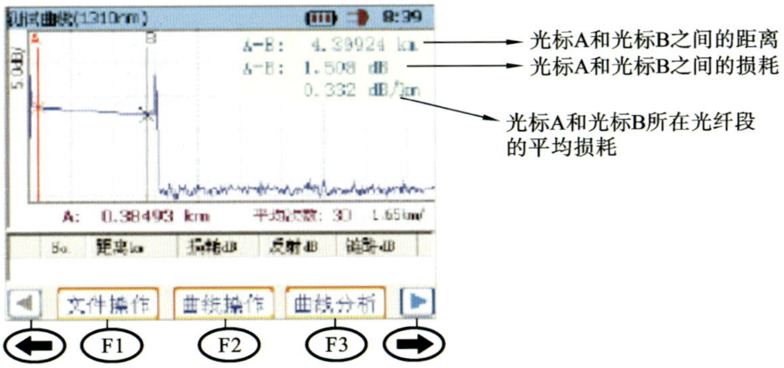

图 1-57　光纤衰减测量

① OTDR 测试参数设置的子窗口中,将测试项目设为平均损耗测试。此时主操作窗口中出现 2 个光标,即光标 A 和光标 B。

② 将光标 A、B 置于被测光纤段线性区上的任意两点(为确保测试结果准确,在测量较长的光纤时,两个标记点间的距离至少大于 500 m)。

③ 此时操作窗口上显示的平均损耗值即为所要测试的光纤段的平均损耗。

(3) 连接点损耗:连接点损耗示意图如图 1-58 所示。光纤连接点损耗测试如图 1-59 所示。

① 在 OTDR 测试参数设置的子窗口中,将测试项目设为连接损耗(接续损耗)测试。此时主操作窗口中出现 4 个光标,即光标 a、光标 A、光标 b、光标 B。

② 扩展波形,将光标 a、光标 A、光标 b、光标 B 置于光纤连接点两段前后端。

③ 此时被测点的连接损耗显示在操作窗口上。

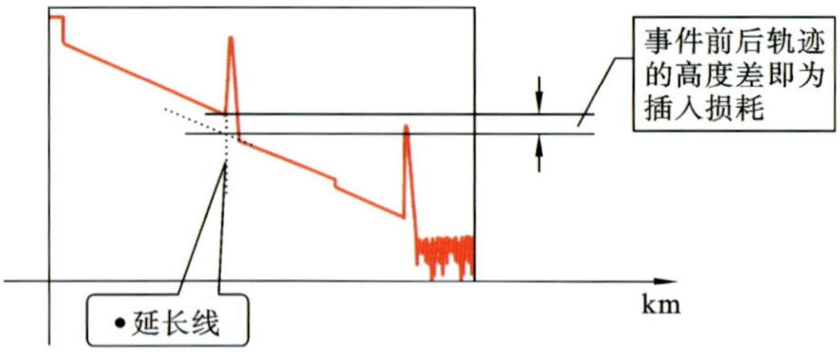

图 1-58　连接点损耗示意图

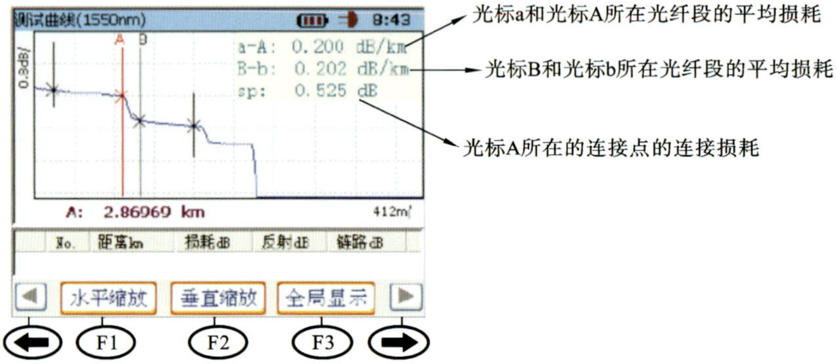

图 1-59　光纤连接点损耗测试

(4) 连接器反射测量：通过反射事件前后反射峰的高度差来评价连接器的连接质量，如图 1-60、图 1-61 所示。

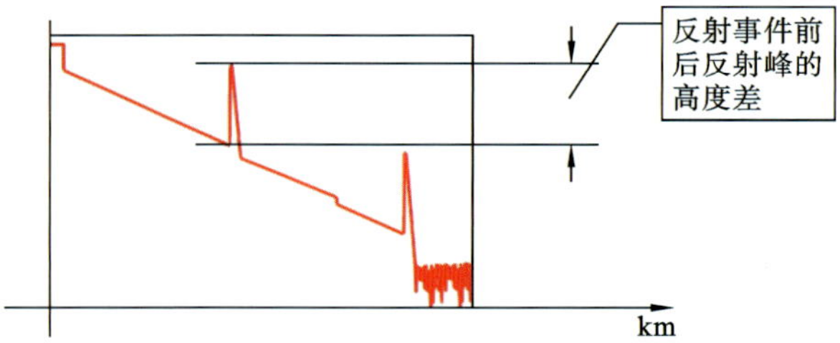

图 1-60　连接器反射测量

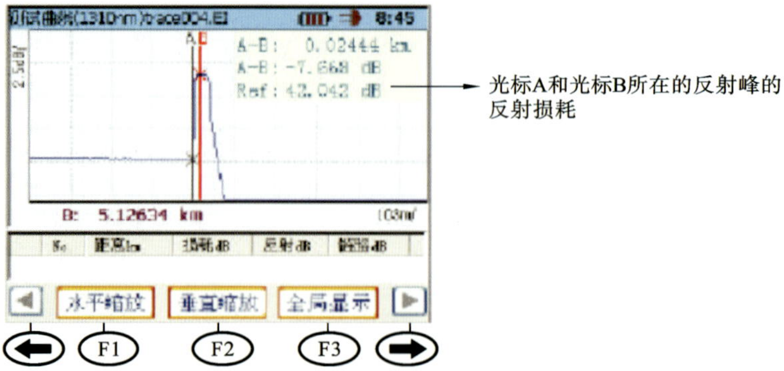

图 1-61　反射损耗测试

① 在 OTDR 测试参数设置的子窗口中，将测试项目设为反射损耗测试。此时主操作窗口中出现 2 个光标，即光标 A 和光标 B。

② 扩展测试波形，将光标 A 设在被测连接点前线性区的末端（即被测反射峰的起跳点）。

③ 将光标 B 设在反射事件的顶端。

④ 此时操作窗口上显示的反射损耗值即为被测连接点的反射损耗。

3. 实施过程

单盘光缆的检测步骤如下。

1）步骤一，清洁端面

（1）用无水乙醇将光纤端面擦拭干净。

（2）将 OTDR 光输出连接器防尘罩取下，用无水乙醇将光输出端口擦拭干净。

2）步骤二，定位红光故障

过程示意图如图 1-62 所示。

图 1-62 红光故障定位测试

（1）开机。

（2）打开可视故障输出接口，检查红光接口是否拧紧。将待测光缆通过标准光纤跳线接入 OTDR 可视故障输出接口，注意直插直拔，以免损坏 OTDR 的陶瓷芯接口。

（3）打开红光光源。

（4）观察光纤末端，有红光出射说明光缆没有折断。改变红光模式为闪烁出光，光纤末端也闪烁出光。

（5）关闭红光电源。

3）步骤三，测量光纤参数

用 OTDR 测量光纤接头损耗是非常方便的，由于光纤在微观上的不均匀性，光在光纤中传输时，在各点要产生散射，检测沿光纤各点返回的背向散射光，就可以知道光在光纤中传输时的损耗特性，从而可以得到光纤的衰减特点。

方法一：自动测试，如图 1-63 所示。

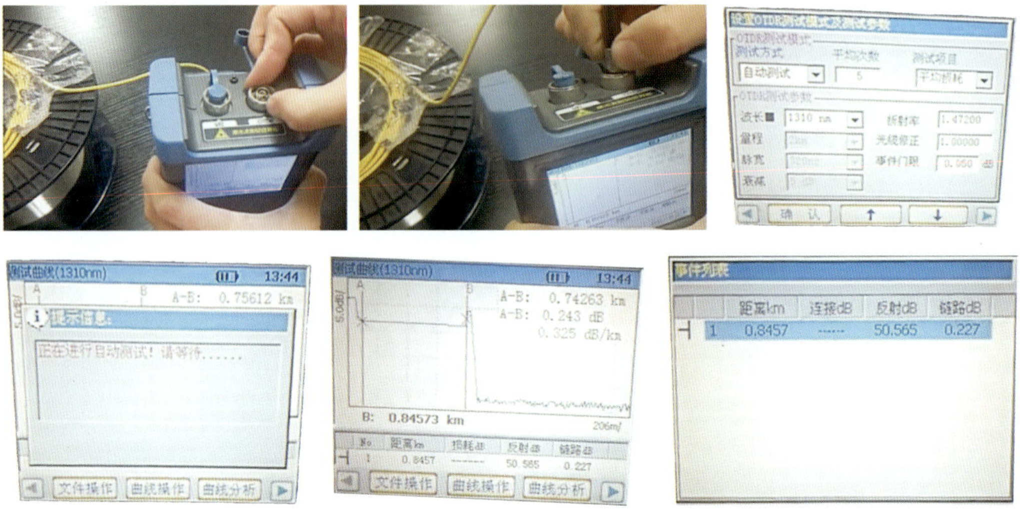

图 1-63 OTDR **自动测试**

(1) 检查 OTDR 输出接口是否松动，确保接口拧紧，以免带来测量误差。

(2) 将待测光缆通过标准光纤跳线接入 OTDR 可视故障输出接口并拧紧。注意直插直拔，以免损坏 OTDR 的陶瓷芯接口。

(3) 设置 OTDR 测试参数。测试方式有自动测试、盲区测试、平均测试和实时测试，一般情况下选择自动测试。选择自动测试时，线路的量程、脉宽、衰减等都不需要设置，系统会根据线路情况自动选择参数。平均次数一般选择 5～10 次，测试项目选择平均测试，根据测试要求选择测试波长为 1310 nm 或 1550 nm，选择确定键。

(4) 按下测试按键，系统开始进行自动测试。

(5) 进行测试曲线分析。

(6) 打开事件表，在事件表中可以看到测试结果。测试线路长度为 0.8457 km，末端的反射损耗为 50.565 dB，整个链路损耗为 0.227 dB。

方法二：平均测试，如图 1-64 所示。

(1)、(2)同方法一。

(3) 设置 OTDR 测试参数。选择平均测试，平均次数一般选择 5～10 次，根据测试要求选择测试波长为 1310 nm 或 1550 nm，量程选择为实际距离的 1.5～2 倍，脉宽随量程变化，高分辨下选择窄脉宽，选择确定键。

(4) 按下测试按键，系统开始进行自动测试。

(5) 进行测试曲线分析。

(6) 打开事件表，在事件表中可以看到测试结果。

4) *步骤四，保存数据*

如图 1-65 所示，测试完毕后，点击“文件操作→保存文件”，将数据导出到 U 盘。

盲区测试用于短距离测试，实时测试方式下，测试数据会不断刷新，可实时显示测试结果。在接头盒封装之前，应检查以下内容。

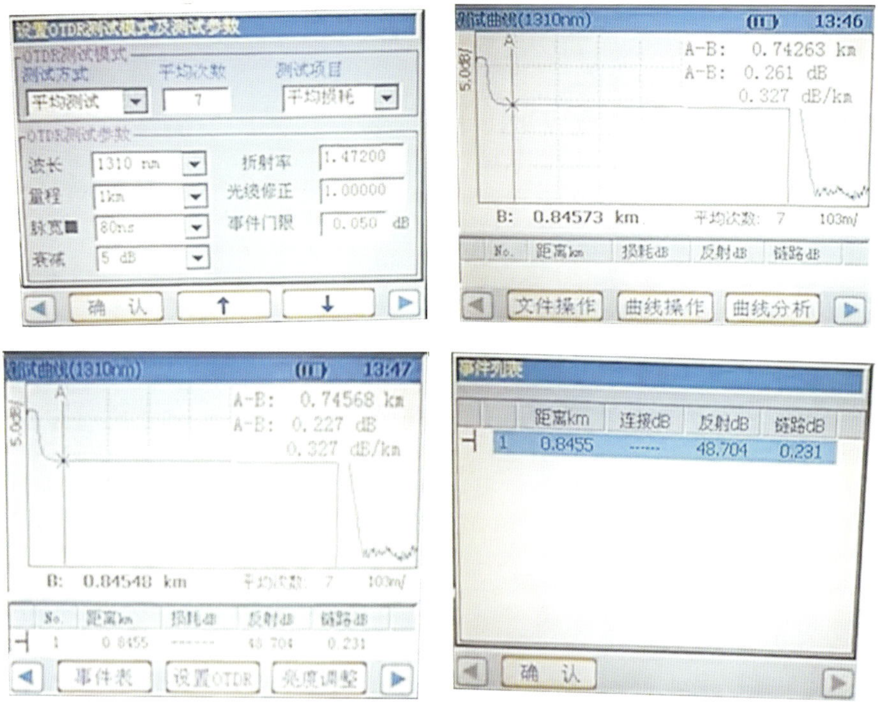

图 1-64 OTDR 平均测试

图 1-65 OTDR 数据保存

(1) 光缆加强芯是否安装牢靠，光缆安装是否牢固。

(2) 光纤收容盘是否固定牢靠。

(3) 光纤在收容盘内是否有微弯和受力的地方。

光缆接头盒封装完成后，应做气闭检查和光电特性复测，以确认光缆接续良好、接头盒密封良好。

☆ **注意事项**

(1) 使用 OTDR 时，不要直视激光器输出端口。

(2) 不使用 OTDR 时，要在 OTDR 输出端口上盖上防尘罩。

(3) 测试前检查 OTDR 输出接口是否松动，确保接口拧紧，以免带来测量误差。

（4）将待测光缆接入 OTDR 输出接口时应注意直插直拔，以免损坏 OTDR 的陶瓷芯接口。

（5）OTDR 光输出头为 FC/PC 接头，接入光输入头的光纤软线的接头必须与之匹配。

5）步骤五，结果检查与现场 6S

完成测试后，关闭设备电源，将仪表装箱。

现场 6S 管理可充分调动操作者的工作积极性，营造高效的工作环境，培养操作者良好的工作习惯，使实施过程制度化和规范化，其适应真实工作场景的要求，可提高操作者的安全意识和劳动素养。

拓展学习

查阅资料，了解现场 6S 的要点，即整理、整顿、清扫、清洁、素养、安全。请结合本任务谈谈自己如何做好现场 6S 管理。

4. 能力提升

能力提升包括制定计划、要点归纳、训练记录三个方面。

1）制定计划

要求指引	分组分工，梳理流程，制定计划，协作共同完成； 详细记录，展示成果，分享经验，互相查漏补缺； 自评互评，总结反思，巩固提高，分阶突破难点。
安排组织	每 3～4 名学生组成小组，设组长 1 名，负责带领本组同学分工合作，制定工作计划，学习行为组织。教师负责学习引导、安全监督、控制进度、规范流程、保证教学质量。本小组成员及分工如下：
工作计划	小组讨论结果如下：
预期目标	

2）要点归纳

知识笔记 & 思维导图
工艺流程

3）训练记录

<table>
<tr><td rowspan="4">基本信息</td><td>任务内容</td><td colspan="2">二进二出 12 芯光缆接头盒的封装与固定——结果检测</td></tr>
<tr><td>小组成员</td><td colspan="2"></td></tr>
<tr><td>所需条件</td><td colspan="2"></td></tr>
<tr><td>完成时间</td><td colspan="2"></td></tr>
<tr><td>序号</td><td>训练内容</td><td colspan="2">完成情况</td></tr>
<tr><td>1</td><td>清洁端面</td><td>记录：</td><td>结果：</td></tr>
</table>

续表

2	定位红光故障	记录：	结果：
3	测量光纤参数	记录：	结果：
4	保存数据	记录：	结果：
5	结果检查与现场 6S	记录：	结果：

5. 评价反馈

1）鉴定评价

任务内容		二进二出 12 芯光缆接头盒的封装与固定——结果检测				
小组成员						
评价方式		个人自评、小组互评、教师评价				
考核项目		评分依据	标准分数	个人自评	小组互评	教师评价
学习过程	制定计划	是否正确可行	10			
	要点归纳	是否全面无误	10			
	工具使用	是否熟练有效	10			
	操作环节	是否迅速规范	10			
	完成情况	是否符合要求	10			
训练记录	知识内容	是否详实准确	10			
	操作过程	是否熟练完成	10			
	时间统计	是否在规定时间内完成	10			
综合态度	团队协作	是否和谐团结	4			
	讨论分享	是否积极精彩	4			
	安全意识	是否牢固树立	4			
	生产纪律	是否严格遵守	4			
	现场 6S	是否执行落实	4			
合计			100			

2）总结反馈

小组成员		
自我反思	任务难点	
	成功之处	
	不足之处	
	改善方案	
小组总结		
教师点评		

模块2

光纤连接器的装配与调试

近年来，随着国家政策的推行和光通信产业的发展，光纤到户（FTTH）已实现规模化部署，光纤网络已进入千家万户。光纤连接是光纤网络建设中的重要环节，工程量巨大，各种应用场合的要求层出不穷，这使得传统的熔接连接方式已不能胜任所有的连接工作，必须找到更快、更方便的连接方法。

光纤连接器又称光纤活动连接器，俗称活动接头，其可拆卸，与熔接法制作的固定接头完全不同。它能把光纤端面精密对接，使光纤输出的光能量尽可能多地耦合到另一根光纤或光器件、光设备中，从而实现光纤、光器件、光端机、光测试仪表等相互之间的活动连接，使用灵活，方便可靠。随着光通信、光纤传感等光纤应用领域的高速发展，光纤连接器已成为不可缺少的、使用最多的光器件之一。图 2-1 所示的为常用的光纤连接器。

图 2-1 常用的光纤连接器

项目 1 SC/UPC 预埋式光纤快速连接器的制作与检测

光纤快速连接器也称为光纤现场连接器，是一种在施工现场直接成端，无须注胶、研磨、熔接的光纤活动连接器。其具备操作简单、可快速成端、可无源施工、对操作环境无特殊要求、简单易携带等优点，为光纤连接提供了更快捷、更方便的方式，特别适用于现场组装，已广泛应用于光纤到户等快速端接和互连的场合。而且，光纤快速连接器具备与 SC、FC 等标准光纤连接器同等的连接性能，兼容标准光纤连接器的插座和法兰连接方便，效果较好。目前，光纤快速连接器主要使用在以下两种场合：一是配线光缆与入户皮线光缆连接点，如光纤配线箱；二是用户家中皮线光缆接入端口，直接连接家庭终端（ONU）。

学生应通过对 3 个子任务的学习，掌握光纤快速连接器的制作工艺及检测评价方法，形成对光纤连接器的基本认知，了解光纤连接器制造的工艺规范，培养专业实践技能和安全管理意识。

◆ **知识目标**

☐ 了解光纤预处理的目的和意义

☐ 掌握光纤预处理的操作流程

☐ 熟悉光纤预处理的安全事项

☐ 了解光纤快速连接器的概念和特点

☐ 熟悉光纤快速连接器的基本结构

☐ 掌握光纤快速连接器制作的规范流程

☐ 理解有关参数的概念和意义

☐ 熟悉参数指标的检测方法

☐ 掌握光纤快速连接器的质量评价方法

◆ **技能目标**

☐ 能熟练使用光纤预处理的各种工具

☐ 能独立完成光纤预处理过程

☐ 能按工艺规范制作 SC/UPC 预埋式光纤快速连接器

☐ 能分析解决制作过程中出现的问题

☐ 能熟练使用检测仪表对质量进行分析评价

☐ 能严格遵守生产安全规范

☐ 能完成其他型号光纤快速连接器的制作

☐ 能归纳整理光纤快速连接器制作的作业指导书

◆ **素质目标**

☐ 建立对光纤连接器件的基本认知，建立职业能力初步认知

☐ 培养安全操作意识和职业规范意识，养成安全生产的良好习惯

☐ 培养专业信息分析能力和解决问题的能力，具备一定的工程实践能力

☐ 培养爱岗敬业、细心踏实的综合职业素养，提升语言表达能力、团队协作能力

任务 1　光纤预处理

1. 描述分析

要制作 SC/UPC 预埋式光纤快速连接器，其实就是将光纤与快速活动接头组装在一起，使光纤直接成端。图 2-2 所示的是 SC/UPC 预埋式光纤快速连接器接头组件，通过观察我们发现，光纤要与其组装，需要进行预处理，包括匹配尺寸、制作端面、清洁保护等，这些将直接影响光纤快速连接器的连接性能。那么，光纤预处理如何规范操作？工具如何使用？需要注意什么？安全事项有哪些？带着这几个问题，我们进入任务 1 的学习。

2. 知识链接

1）接头常用光纤

光纤快速连接器属于光纤冷接成端产品，是一种在施工现场通过简单接续工具实

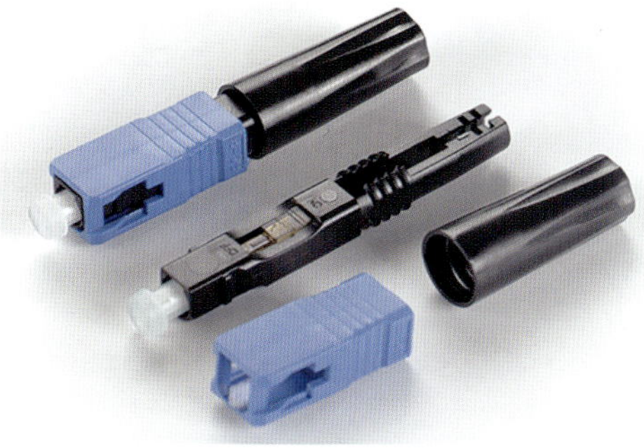

图2-2 SC/UPC 预埋式光纤快速连接器接头组件

现入户光缆快速成端的连接器，施工过程无须熔接、注胶、研磨。室内光缆中的单芯软光缆和单芯蝶形光缆是光纤到户接入室内最常见的缆型，可与光纤快速连接器搭配使用，这种设计非常合理，可现场成端、方便快捷、节约成本，已成为工程应用中的首选。

单芯软光缆使用单根 Φ0.9 mm 紧套光纤作为光传输介质，外覆一层芳纶丝作为受力加强元件，最外挤制一层聚氯乙烯（PVC）或低烟阻燃护套成缆，外径一般是 2.0 mm 或 3.0 mm，如图 2-3 所示。单芯软光缆结构简单、柔软轻便、实用性强、接续维护简单、耐磨抗拉、阻燃防火，适合大容量数据传输。光纤纤芯在该光缆的保护下不易折断，且紧套结构易于剥离，特别适合在室内作为末端入户光缆使用。

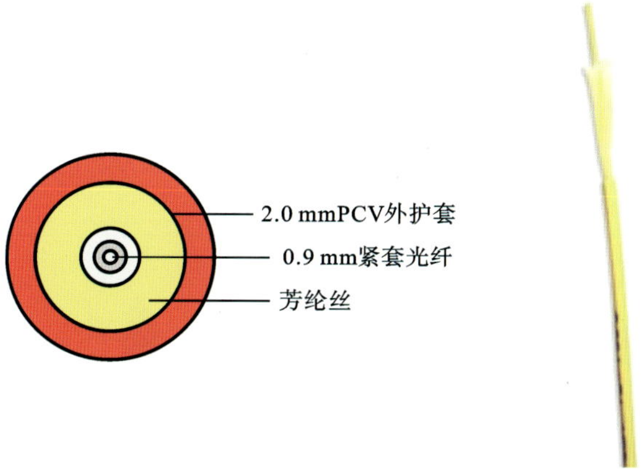

图 2-3 ϕ2.0 mm 单芯软光缆结构图与实物图

蝶形光缆是一种新型接入光缆，因截面形似蝴蝶而得名，其结构设计合理、剥离方便、外形尺寸小、重量轻、成本低、抗压性能和耐弯性能好，集合了室内软光缆和自承式光缆的特点，应用广泛。单芯蝶形光缆使用单根 Φ0.9 mm 紧套光纤作为光传输介质，将光纤置于其结构中心，两侧对称放置两根平行的金属加强元件，在外层挤制黑色或彩色聚氯乙烯（PVC）或低烟阻燃护套成缆，光纤正好在中央凹槽内，如图 2-4 所示。单芯蝶形光缆这种特殊的结构布局使光缆耐弯性能较好，能提供更大的带宽，网络传输特性好。光缆中两根平行的金属加强元件使光缆具有良好的抗压性能和抗拉性能，能更好地保护光纤。光缆对称结构中央具有独特的凹槽设计。单芯蝶形光缆的外形尺寸一般是 2.0 mm×3.0 mm。

图 2-4　单芯蝶形光缆结构图与实物图

拓展学习

查阅资料，了解光通信网络工程应用中，还有哪些常用的通信用室内光缆，知晓其特点和结构。

2）使用工具介绍

光纤预处理需要使用直尺、皮线光缆开剥器、专用剪刀（凯夫拉剪刀）、光纤剥纤钳、光纤切割刀、无尘纸、酒精泵瓶等，如表 2-1 所示。因光纤脆弱易损伤，操作难度高，请选用正品优质工具，并保证工具保养精良。

表 2-1　工具介绍

工具名称	直尺	皮线光缆开剥器	专用剪刀（凯夫拉剪刀）	光纤剥纤钳	光纤切割刀	酒精泵瓶
功能	测量纤芯等部分预留余量，最小刻度为 1 mm	能轻松定长剥除光缆 PVC 外护套	适合剪切光缆中的芳纶丝	剥除光纤紧套层和涂覆层	切割制作良好的平整光纤端面	方便单手按压蘸取酒精
实物图	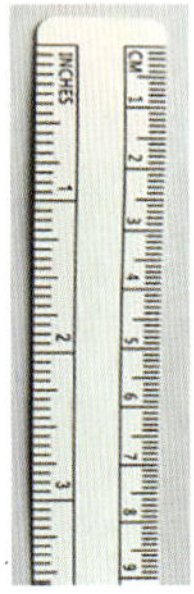				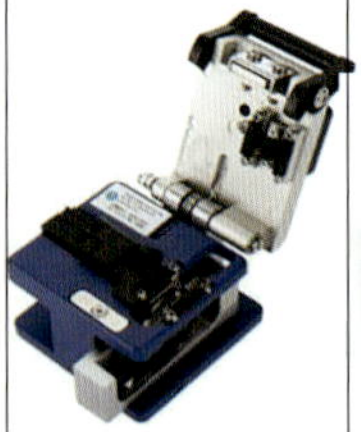	

3. 实施过程

光纤预处理的目的是让光缆各组成部分与光纤快速连接器各组成部分相匹配，主要是结构层次和长度的匹配，便于后面制作活动接头。先以 $\Phi 2.0$ mm 单芯软光缆为例来说明，需要注意处理 $\phi 2.0$ mm 外护套、芳纶丝、$\phi 0.9$ mm 紧套光纤、$\phi 0.25$ mm 预涂覆光纤和 $\phi 0.125$ mm 裸纤的层次和长度。

1）步骤一，光缆穿入紧固尾套

将单芯软光缆穿入光纤快速连接器的紧固尾套，应从紧固尾套的小头穿入，大头穿出，不能串反，如图 2-5 所示。一定要在去掉光缆外护套前将光缆穿入紧固尾套，避免折断或损伤光纤。

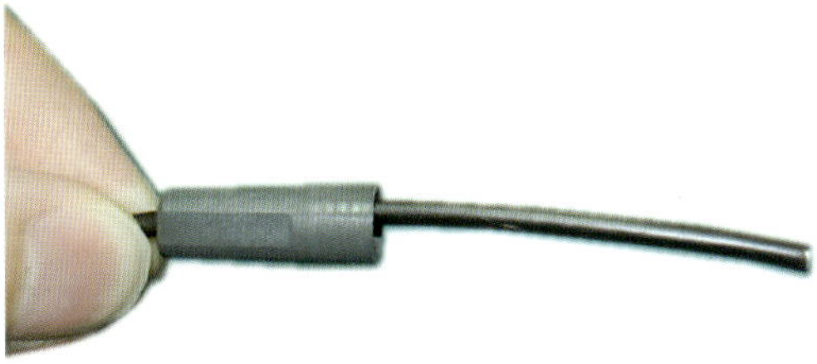

图 2-5 单芯软光缆穿入紧固尾套

☆ 注意事项

(1) 必须首先完成光缆穿入紧固尾套的操作。

(2) 要看清穿入方向，否则无法紧固活动接头。

(3) 实施过程中，应保持手部清洁干燥，减少环境中的粉尘。

2) 步骤二，剥除外护套

首先检查单芯软光缆断面是否平整，若外护套、芳纶丝、紧套光纤的断面不平整，则应用专用剪刀重新剪切。要求光缆断面平整是为了便于后续操作，以及控制各层结构所需的长度。

然后将光缆从皮线光缆开剥器的中心钳口穿入，直至 50 mm 刻度处；一手捏稳光缆，保证光缆与钳口垂直；另一手握压开剥器手柄，剪断外护套，顺着光缆方向平稳拉出外护套，安全分离外护套，如图 2-6 所示。

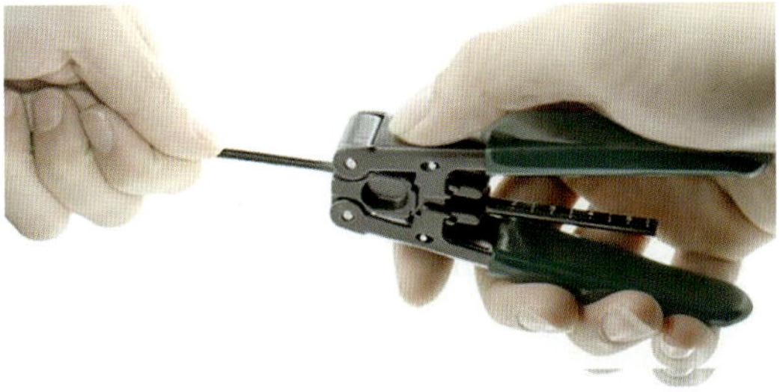

图 2-6 剥除外护套操作示范

☆ 注意事项

(1) 剪断前应保持光缆在钳口中心位置，避免剪断光纤。

(2) 握压开剥器要力度适中，切不可用力过猛，以免剪断芳纶丝或损伤光纤。

(3) 拉出时要保持握压状态，应平稳拉出外护套。

此时，光缆开剥器剥除了约 50 mm 的外护套，光缆里的芳纶丝和紧套光纤露出，如图 2-7 所示，检查光纤有无损伤。

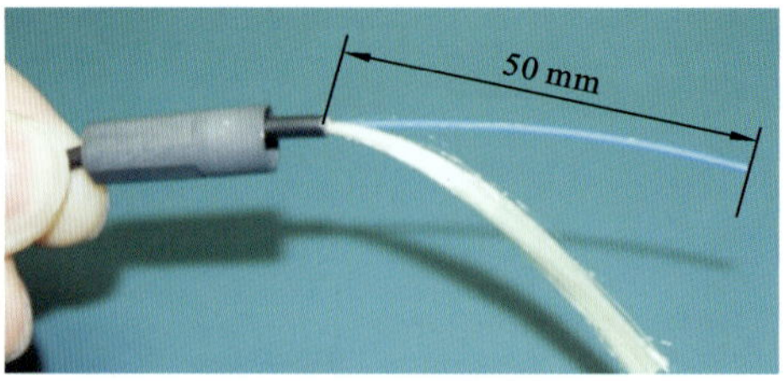

图 2-7 剥除 50 mm 外护套后的光缆

3）步骤三，固定芳纶丝

芳纶丝是单芯软光缆的非金属加强件，主要起到加强光缆抗拉能力的作用，所以需要在端点将其固定，其才能承担拉力。剥除外护套后露出的芳纶丝暂时不要剪断，为避免其干扰后续操作，可以将其捻在一起，用手反向将其与光缆捏紧，或用无痕纸将其反向固定在光缆外护套上。

☆ **注意事项**

芳纶丝应全部固定，不能散落或遗漏。

4）步骤四，剥除紧套层和涂覆层

按照选用的光纤快速连接器尺寸要求，用外护套端面对齐刻度尺起始点，量取并标注 4 mm(保留紧套层)、24 mm(保留涂覆层)的位置，如图 2-8 所示。

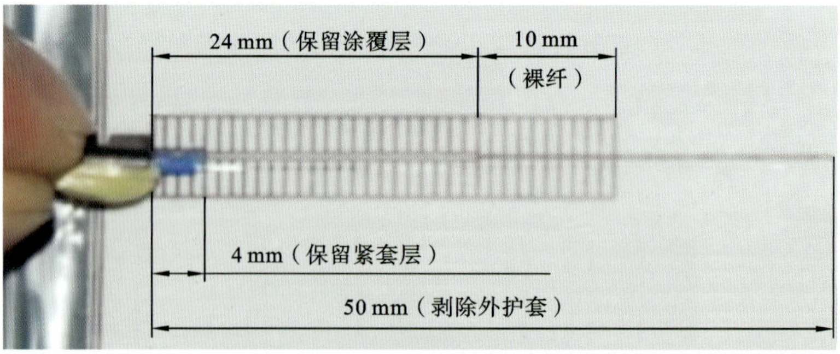

图 2-8 光缆各层预处理长度

用光纤剥纤钳 ϕ0.125 mm 的钳口在 24 mm(保留涂覆层)的标记处剥除约 26 mm 的紧套层和涂覆层。然后用 ϕ0.25 mm 的钳口在 4 mm(保留紧套层)的标记处剥除约 20 mm 的紧套层，如图 2-9 所示。

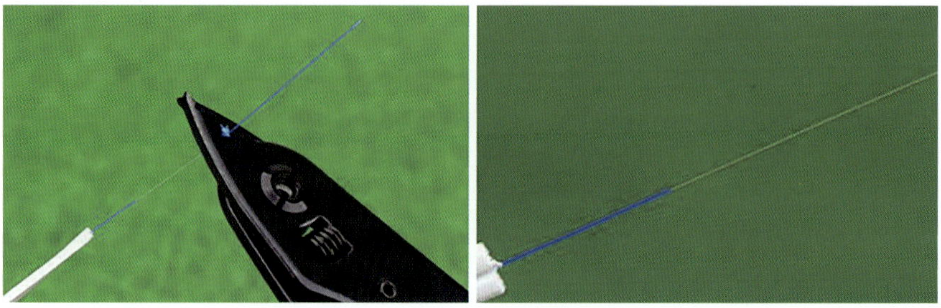

图 2-9 剥除光纤涂覆层操作示范

☆ 注意事项

(1) 剥除前，请检查剥纤钳钳口大小是否合适，并将钳口清理干净。

(2) 剥除时，一手捏紧光纤，令光纤保持水平，另一手握稳剥纤钳，钳口与光纤轴向垂直，轻轻卡住光纤，然后将钳口上方向内倾斜45°左右，用力顺光纤轴向快速推出剥纤钳，力量适中，自然流畅，一气呵成。

(3) 剥除后，仔细观察涂覆层是否全部剥除，若有残留应重剥。

5) 步骤五，清洁裸纤表面

为保证光纤端面切割光滑平整，在切割前必须对剥除涂覆层的裸纤表面进行清洁。用无尘纸按压酒精泵瓶，蘸取无水酒精后轻轻擦拭裸纤表面，如图 2-10 所示。

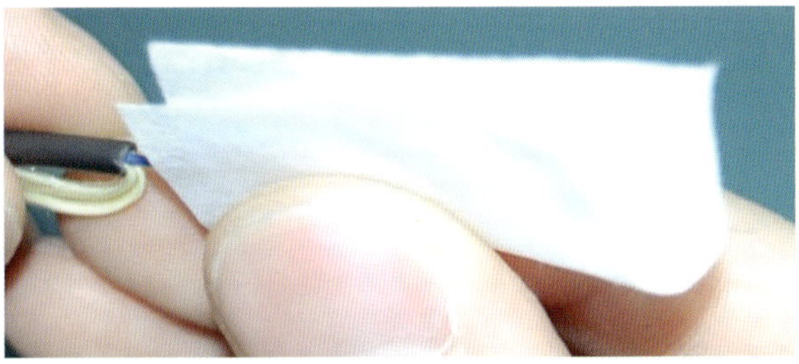

图 2-10　清洁裸纤表面操作示范

☆ 注意事项

(1) 剥除涂覆层的裸纤极易断裂，应沿同一方向擦拭裸纤，动作轻柔，避免损伤裸纤。

(2) 如一次擦不干净，则应换无尘纸的干净部位多擦几次，直至干净为止。

(3) 擦净后切勿直接用手触摸裸纤，避免污染裸纤表面。

6) 步骤六，切割光纤端面

光滑平整、质量良好的光纤端面能够将更多的光能量传输出去，可提高光纤快速连接器的耦合效率，获得更好的连接效果。

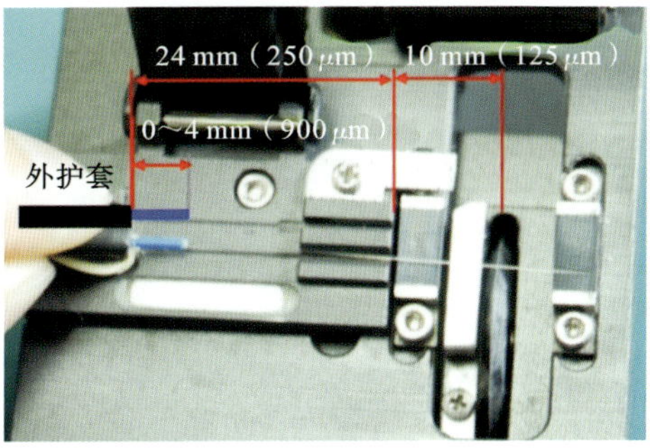

图 2-11　光纤端面切割操作示范

首先，打开光纤切割刀的上压板，观察确认刀片滑块靠近自己；其次，打开压纤板，将清洁干净的裸纤放入 V 形槽内，并按所需 10 mm 的裸纤长度调整光纤位置，按下压纤板固定光纤；然后，合上上压板，确保光纤固定且垂直于刀片，快速推动刀片滑块，打开上压板和压纤板，观察光纤是否切断，小心取出光纤；最后，清理切掉的废纤，还原光纤切割刀，如图 2-11 所示。

☆ **注意事项**

(1) 要小心保护切割后的光纤端面，不要让其触碰任何物体，以免损坏光纤端面。

(2) 如果出现切不断的情况，可能是操作不规范，或是需要调整刀片高度。

(3) 如果出现端面切不平整的情况，可能是光纤放置偏斜，或是刀片磨损，需要调节刀刃。

(4) 为保证光纤切割端面的最佳效果，不要用手接触刀刃，每次使用前应观察刀片是否干净，定期用无水酒精清洁刀片、V形槽和压纤板，确保无灰尘及油污。

(5) 切割下的废纤请注意妥善处置，以免造成人身伤害。

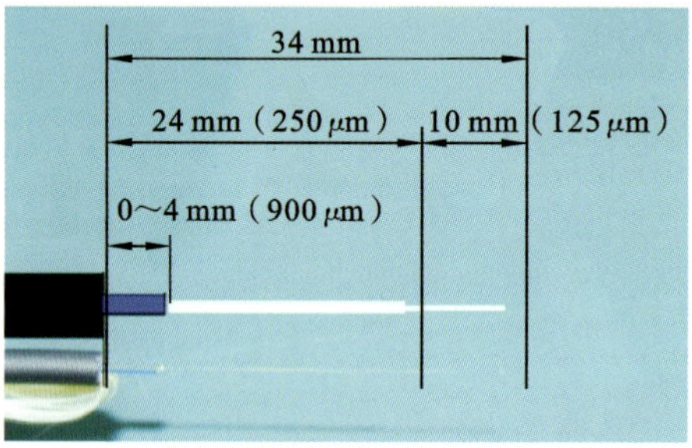

图 2-12 预处理光纤各层长度检查

7) 步骤七，结果检查与现场 6S

在预处理完成的光纤保持干净的前提下，可检查确定各层完成情况和长度是否符合要求，方便后续与快速连接器组装，如图 2-12 所示。

现场 6S 管理可充分调动操作者的工作积极性，营造高效的工作环境，培养操作者良好的工作习惯，使实施过程制度化和规范化，其适应真实工作场景的要求，可提高操作者的安全意识和劳动素养。

拓展学习

查阅资料，了解现场 6S 的要点，即整理、整顿、清扫、清洁、素养、安全。请结合本任务谈谈自己如何做好现场 6S 管理。

对于 2.0 mm×3.0 mm 单芯蝶形光缆的光纤预处理，通过比较 Φ2.0 mm 单芯软光缆的组成结构，可以发现它们都使用 Φ0.9 mm 紧套光纤并将其置于整体结构中心，不同的是外护套的形状、结构，以及加强元件的材质、形态。所以，单芯蝶形光缆的光纤预处理与单芯软光缆相比，主要区别在于对外护套和加强元件的处理。应按照单芯软光缆剥除外护套的操作要领，使用皮线光缆开剥器同时剪断单芯蝶形光缆的外护套和加强元件，完全露出紧套光纤，如图 2-13 所示。其他相同步骤就不再重复说明。

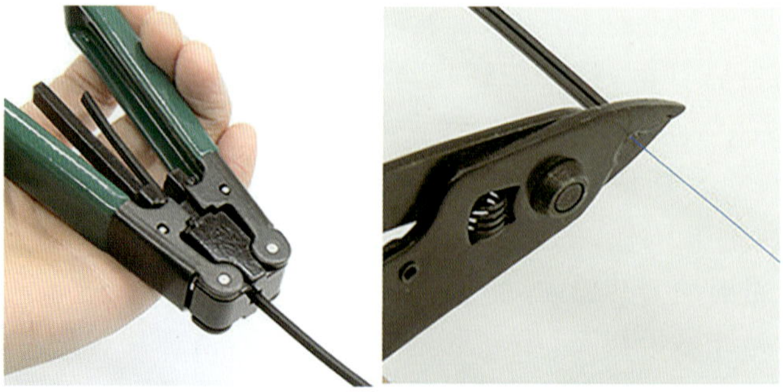

图 2-13 单芯蝶形光缆的光纤预处理

☆ **注意事项**

(1) 剪切前检查光缆断面是否平整,按所需长度准确操作。

(2) 剪切时应保持光缆在钳口中心位置,同时剪断外护套和加强元件,避免剪断光纤。

(3) 剪切后保持握压状态,平稳拉出外护套,并检查光纤有无损伤。

4. 能力提升

能力提升包括制定计划、要点归纳、训练记录三个方面。

1) 制定计划

要求指引	分组分工,梳理流程,制定计划,协作共同完成; 详细记录,展示成果,分享经验,互相查漏补缺; 自评互评,总结反思,巩固提高,分阶突破难点。
安排组织	每3~4名学生组成小组,设组长1名,负责带领本组同学分工合作,制定工作计划,学习行为组织。教师负责学习引导、安全监督、控制进度、规范流程、保证教学质量。本小组成员及分工如下:
工作计划	小组讨论结果如下:
预期目标	

2) 要点归纳

知识笔记 & 思维导图

续表

工艺流程

3）训练记录

基本信息	任务内容	SC/UPC 预埋式光纤快速连接器的制作与检测——光纤预处理	
	小组成员		
	所需条件		
	完成时间		
序号	训练内容	完成情况	
1	光缆穿入紧固尾套	记录：	结果：
2	剥除外护套	记录：	结果：
3	固定芳纶丝	记录：	结果：
4	剥除紧套层和涂覆层	记录：	结果：

续表

5	清洁裸纤表面	记录：	结果：
6	切割光纤端面	记录：	结果：
7	结果检查与现场 6S	记录：	结果：

5. 评价反馈

1）鉴定评价

任务内容		SC/UPC 预埋式光纤快速连接器的制作与检测——光纤预处理				
小组成员						
评价方式		个人自评、小组互评、教师评价				
考核项目		评分依据	标准分数	个人自评	小组互评	教师评价
学习过程	制定计划	是否正确可行	10			
	要点归纳	是否全面无误	10			
	工具使用	是否熟练有效	10			
	操作环节	是否迅速规范	10			
	完成情况	是否符合要求	10			
训练记录	知识内容	是否详实准确	10			
	操作过程	是否熟练完成	10			
	时间统计	是否在规定时间内完成	10			
综合态度	团队协作	是否和谐团结	4			
	讨论分享	是否积极精彩	4			
	安全意识	是否牢固树立	4			
	生产纪律	是否严格遵守	4			
	现场 6S	是否执行落实	4			
合计			100			

2）总结反馈

<table>
<tr><td>小组成员</td><td colspan="2"></td></tr>
<tr><td rowspan="4">自我反思</td><td>任务难点</td><td></td></tr>
<tr><td>成功之处</td><td></td></tr>
<tr><td>不足之处</td><td></td></tr>
<tr><td>改善方案</td><td></td></tr>
<tr><td>小组总结</td><td colspan="2"></td></tr>
<tr><td>教师点评</td><td colspan="2"></td></tr>
</table>

任务 2 光纤快速连接器的组装

1. 描述分析

当光缆按照 SC/UPC 预埋式光纤快速连接器接头组件的要求完成光纤预处理后，需要立刻进行光纤快速连接器的组装，尽快成端，避免光纤端面被污染或损坏，保障光纤快速连接器的连接性能和使用寿命。图 2-14 所示的为组装完成的光纤快速连接器。为达到光纤快速连接器的组装要求，必须熟悉接头组件的结构特点，并掌握每个步骤的操作要领，以高标准完成组装任务。

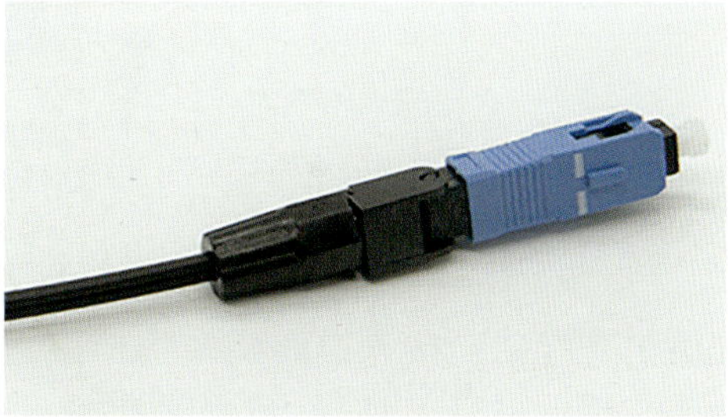

图 2-14 SC/UPC 预埋式光纤快速连接器成品

2. 知识链接

根据原理和结构特点，光纤快速连接器可分为直通式和预埋式。目前，光纤到户接入室内时大多选用预埋式，只有少数采用直通式。

（1）直通式。

直通式光纤快速连接器将光缆内预处理完成的光纤从接头组件的尾部穿入直到顶端插芯，与外部对接连通使用，光纤在组件内部无接续。图 2-15 所示的为直通式光纤快速连接器的结构示意图。

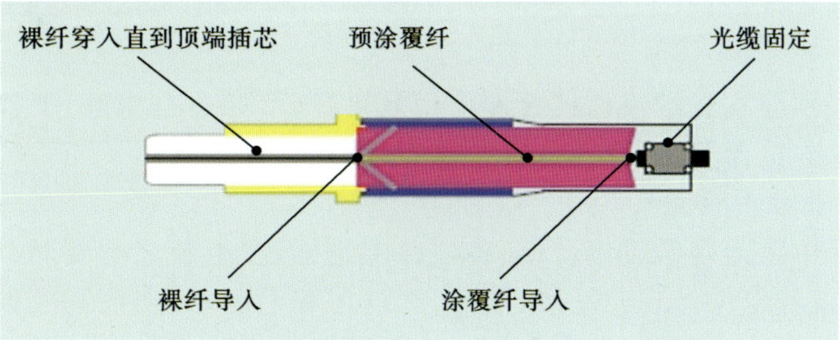

图 2-15 直通式光纤快速连接器的结构示意图

直通式光纤快速连接器虽然结构简单、生产容易、成本低廉，但其有很多缺点，如不宜用于光纤到户接入链路，仅用于临时光纤链路抢修。因为光纤从接头组件的尾部穿入直到顶端插芯，直接与外部对接连通，所以光纤端面就是连接器端面，端面质量直接影响连接效果。而裸纤端面现场加工目前可采用的最好的方式是用光纤切割刀手工切割，此时无法研磨，端面回波损耗等性能指标一般，肯定无法达到专业插芯研磨的 PC、UPC、APC 等端面质量要求。另外，接头组件的插芯孔径尺寸、光纤切割长度、光纤夹持强度、穿纤操作等方面的要求非常严格，其中任何一方面与产品不匹配都会直接影响连接效果，造成连接性能指标不佳。

（2）预埋式。

对预埋式光纤快速连接器，提前在接头插芯内预埋一段裸纤，并研磨好光纤插芯体端面，在现场只需将预处理好的光纤沿 V 形槽插入折射率匹配液中，直到顶接预埋裸纤即可。图 2-16 所示的为预埋式光纤快速连接器的结构示意图。

预埋式光纤快速连接器的可靠性和稳定性较高，插入损耗和回波损耗都比较好，适

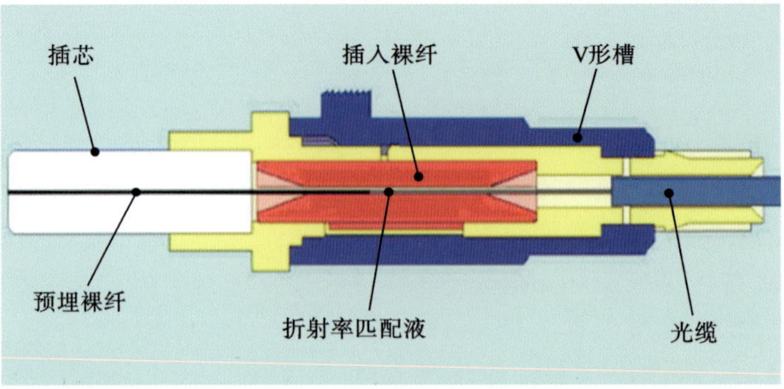

图 2-16 预埋式光纤快速连接器的结构示意图

宜用于光纤到户接入链路的室内节点。由于预埋式光纤快速连接器提前对预留了裸纤的插芯端面进行了研磨，与直通式相比，大大提升了连接处的回波损耗。另外，预埋式光纤快速连接器内部的裸纤对接是在折射率匹配液内完成的，不过分依赖光纤端面切割的平整度，大大降低了对操作熟练程度的要求。预埋的裸纤通过注胶固化，不会出现晃动或偏心的情况，稳定可靠。

拓展学习

查阅资料，学习光纤快速连接器的行业标准文件，了解预埋式光纤快速连接器中 V 形槽和折射率匹配液的要求和特点。

3. 实施过程

预埋式光纤快速连接器使用效果好，市场占有率高，下面以预埋式光纤快速连接器为例，介绍光纤快速连接器的组装流程。

1）步骤一，组装前检查

为保证光纤快速连接器质量合格、各项性能达标，在组装之前要对其接头组件进行检查。首先，要求各组件外观应平滑、洁净、无油污和毛刺、无伤痕和裂纹、颜色鲜明、一致性好。其次，各组件应平整，插入和拔出应平顺轻松，应卡接有力、开关正常。对于插芯端面，要求其光滑平整，不能有油污或污渍，不能有崩缺或划痕，可在 200 倍显微镜下检查。图 2-17 所示的为 SC/UPC 预埋式光纤快速连接器接头组件，折射率匹配液在 V 形槽内，防尘帽保护着插芯。

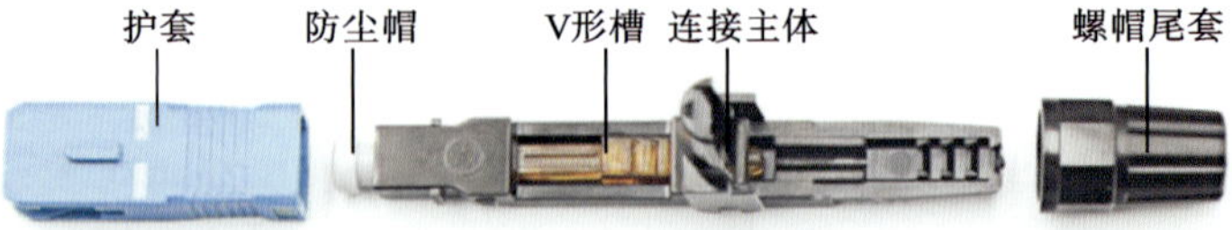

图 2-17 SC/UPC 预埋式光纤快速连接器接头组件

☆ 注意事项

（1）检查环境应足够洁净，无粉尘，请准备必要的清洁工具。

（2）检查应仔细，不遗漏任何细节。

（3）选用品质高的组件产品可提高成品率。

2）步骤二，穿入光纤

检查确认各部件符合要求后，开始进行光纤与接头组件的组装。如图 2-18 所示，将 V 形槽锁扣移至尾部，允许光纤穿入。

将光纤从组件尾部小心穿入 V 形槽，不要损坏光纤端面，直至光纤与预埋裸纤充分接触，并使穿入光纤产生微弯，确保穿入光纤与预埋光纤稳定连接，如图 2-19 所示。

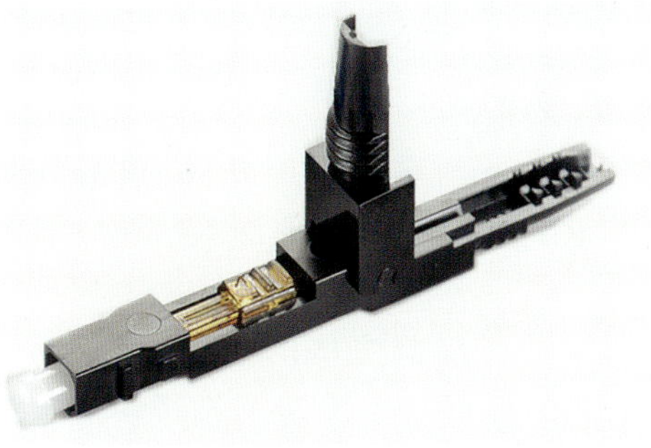

图 2-18 锁扣移至 V 形槽尾部

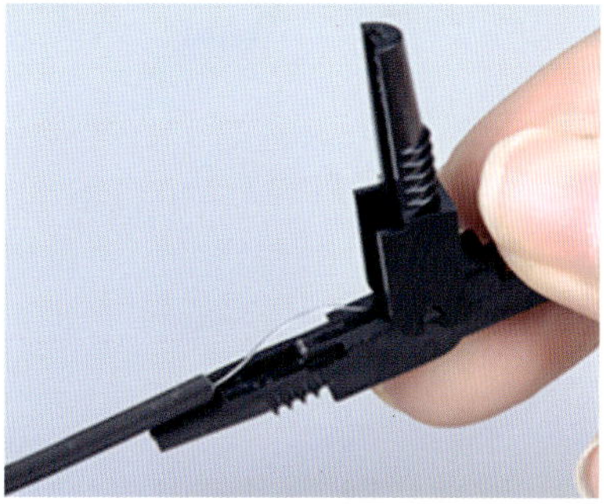

图 2-19 穿入光纤微弯

☆ 注意事项

（1）锁扣应充分释放，留出足够空间，方便光纤穿入。

（2）穿入光纤时，应足够小心，注意观察对准，动作应轻柔缓慢，以免损坏光纤端面。

（3）关注折射率匹配液是否充足，有无泄漏，保证光纤接触点完全被折射率匹配液包裹。

（4）穿入光纤与预埋光纤在 V 形槽内应对接方便可靠，注意微弯程度要适当，以图示为参考，不可过大或过小。

3）步骤三，固定光纤

光纤穿入到位，达到连接要求后，要立刻采取有效方式将其固定，保证其使用效果和使用寿命。首先，继续保持光纤微弯状态，合上压盖，压紧光缆，拧上尾套，如图 2-20 所示。

然后上移锁扣至顶端，在 V 形槽处锁紧光纤，则穿入的光纤就被完全固定住了，如图 2-21 所示。

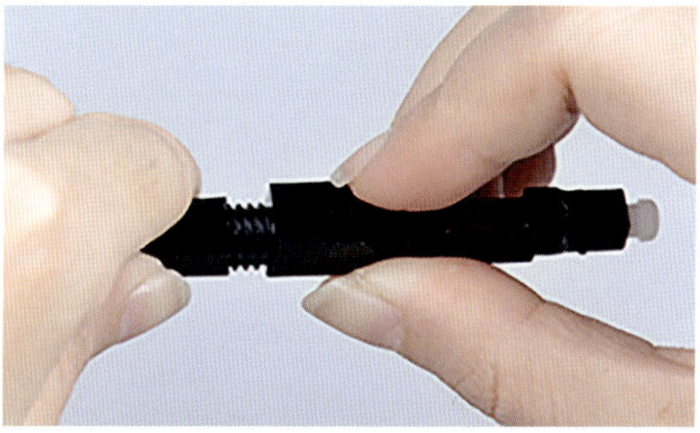

图 2-20 压紧光缆，拧上尾套

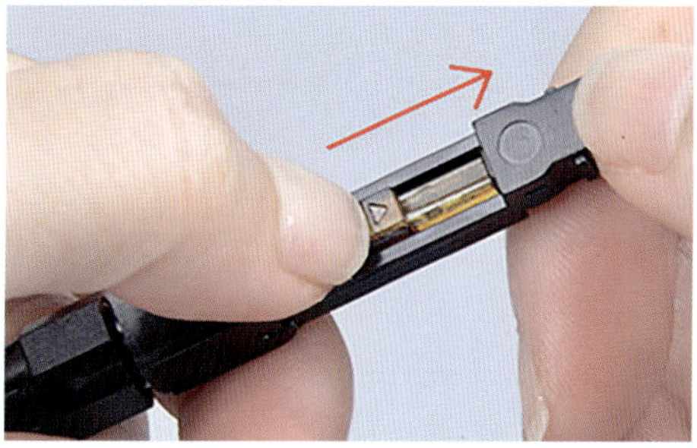

图 2-21 上移锁扣，锁紧光纤

☆ **注意事项**

(1) 合上压盖、压紧光缆时，一定要保持光纤处于微弯状态，让穿入光纤与预埋光纤始终对接紧密。

(2) 根据光缆的结构特点合理放置光缆，以便螺帽尾套能紧固住光缆。

(3) 上移锁扣时，力度应适中，将其匀速推至顶部，锁紧光纤。

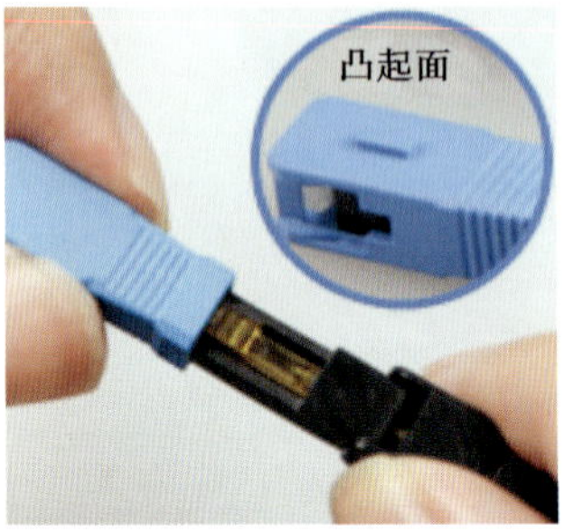

图 2-22　套上蓝色护套

4）步骤四，安装护套

将接头组件上下两端都固定好后，只需在接头主体外部套上护套，就完成了全部组装流程，如图 2-22 所示。

护套起到保护连接器主体的作用，也起到固定接头的作用。护套的外形特点决定了光纤快速连接器的类型，图 2-23 所示的是 ST 型光纤快速连接器。护套的不同颜色一般用来表示光纤快速连接器插芯端面的类型，图 2-24 所示的是 SC/APC 光纤快速连接器。

图 2-23　ST 型光纤快速连接器

图 2-24　SC/APC 光纤快速连接器

☆ **注意事项**

(1) 穿入护套前，需辨别穿入方向，且护套内框也有上下区别。

(2) 将接头主体从护套尾部穿入，直至露出防尘帽和插芯，并卡接固定护套。

5）步骤五，结果检查与现场 6S

组装完成后，使用红光笔检测通光情况，可以快速发现问题并及时进行调整，如图 2-25 所示。

图 2-25　红光笔通光检测

光纤快速连接器属于冷接产品，无须注胶加热固定，可以非常方便地重新组装。图 2-26 所示的是拆卸护套的操作示范。按照与组装相反的步骤，捏紧护套顶出接头主体，下移锁扣、松开螺帽尾套、打开压盖，就能抽出光纤重新组装。

Φ2.0 mm 单芯软光缆和 Φ0.9 mm 紧套光纤也可与光纤快速连接器组装。使用单芯软光缆组装时，芳纶丝要被螺帽尾套固定在

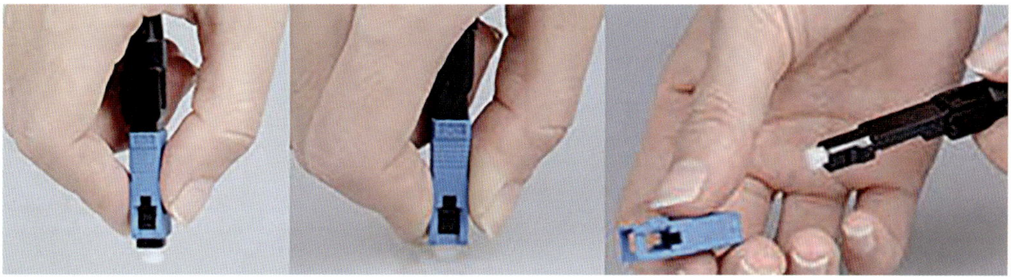

图 2-26 拆卸护套操作示范

螺纹中，露出的芳纶丝要剪去，如图 2-27 所示。使用紧套光纤组装时，可在尾套内增加固定块夹紧光纤，如图 2-28 所示。

图 2-27 单芯软光缆组装示意图

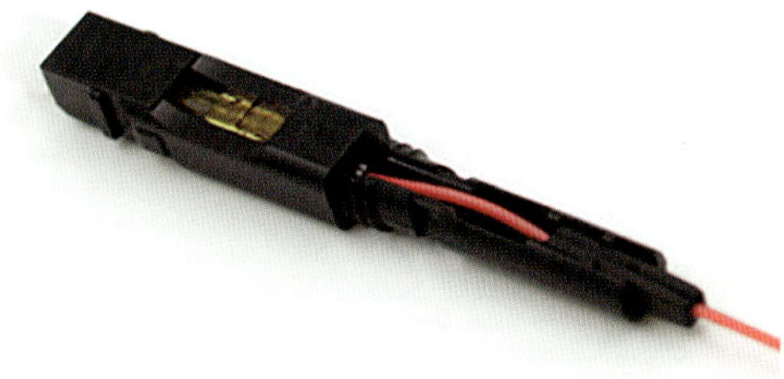

图 2-28 紧套光纤组装示意图

☆ **注意事项**

(1) 红光笔是小型手持式半导体激光器，其可发出可见红光，检测效果直观。

(2) 护套卡接较牢，拆卸需要一点诀窍，用手捏紧上下平凸面，抵住下压凸面即可将护套拆下。

(3) 不同型号的光缆组装步骤大同小异，每一个步骤都要操作规范。

现场 6S 管理可充分调动操作者的工作积极性，营造高效的工作环境，培养操作者良好的工作习惯，使实施过程制度化和规范化，其适应真实工作场景的要求，可提高操作者的安全意识和劳动素养。

拓展学习

查阅资料，了解直通式光纤快速连接器的组装流程，对比预埋式光纤快速连接器，找出它们的相同点和不同点。

了解现场 6S 的要点，即整理、整顿、清扫、清洁、素养、安全。请结合本任务谈谈自己如何做好现场 6S 管理。

4. 能力提升

能力提升包括制定计划、要点归纳、训练记录三个方面。

1）制定计划

要求指引	分组分工，梳理流程，制定计划，协作共同完成； 详细记录，展示成果，分享经验，互相查漏补缺； 自评互评，总结反思，巩固提高，分阶突破难点。
安排组织	每3～4名学生组成小组，设组长1名，负责带领本组同学分工合作，制定工作计划，学习行为组织。教师负责学习引导、安全监督、控制进度、规范流程、保证教学质量。本小组成员及分工如下：
工作计划	小组讨论结果如下：
预期目标	

2）要点归纳

知识笔记 & 思维导图

续表

工艺流程

3）训练记录

基本信息	任务内容	SC/UPC 预埋式光纤快速连接器的制作与检测 ——光纤快速连接器的组装	
	小组成员		
	所需条件		
	完成时间		
序号	训练内容	完成情况	
1	组装前检查	记录：	结果：
2	穿入光纤	记录：	结果：
3	固定光纤	记录：	结果：

续表

4	安装护套	记录：	结果：
5	结果检查与现场 6S	记录：	结果：

5. 评价反馈

1）鉴定评价

任务内容		SC/UPC 预埋式光纤快速连接器的制作与检测——光纤快速连接器的组装				
小组成员						
评价方式		个人自评、小组互评、教师评价				
考核项目		评分依据	标准分数	个人自评	小组互评	教师评价
学习过程	制定计划	是否正确可行	10			
	要点归纳	是否全面无误	10			
	工具使用	是否熟练有效	10			
	操作环节	是否迅速规范	10			
	完成情况	是否符合要求	10			
训练记录	知识内容	是否详实准确	10			
	操作过程	是否熟练完成	10			
	时间统计	是否在规定时间内完成	10			
综合态度	团队协作	是否和谐团结	4			
	讨论分享	是否积极精彩	4			
	安全意识	是否牢固树立	4			
	生产纪律	是否严格遵守	4			
	现场 6S	是否执行落实	4			
合计			100			

2）总结反馈

<table>
<tr><td>小组成员</td><td colspan="2"></td></tr>
<tr><td rowspan="4">自我反思</td><td>任务难点</td><td></td></tr>
<tr><td>成功之处</td><td></td></tr>
<tr><td>不足之处</td><td></td></tr>
<tr><td>改善方案</td><td></td></tr>
<tr><td>小组总结</td><td colspan="2"></td></tr>
<tr><td>教师点评</td><td colspan="2"></td></tr>
</table>

任务 3　插入损耗与回波损耗的检测

1. 描述分析

对于组装完成的光纤快速连接器，不仅要检测其几何尺寸、外观结构是否符合要求，还需对其光学性能、机械性能、环境性能等相关参数指标进行检测，以判断产品质量是否可靠，产品结构是否存在缺陷，产品性能是否满足要求。另外，光纤快速连接器的现场组装要求和可重复组装性也需要重点关注，应关注平均组装时间、一次性组装成功率、重复组装次数等，以确保现场组装操作的可靠性。

对于几何尺寸和外观结构的检测，只要组装好的光纤快速连接器的尺寸符合设计要求，外观组件洁净平整，就能保证插拔平顺，产品能正常使用。而对于光学性能、机械性能等参数指标的检测，则需要在不同条件下通过多次检测插入损耗、回波损耗来反馈。所以，插入损耗和回波损耗是光纤快速连接器最重要的两个参数。通过学习本任务，应理解插入损耗和回波损耗的概念，并掌握它们的检测方法。图 2-29 所示的是用于检测插入损耗和回波损耗的插回损测试仪。

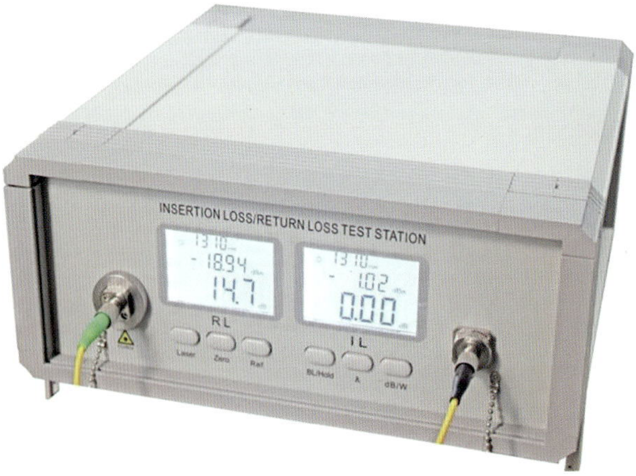

图 2-29　插回损测试仪

2. 知识链接

根据国家通信行业标准 YD/T 2341.1—2011《现场组装式光纤活动连接器　第 1 部分：机械型》的规定，组装完成的光纤快速连接器经过各种例行试验后的性能应满足表 2-2 所示的要求。可以看出，各种例行试验都将插入损耗和回波损耗作为重要评价指标。

表 2-2　光纤快速连接器的例行试验要求

序号	试验名称	要求		
		插入损耗变化量	回波损耗变化量	外观
1	高温试验	≤0.3 dB	<5 dB	不得有机械损伤，如变形、龟裂、松弛等
2	低温试验	≤0.3 dB	<5 dB	不得有机械损伤，如变形、龟裂、松弛等
3	温度循环试验	≤0.3 dB	<5 dB	不得有机械损伤，如变形、龟裂、松弛等

续表

序号	试验名称	要求		
		插入损耗变化量	回波损耗变化量	外观
4	湿热试验	≤0.3 dB	<5 dB	不得有机械损伤,如变形、龟裂、松弛等
5	浸水试验	≤0.3 dB	<5 dB	无变形、起泡、粗糙、剥落等
6	振动试验	≤0.3 dB	<5 dB	不得有机械损伤,如变形、龟裂、松弛等
7	跌落试验	≤0.3 dB	<5 dB	不得有机械损伤,如变形、龟裂、松弛等
8	重复性试验	≤0.3 dB	<5 dB	不得有机械损伤,插针表面无明显划痕
9	机械耐久性试验	≤0.3 dB	<5 dB	不得有机械损伤,如变形、龟裂、松弛等
10	抗拉试验	≤0.3 dB	<5 dB	不得有机械损伤,如变形、龟裂、松弛等
11	扭转试验	≤0.3 dB	<5 dB	不得有机械损伤,如变形、龟裂、松弛等
12	可重复组装性试验	≤0.3 dB	<5 dB	不得有机械损伤,如变形、龟裂、松弛等

1）插入损耗

插入损耗(insertion loss)是指在光通信系统光纤链路中,由于光器件的介入而引起的光功率损失。对于光纤快速连接器而言,插入损耗就是光纤中的光信号通过连接器之后,其输出光功率相对于输入光功率的比值分贝数,表达式为

$$IL=-10\lg\frac{P_1}{P_0} \tag{2-1}$$

式中,P_0 为输入连接器的光功率,P_1 为输出连接器的光功率,IL 以分贝(dB)为单位。

插入损耗的数值越小,则 P_1 越接近 P_0,光功率损失越小,表示性能越好。一般来说,熔接连接的损耗小于 0.1 dB,优于使用光纤连接器连接带来的插入损耗。光纤快速连接器的插入损耗主要受光纤预处理质量、组装效果、操作使用方式、端面清洁质量等方面的影响,要使插入损耗足够小,各环节处理必须精益求精。

光纤连接器的插入损耗检测涉及插头(接头)和适配器(法兰盘)两部分。插头的插入损耗检测一般采用被测插头与标准适配器连接的方式,如图 2-30 所示。标准适配器和标准插头属于标准器件,质量很好,插入损耗可忽略不计。

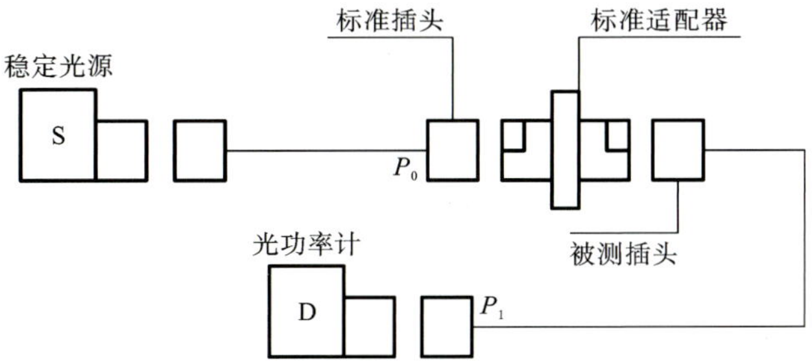

图 2-30 插头插入损耗检测原理图

按照图 2-30 所示的检测原理图进行检测,将标准插头与光功率计连接,待系统稳定后,测量并记录 P_0 的值;再将标准适配器和被测插头接入,待系统稳定后,测量并记录 P_1 的值;最后将 P_0 和 P_1 的值代入公式(2-1),计算得到被测插头的插入损耗。为减小检测误差,需连续测量 3 次,插入损耗取 3 次测量的算数平均值。

适配器的插入损耗检测一般采用两个标准插头对插检测的方式，如图2-31所示，先分别测量并记录 P_0 和 P_1 的值，再将它们代入公式(2-1)，计算得到被测适配器的插入损耗。为减小检测误差，需在适配器的两个方向各连续测量3次，插入损耗取6次测量的算数平均值。

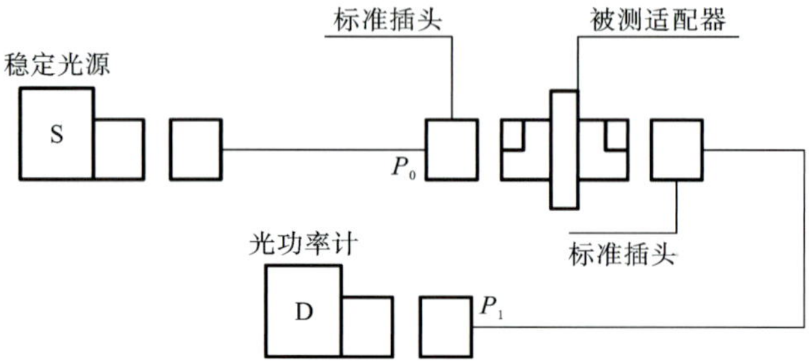

图 2-31 适配器插入损耗检测原理图

2）回波损耗

回波损耗(return loss)是指在光通信系统光纤链路中，光信号进入或离开光器件时，由于介质不连续所导致的反射光功率损失。对于光纤快速连接器而言，回波损耗是连接处后向反射光功率相对于输入光功率的比值分贝数，表达式为

$$RL = -10\lg\frac{P_r}{P_0} \tag{2-2}$$

式中，P_0 为输入连接器的光功率，P_r 为连接器的反射光功率，RL以分贝(dB)为单位。

回波损耗的数值越大，则 P_r 越小于 P_0，反射光对光源系统的影响越小，表示性能越好。通常，单模光纤的PC型端面的回波损耗大于40 dB，UPC型端面的回波损耗大于50 dB，APC型端面的回波损耗大于55 dB。光纤快速连接器的回波损耗主要由光纤端面的形态决定，将光纤端面加工成球面或斜球面是改进回波损耗的有效方法，根据使用需求，可以选择合适的光纤端面。

光纤连接器的回波损耗检测需要使用一个2×2的光耦合器测量连接器的反射光功率 P_r，如图2-32所示。2×2的光耦合器的分光比为1∶1，各端口均装有标准插头，插入损耗可以忽略不计。

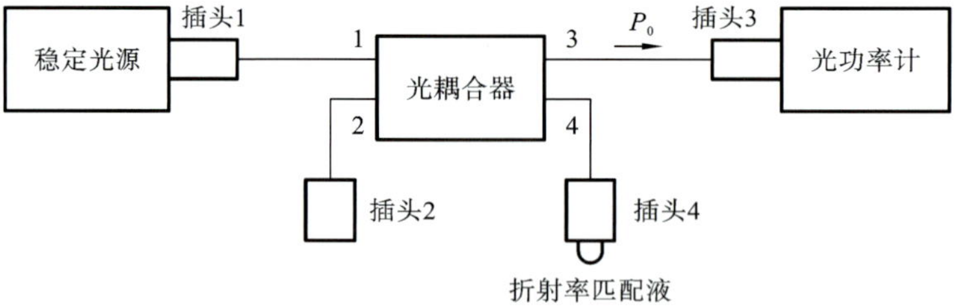

图 2-32 回波损耗测量原理图

按照图2-32所示的原理图接好光路，待光源稳定之后，插头3输出的光功率就是输入连接器的光功率 P_0，测量并记录 P_0 的值。

然后按照图2-33所示的原理图调整光路，插头3通过标准适配器与被测插头5相连，插头2接光功率计，插头4与6的端面涂上折射率匹配液，使端面反射光为零。此时，P_2 是插头5反射光功率 P_r 的一半，测量并记录 P_2 的值。根据公式(2-2)，回波损耗为

$$RL = -10\lg\frac{2P_2}{P_0} \tag{2-3}$$

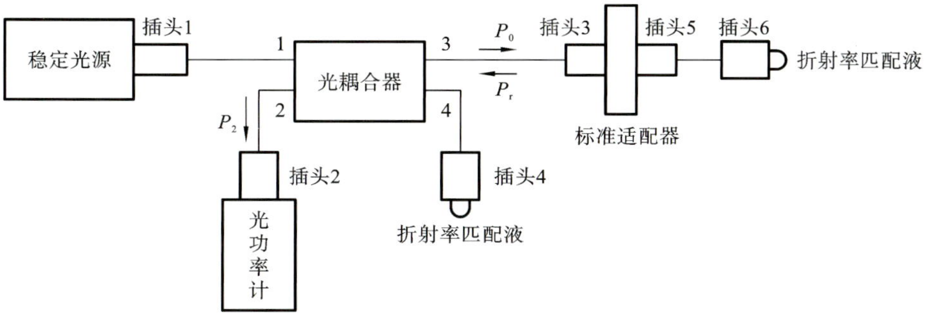

图 2-33 回波损耗测量原理图

拓展学习

查阅国家通信行业标准 YD/T 2341.1—2011《现场组装式光纤活动连接器 第1部分：机械型》，了解光纤快速连接器的尺寸要求、材料要求、外观结构要求、现场组装要求、可重复组装性等。

3. 实施过程

根据国家通信行业标准的规定，插入损耗与回波损耗可以按照知识链接中的方法进行检测。由于插入损耗与回波损耗检测需求大，为保证检测准确，提高检测效率，按照检测原理设计开发了插回损测试仪，其广泛应用于光器件、光通信系统的插回损检测。插回损测试仪内置激光发射模块、功率接收模块、插回损测试转换模块，可以同步检测插入损耗和回波损耗，外观简洁、操作方便、性能稳定可靠，仅需一根标准跳线和若干标准适配器，即可对光纤连接器的插入损耗和回波损耗进行实时检测。

检测应在国标规定的标准环境条件（温度、湿度、大气压等满足条件）下进行，所用仪器仪表的精度应符合要求，并定期进行校准。另外，要熟悉插回损测试仪的使用方法，图 2-34 所示的为插回损测试仪的前面板。检测过程中要注意对接头端面的保护，避免污损端面，以减小检测误差。

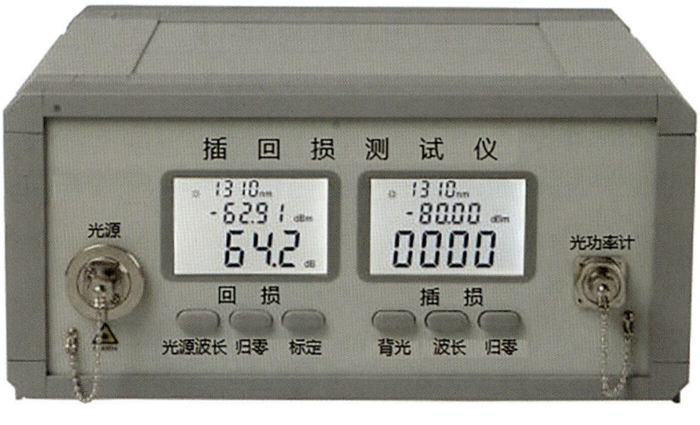

图 2-34 插回损测试仪的前面板

1）步骤一，检测前的准备

检测前应首先对组装好的光纤快速连接器进行清洁，用无绒纤维纸或脱脂棉对插针体及其端面、适配器套筒内表面进行擦拭，必要时使用无水乙醇擦洗。然后检查其外观结构，各部件应光滑洁净，无伤痕和裂纹，插拔应平顺，卡接应有力，尤其注意插针及其端面是否符合要求。对于插回损测试仪通光端面的清洁，注意要使用干燥的棉签，不可蘸酒精，以防氧化。

为保证检测数值的稳定准确，一般在检测前十分钟打开插回损测试仪进行预热，待光源和光功率计预热稳定后，再开始检测操作。同时，应根据被测插头型号调整插回损测试仪光功率计接口的类型。

根据国家通信行业标准 YD/T 2341.1—2011《现场组装式光纤活动连接器　第 1 部分：机械型》，光纤快速连接器的光学性能应满足表 2-3 的要求。

表 2-3　光纤快速连接器的光学性能要求

序号	检测项目		平均值	极限值
1	插入损耗	多模	≤0.3 dB	≤0.5 dB
		单模	≤0.3 dB	≤0.5 dB
2	回波损耗	单模	—	≥40 dB(PC)；≥50 dB(UPC)；≥55 dB(APC)

2）步骤二，回波损耗归零

根据插入损耗和回波损耗的检测原理，为保证检测结果准确，要选择与被测插头端面类型相匹配的标准跳线，并用此标准跳线对插回损测试仪进行归零校正。

首先，把标准跳线松开、舒展，用标准跳线的 FC/APC 端连接插回损测试仪的光源输出接口，将距另一端（FC/PC 端）10 cm 的标准跳线在缠绕棒上缠绕 5 圈，缠绕棒尺寸和普通的六棱铅笔相当，如图 2-35 所示。其次，按下回损区“光源波长”键选择输出波长（由检测需求决定），此时回损窗口显示的回损值应在 50～75 dB 保持不变，否则，调整缠绕情况至达到要求。最后，按下回损区的“归零”键，直到回损窗口显示为零后方可松开该按键，此时即完成回波损耗归零操作。

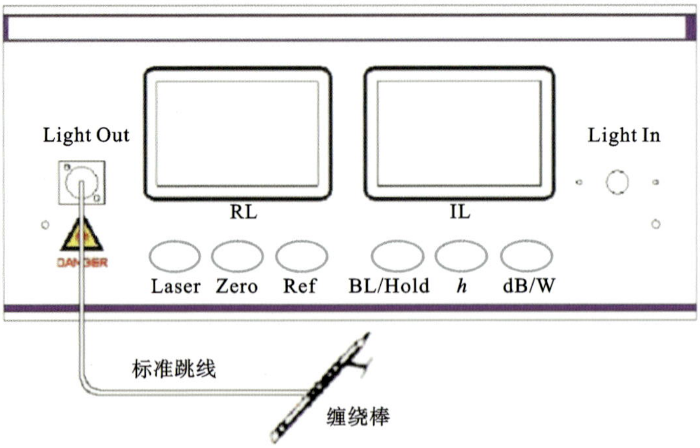

图 2-35　回波损耗归零校正的操作示意图

如需测量双波长，可再按“光源波长”键快速切换光源波长，并重复归零操作，完成回波损耗归零。

☆ **注意事项**

(1) 对照图 2-34、图 2-35，熟悉插回损测试仪前面板功能区的中英文界面。

(2) 回损区的“光源波长”键可用“Laser”表示，“归零”键可用“Zero”表示。

(3) 一般选择 1 m 长的标准跳线。

(4) 缠绕棒的直径为 5～8 mm，缠绕圈数以 5 圈为宜，应均匀缠绕，避免损坏光纤。

(5) 插回损测试仪光源输出光为不可见光，设备工作时应注意保护眼睛，避免灼伤。

(6) 若要更换标准跳线，则需重新进行归零校正操作。

3) 步骤三，回波损耗标定

把缠绕的标准跳线松开，并拉直光纤，将 FC/PC 端插入光功率计接口。此时，光源继续保持出光工作，按下回损区的“标定”键，若回损值在 14～16 dB，则回波损耗标定成功，如图 2-36 所示。若端面是 APC 型的，则回损值在 50～75 dB 时回波损耗才标定成功。

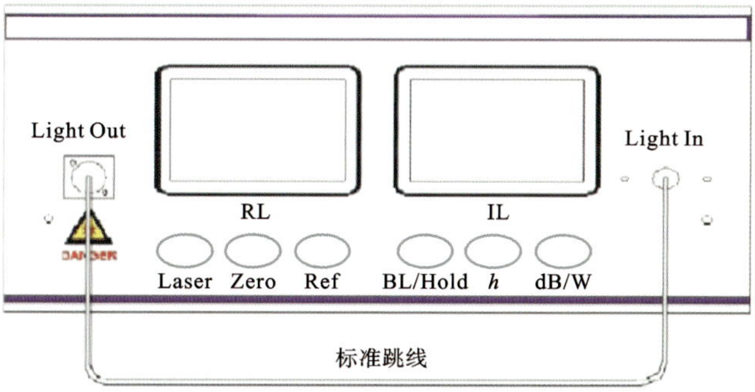

图 2-36　回波损耗标定的操作示意图

如需测量双波长，可再按“光源波长”键快速切换光源波长，轻按“标定”键，完成回波损耗标定。

☆ **注意事项**

(1) 松开缠绕的标准跳线时，应将其完全舒展，避免弯折。

(2) 回损区的“标定”键可用“Ref”表示。

(3) 标定过程中需检查标准跳线的端面情况，以免端面污染影响校准结果。

4) 步骤四，回波损耗检测

回波损耗的归零和标定操作一定要规范，这会直接影响回波损耗的检测结果。

首先，把距 FC/PC 端 10 cm 的标准跳线再次在缠绕棒上缠绕 5 圈；其次，用标准适配器连接标准跳线和被测插头；最后，将被测插头的另一端插入光功率计接口，如图2-37 所示。此时，光源继续保持出光工作，回损窗口显示的数值就是被测插头对应波长的回波损耗。

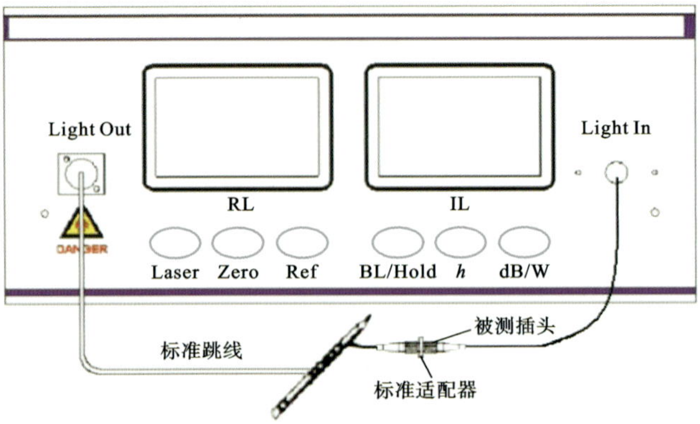

图 2-37　回波损耗检测的操作示意图

☆ **注意事项**

(1) 缠绕标准跳线时应均匀缠绕，避免扭绞、回绕，尽量和归零操作时的缠绕方式保持一致。

(2) 应在数值稳定一段时间后再进行读数。

(3) 检测时应避免弯折标准跳线和被测光纤，以免光纤断裂。

5）步骤五，插入损耗归零

首先，将标准跳线两端分别连接插回损测试仪的光源输出接口和光功率计接口，此时光源继续保持出光工作。然后，轻按插损区的“归零”键进行归零，顺时针转动光功率计接口处的插头三次，每次转动 90°，每次转动后都轻按“归零”键进行归零，若插损窗口显示的插损值为－0.00dB，则插入损耗归零成功，如图 2-38 所示。

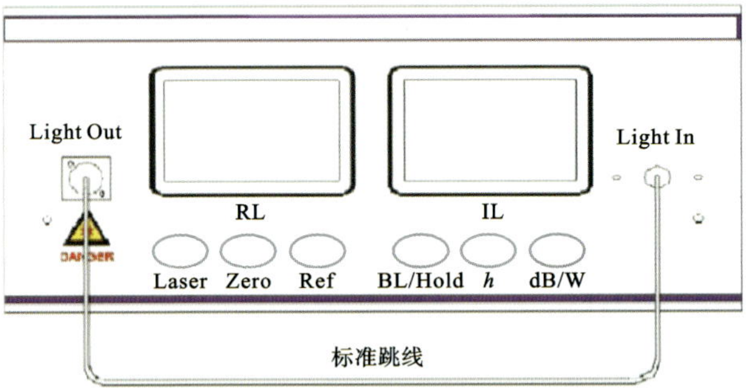

图 2-38　插入损耗归零的操作示意图

如需测量双波长，则轻按插损区的“光源波长”键，快速切换光源波长后，再轻按插损区的“归零”键，完成归零操作。

☆ **注意事项**

(1) 插损区的“归零”键可用“dB/W”表示，其也是插入损耗单位的切换键，长按此键 3 s 以上，可在 dB 和 W 之间切换。

(2) 一般插回损测试仪光源输出的工作波长是 1310 nm 和 1550 nm。

(3) 归零过程中需检查标准跳线的端面情况，以免端面污染，影响校准结果。

6）步骤六，插入损耗检测

用标准适配器将标准跳线与被测插头连接，将标准跳线的另一端插入光源输出接口，将被测插头的另一端插入光功率计接口，如图 2-39 所示。此时，光源继续保持出光工作，插损窗口显示的测量值就是光纤快速连接器被测插头的插入损耗值。

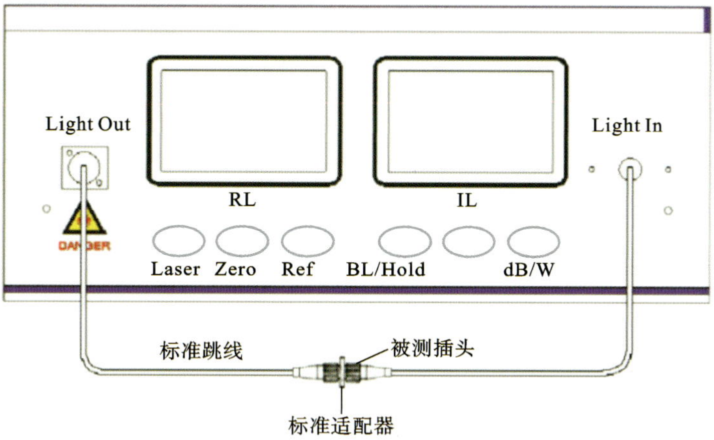

图 2-39 插入损耗检测的操作示意图

☆ 注意事项

(1) 插头、适配器应经清洁后再连接，对准连接牢固后方可进行检测。

(2) 应在数值稳定一段时间后再进行读数。

(3) 检测时若插入损耗出现正值，则需重新进行归零校准。

(4) 检测时应避免弯折标准跳线和被测光纤，以免光纤断裂。

7）步骤七，结果检查与现场 6S

将检测结果记录，查看是否符合表 2-3 中的光学性能要求。

对于表 2-2 中关于光纤快速连接器的例行试验要求，需按照国家通信行业标准 YD/T 2341.1—2011《现场组装式光纤活动连接器 第 1 部分：机械型》进行检测评价。

对于插回损测试仪的常见故障，需查阅设备对应的产品说明书进行解决。

☆ 注意事项

(1) 保持传感器端面清洁，使用专用工具定期清洁端面。

(2) 不要插入抛光面差的端面，以免损坏传感器端面。

(3) 不使用未清洁的非标准适配器或接头。

(4) 对于同批次产品的检测，不要更换标准跳线或适配器。若必须更换，则应从初始归零校正开始重新进行操作。

(5) 器件和仪表使用完毕，请立即盖上防尘帽，保持端面清洁。

现场 6S 管理可充分调动操作者的工作积极性，营造高效的工作环境，培养操作者良好的工作习惯，使实施过程制度化和规范化，其适应真实工作场景的要求，可提高操作者的安全意识和劳动素养。

拓展学习

查阅资料，了解现场6S的要点，即整理、整顿、清扫、清洁、素养、安全。请结合本任务谈谈自己如何做好现场6S管理。

4. 能力提升

能力提升包括制定计划、要点归纳、训练记录三个方面。

1）制定计划

要求指引	分组分工，梳理流程，制定计划，协作共同完成； 详细记录，展示成果，分享经验，互相查漏补缺； 自评互评，总结反思，巩固提高，分阶突破难点。
安排组织	每3～4名学生组成小组，设组长1名，负责带领本组同学分工合作，制定工作计划，学习行为组织。教师负责学习引导、安全监督、控制进度、规范流程、保证教学质量。本小组成员及分工如下：
工作计划	小组讨论结果如下：
预期目标	

2）要点归纳

知识笔记 & 思维导图

续表

工艺流程

3）训练记录

基本信息	任务内容	SC/UPC 预埋式光纤快速连接器的制作与检测——插入损耗与回波损耗的检测	
	小组成员		
	所需条件		
	完成时间		
序号	训练内容	完成情况	
1	检测前的准备	记录：	结果：
2	回波损耗归零	记录：	结果：
3	回波损耗标定	记录：	结果：
4	回波损耗检测	记录：	结果：

续表

5	插入损耗归零	记录：	结果：
6	插入损耗检测	记录：	结果：
7	结果检查与现场 6S	记录：	结果：

5. 评价反馈

1）鉴定评价

任务内容		SC/UPC 预埋式光纤快速连接器的制作与检测 ——插入损耗与回波损耗的检测				
小组成员						
评价方式		个人自评、小组互评、教师评价				
考核项目		评分依据	标准分数	个人自评	小组互评	教师评价
学习过程	制定计划	是否正确可行	10			
	要点归纳	是否全面无误	10			
	工具使用	是否熟练有效	10			
	操作环节	是否迅速规范	10			
	完成情况	是否符合要求	10			
训练记录	知识内容	是否详实准确	10			
	操作过程	是否熟练完成	10			
	时间统计	是否在规定时间内完成	10			
综合态度	团队协作	是否和谐团结	4			
	讨论分享	是否积极精彩	4			
	安全意识	是否牢固树立	4			
	生产纪律	是否严格遵守	4			
	现场 6S	是否执行落实	4			
合计			100			

2）总结反馈

<table>
<tr><td>小组成员</td><td colspan="2"></td></tr>
<tr><td rowspan="4">自我
反思</td><td>任务
难点</td><td></td></tr>
<tr><td>成功
之处</td><td></td></tr>
<tr><td>不足
之处</td><td></td></tr>
<tr><td>改善
方案</td><td></td></tr>
<tr><td>小组
总结</td><td colspan="2"></td></tr>
<tr><td>教师
点评</td><td colspan="2"></td></tr>
</table>

项目 2 SC/PC-SC/PC 单模单芯光纤跳线的制作与检测

光纤跳线是在光纤两端加工固定光纤连接器得到的，用来实现光路的活动连接。因其大多使用在通信工程或仪表检测中，因此对其插入损耗、回波损耗、重复性、互换性、稳定性、抗拉性等参数的要求很高，所以不可用光纤快速连接器直接成端的方式来制作光纤跳线。

学生应通过对 3 个子任务的学习，掌握光纤跳线的制作工艺及检测评价方法，形成对标准光纤跳线的基本认知，了解光纤跳线制造的工艺规范，培养专业实践技能和安全管理意识。

◆ **知识目标**

¤ 了解光纤跳线的概念和应用
¤ 了解常见光纤跳线的类型和特点
¤ 掌握光纤跳线的组装工艺
¤ 了解光纤端面研磨的基本原理和方法
¤ 了解光纤端面的抛光方法
¤ 掌握光纤端面研磨抛光的工艺流程
¤ 掌握光纤跳线制作的工艺流程
¤ 理解有关参数的概念和意义
¤ 掌握光纤跳线的检测评价方法

◆ **能力目标**

¤ 能快速识别常见光纤跳线的类型
¤ 能熟练使用用光纤跳线制作的工具和设备
¤ 能独立完成 PC 型光纤端面的研磨
¤ 能按工艺规范制作 SC/PC-SC/PC 单模单芯光纤跳线
¤ 能分析解决光纤跳线制作过程中的问题
¤ 能分析判断端面研磨的质量
¤ 能熟练使用检测仪表对光纤跳线的质量进行分析评价
¤ 能严格遵守生产安全规范
¤ 能归纳整理光纤跳线制作各环节的作业指导书

◆ **素质目标**

¤ 建立对光纤跳线的基本认知，建立职业能力初步认知
¤ 培养安全操作意识和职业规范意识，养成安全生产的良好习惯
¤ 培养专业信息分析能力和解决问题的能力，具备一定的工程实践能力
¤ 培养爱岗敬业、细心踏实的综合职业素养，提升语言表达能力、团队协作能力

任务 1 光纤跳线的组装

1. 描述分析

要制作 SC/PC-SC/PC 单模单芯光纤跳线，首先需要将单模单芯光纤两端与 SC 型

光纤连接器组装，构成完整的光纤跳线，如图 2-40 所示。为了达到光纤跳线插入损耗小、回波损耗大、重复性和互换性好、温度稳定性高、抗拉能力强的要求，制作工艺流程必须规范。那么，如何规范操作？需要注意什么？安全事项有哪些？带着这几个问题，我们进入任务 1 的学习。

2. 知识链接

1）基本概念

在光纤的两端装上光纤连接器，组成光纤跳线。若只在光纤的一端装上光纤连接器，则称为尾纤，另一端可通过熔接方式与其他光纤连接。光纤跳线中的光纤可以是单模的，也可以是多模的；可以是单芯的，也可以是多芯的；长度根据需要来选择。光纤跳线两端的连接器可以是相同型号的，也可以是不同型号的，应根据实际情况选用合适的连接器，MPO/MTP-LC/UPC 多模 12 芯光纤跳线如图 2-41 所示。

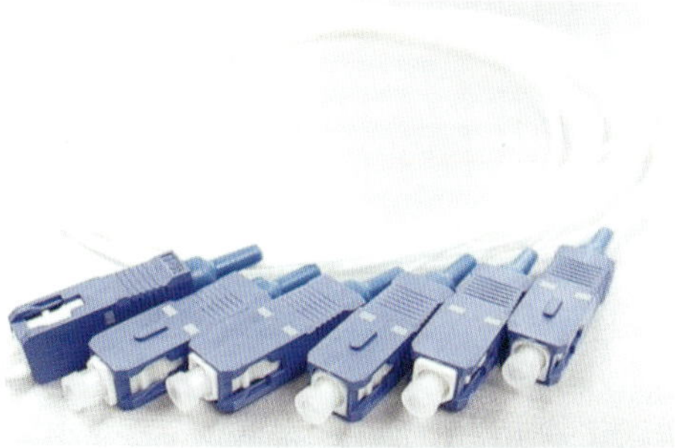

图 2-40 SC/PC-SC/PC 单模单芯光纤跳线

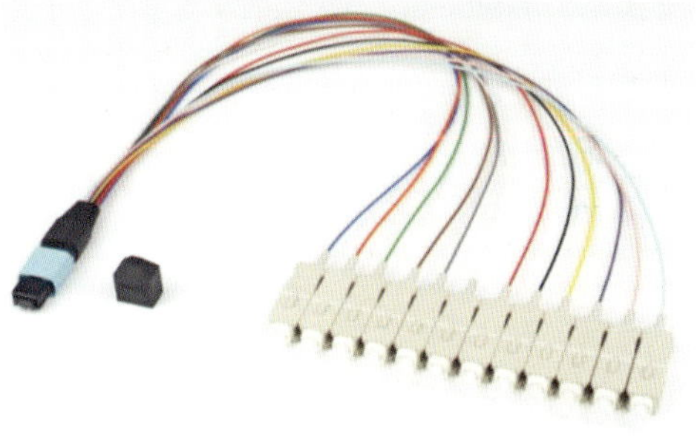

图 2-41 MPO/MTP-LC/UPC 多模 12 芯光纤跳线

为了尽可能多地将光能量从一根光纤耦合到另一根光纤，光纤连接器需要有特殊的机械和光学结构来实现两光纤端面的精密对接。目前，绝大多数光纤连接器采用套管结构，其核心是插芯和套筒，如图 2-42 所示。插芯是带有微孔的精密圆柱体，为使用方便，其与不锈钢插芯座压配组装，大多选用稳定、耐磨、抗腐蚀的陶瓷材料制作，如图 2-43 所示。套筒分为开口套筒和不开口套筒，尺寸需与插芯精确匹配。紧密固定两个插芯可使两根光纤对准，常使用效果很好的开口套筒，如图 2-43 所示。为使套筒保持插芯对准的支持力，套筒常选用弹性好的材料制作，如铍青铜、氧化锆陶瓷等。

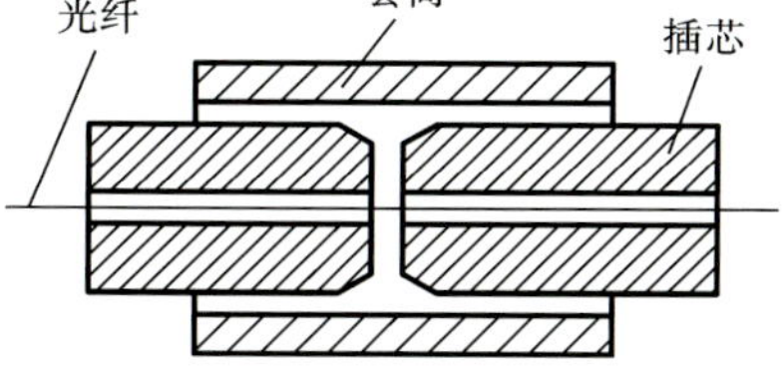

图 2-42 套管结构示意图

图 2-43 插芯和开口套筒

当两个光纤连接器对接时，不仅需要用到套筒，还需要用到与连接器型号匹配的适配器（也称法兰盘），如图 2-44 所示。适配器两端可以连接同型号的连接器，也可以连接不同型号的连接器。

2）常用型号

根据光纤和连接器的型号，光纤跳线可分为多种不同的类型，使用前一定要明确跳

图 2-44　各种型号的适配器

线类型，以达到较好的连接效果。可按芯数、模式、芯径、外径、长度等来区别不同光纤。可按型号、端面、插入损耗、回波损耗等来选择连接器。下面详细介绍几种国内常用的光纤连接器，如表 2-4 所示。

表 2-4　国内常用的光纤连接器

名称	FC 型连接器	ST 型连接器	SC 型连接器	LC 型连接器
描述	圆形螺纹卡口；金属外套，螺纹紧固，安全牢靠，结构简单，制作容易；插芯端面多采用平面(FC)和球面(PC)；常用于光端机、光纤配线架	圆形插拔卡口；金属外套，插拔紧固，操作方便，安装密度较大；插芯端面多采用平面（FC）和球面(PC)；常用于光纤盒、光纤配线架	方形插拔卡口；塑料外套，插拔紧固，使用方便，安装密度较大；插芯端面多采用球面(PC)和角度球面(APC)；常用于光路由器、光纤收发器	小方形插拔卡口；塑料外套，外形小巧，使用方便，安装密度很大；插芯端面多采用球面（PC）和角度球面(APC)；常用于光路由器、光纤模块
实物图				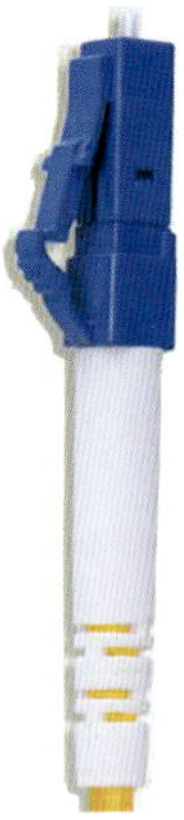

拓展学习

查阅国家通信行业标准 YD/T 1272《光纤活动连接器》及其他与光纤连接器有关的行业标准，了解光纤连接器的定义、分类方法、尺寸、光学性能、材料要求、试验方法、质量评定方法、运输储存方法等。

3. 实施过程

按照光纤跳线的生产工艺流程制作 SC/PC-SC/PC 单模单芯光纤跳线，首先要将单模单芯光纤两端与 SC 型光纤连接器组装，包括物料准备、下纤绕纤、穿散件、调胶注胶、剥纤穿纤、加热固化、割纤组装等关键环节，详细工艺流程如下。

1）步骤一，物料准备

准备所需的 Φ0.9 mm 单模紧套光纤及 SC/PC 型光纤连接器散件，按需清洗烘干，有序整理堆放，检查物料质量，做好充分准备。要注意识别光纤连接器散件，最好按组装次序放置，提高效率。如图 2-45 所示，SC/PC 型光纤连接器散件已按次序排列，从左至右分别是防尘帽、外框套、内框套、弹簧、止动环、尾护套。另外，光纤、插芯和插芯座需要注胶固化后才能组装，后面将专门介绍。

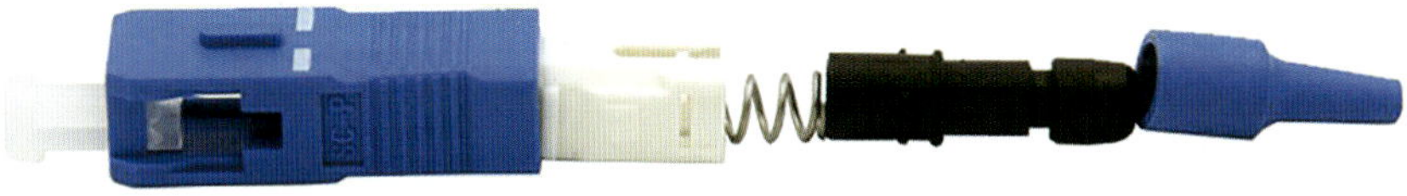

图 2-45 SC/PC 型单芯紧套光纤连接器散件

☆ 注意事项

(1) 散件外观应平滑、洁净、无油污和毛刺、无伤痕和裂纹、颜色鲜明、一致性好。

(2) 散件如有沾染油污或粉尘，可使用超声波清洗机进行清洗，再将其烘干。

(3) 环境应足够洁净，无粉尘，请准备必要的清洁工具。

(4) 准备过程应细心仔细，不遗漏任何细节。

(5) 选用品质高的产品可提高成品率。

2）步骤二，下纤绕纤

光纤跳线的标准长度是其两个连接器插芯端面之间的长度，制作确定长度的光纤跳线时，应在组装前确定合适的下纤长度。通常在预设跳线长度上，每端各增加 5 cm 作为损耗，使用专用剪刀或裁缆机进行下纤。

全检光纤外观，将存在破损、毛刺、弯折变形、凸起不平等不良情况的光纤挑出。为便于后续操作，需将光纤绕成直径不小于 6 cm 的圆环，并在两端各预留约 30 cm 余量，用扎带扎好。

☆ 注意事项

(1) 下纤预留量应充足，以免影响成品率。

(2) 绕纤时应注意保护光纤，不得直径过小，避免折伤、断裂。

(3) 若光纤数量较多，最好按 12 根为一组绕扎，方便计数和操作。

3）步骤三，穿散件

按 SC/PC 型光纤连接器散件的次序，在光纤两端依次将散件穿入光纤，小头进，大头出，分别穿入尾护套、止动环、弹簧。为防止穿入的散件滑脱，穿好后需在光纤上绑上扎带，如图 2-46 所示。内框套和外框套需等光纤与插芯注胶固化后才可组装。

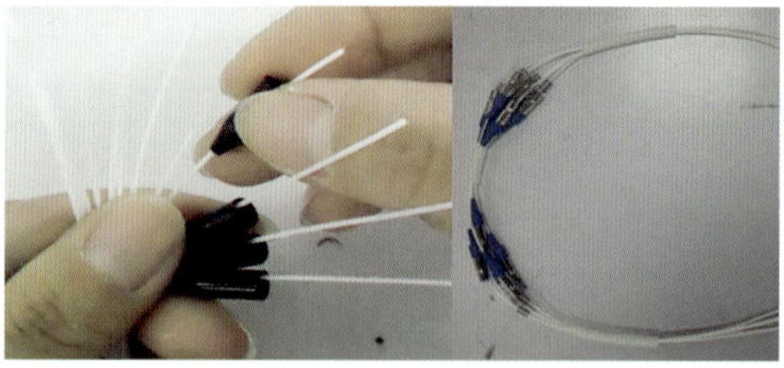

图 2-46　穿散件操作示范

> ☆ **注意事项**
>
> (1) 光纤应从散件小头穿入，从大头穿出，不能反向。
>
> (2) 在操作过程中，应小心处理，不要折弯或折断光纤。
>
> (3) 随时检查散件无多穿、漏穿、反穿等情况，无质量问题。
>
> (4) 扎带固定位置适当即可，不可过分卡紧，避免损坏光纤和散件。

4）步骤四，调胶注胶

为保证光纤跳线使用的稳定性和牢固度，根据光纤和插芯的材料特点，选择双组分环氧胶水 353ND 来粘接固定光纤和插芯，如图 2-47 所示。使用 353ND 胶前需先调胶。首先，校准电子秤，检查离心机或脱泡机，清洁调胶杯和调胶棒，干燥待用。其次，将调胶杯放上电子秤置零去皮，按重量 A：B＝10：1 的比例向调胶杯中缓慢倒入 A 胶，实时观察重量数值，再缓慢倒入 B 胶。然后，用调胶棒沿顺时针方向匀速搅拌 5～10 min，使其充分均匀混合。接着，用一次性注射器吸取适量搅拌均匀的胶水，放入离心机或脱泡机中去除气泡，此时胶水应为均匀的淡黄色，强光下无分层和丝状物。最后，为注射器装上平口针头，并推动活塞排出针头内空气，贴上记录开始时间和失效时间的标签纸。

调好的胶水在常温下最多保存 4 h，需尽快注胶使用完毕。首先，一手捏住插芯，另一手将针头伸入插芯座直至插芯底部喇叭口处。然后，轻推活塞，把胶水注入插芯微孔内，直至插芯端面有少量胶水溢出即可停止，如图 2-48 所示。最后，将插芯间隔放入托盘内待用，胶水有效时间为 30 min。

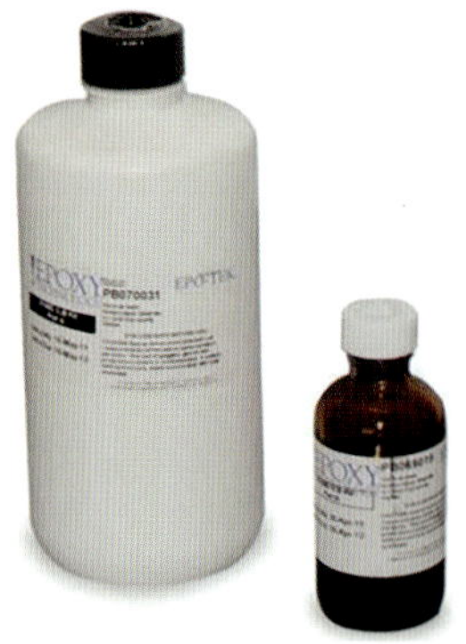

图 2-47　353ND 胶(A 胶透明色，B 胶琥珀色)

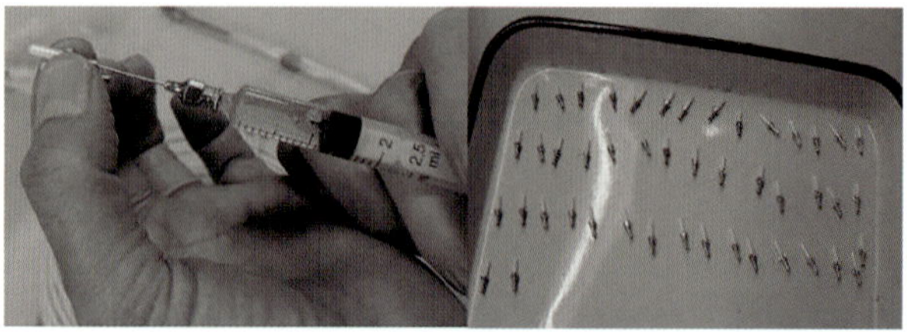

图 2-48　注胶操作示范

☆ **注意事项**

(1) 使用专用的调胶杯和调胶棒，使用前要擦拭干净，不得有水渍和酒精残留。

(2) 请按规范操作电子秤、离心机或脱泡机，取用适量胶水，称量比例应准确。

(3) 请避免身体直接触及胶水，保持双手清洁。

(4) 超时胶水不可使用，需做报废处理。

(5) 搅拌过程中应保持中等匀速，搅拌棒不得离开胶水，尽量不要混入空气。

(6) 胶水若有分层和丝状物需重新搅拌，然后离心，若有气泡需重新离心脱泡。

(7) 注胶应充足，插芯端面应有胶滴，插芯座尾柄孔端应可看到胶液面，金属外表面和陶瓷柱面应无残胶，若有需擦拭清理。

(8) 使用后的调胶杯及调胶棒需用酒精清洗并晾干，避免胶水残留。

5）步骤五，剥纤穿纤

插芯微孔仅能放入去掉涂覆层的裸纤，所以穿纤前要剥除光纤紧套层和涂覆层。在光纤快速连接器的制作与检测部分已介绍过剥纤，这里就不再重复说明了。注意，需要根据插芯及插芯座的尺寸来定长剥除紧套层和涂覆层，一般为 5～8 mm。

剥纤后，应清洁光纤外表面，将光纤轻轻穿入注胶的插芯内，直到光纤露出插芯端面 2 mm 左右。因剥纤后的裸纤非常脆弱，穿纤时一定要缓慢匀速，这样既可以避免光纤在插芯内折断，也可避免在插芯内产生气泡。注入插芯的胶水也起到一定的润滑作用，可提高穿纤成功率。

☆ **注意事项**

(1) 剥纤钳应保养精良，钳口大小应合适，剥纤长度应准确。

(2) 剥纤需注意手法和力度，避免造成纤裂或断纤。

(3) 插芯微孔尺寸精密，一定要将光纤外表面清洁干净，检查是否存在断裂情况。

(4) 用无水乙醇擦拭了的光纤需静置 5 min，让无水乙醇完全挥发，再进行穿纤。

(5) 不要来回拉动或转动已穿入插芯的光纤。

(6) 重新穿纤需再次剥纤并将光纤表面清洁干净，插芯内再次注胶方可再次穿纤。

6）步骤六，加热固化

已完成注胶穿纤的插芯，应立即放在固化炉上固定，并在 30 min 内加热固化。卧式固化炉加热槽在中间，每个槽内可以对称放置两个插芯，光纤拉直后放入黑色海绵切缝内，保证插芯和光纤不可移动并紧贴加热槽，如图 2-49 所示。固化炉温度设置为(110±10)℃，固化时间设置为(45±10)min。固化完成后 353ND 胶变硬，呈均匀的褐色或深褐色，插芯和插芯座外表面不可有残胶，如图 2-50 所示。

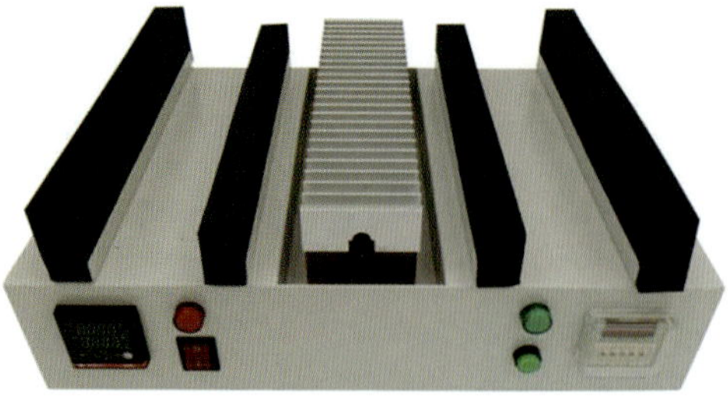

图 2-49 卧式固化炉

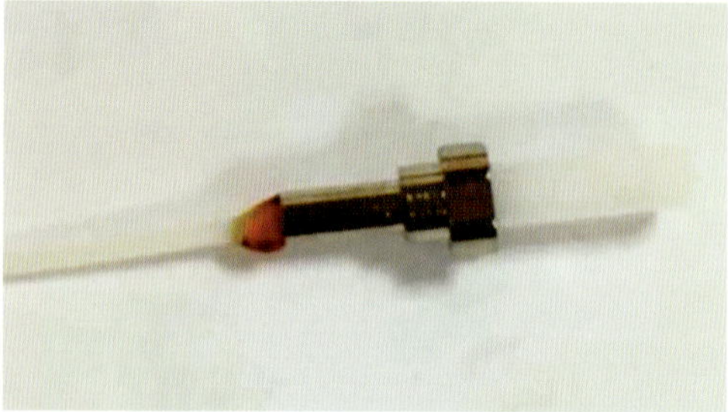

图 2-50 固化完成的光纤插芯

☆ **注意事项**

(1) 取放插芯应按相同的先后顺序进行，避免造成混乱使固化时间不充足。

(2) 插芯和插芯座应全部放在固化炉的加热槽内，端面冒出 2 mm 左右的光纤。

(3) 光纤应尽量拉直，不要弯曲，必要时可用美纹纸固定。

(4) 固化过程中需防止插芯和光纤移动，以免影响固化效果。

(5) 需时不时用红外测温仪检查固化炉温度是否达标，调整设置温度。

(6) 固化完成后的插芯温度较高，需将其取下放置冷却后才能进入后续操作。

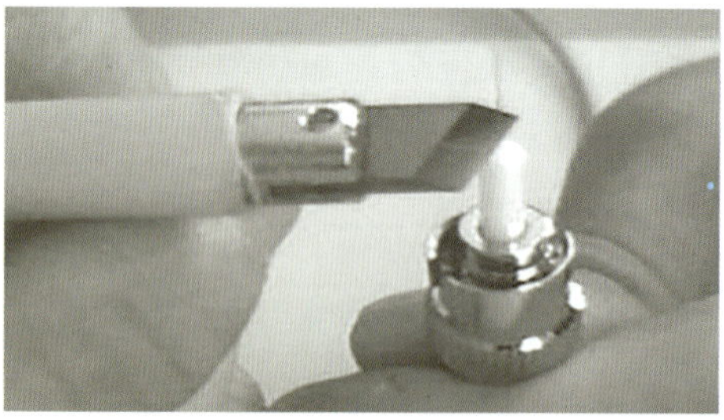

图 2-51 割纤操作示范

7）步骤七，割纤组装

固化后的插芯端面存在多余的光纤，会影响后续的研磨操作，因此需要用割纤笔去除多余光纤。用割纤笔刀平面抵住插芯端面胶层外露出的光纤前端，在垂直纤轴方向上轻划光纤，即可割除多余光纤，如图 2-51 所示。

所有准备工作已经完成，接下来可以把 SC/PC 型连接器组装起来了。解开扎带，将光纤、插芯、散件摆放好，如图 2-52 所示。

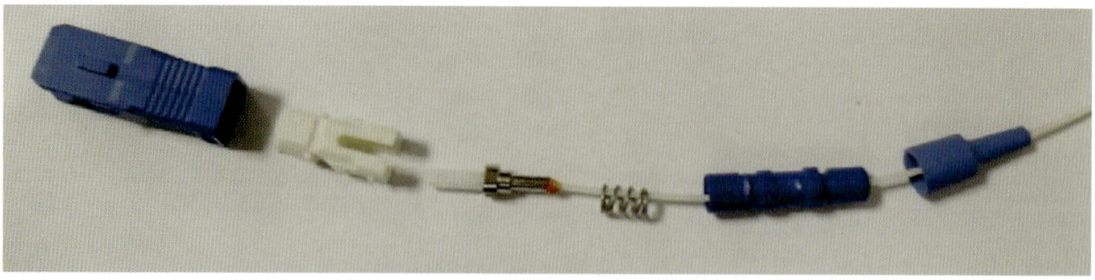

图 2-52 SC/PC 型连接器未组装状态

将插芯和弹簧放入内止套，旋转压住内框套，使其尾部卡槽对准内止套前部凸起卡扣，对准后将它们卡住，套上尾护套，检查确定组装到位，如图 2-53 所示。

观察内框套、外框套外形结构，对齐推压，使内、外框套卡住固定，检查各部分组装是否牢固，确定组装完成。若有松脱等情况，需查明原因，更换散件或重新组装。

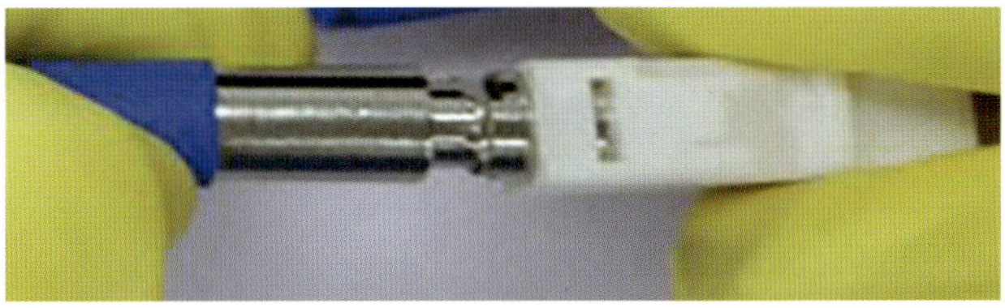

图 2-53 旋压内框套操作示范

☆ **注意事项**

(1) 割纤时要轻柔，方向要控制好，避免造成光纤纵向裂纹。

(2) 割纤笔轻划割除多余光纤，不可折断光纤。

(3) 操作时要注意安全防护，不要将断纤溅到眼睛里。

(4) 组装时应力度适中，避免折弯或压伤光纤，避免损伤散件。

8) 步骤八，结果检查与现场6S

光纤两端的连接器都组装好后，光纤跳线的组装就全部完成了。此时，应进行结果分析检查，尤其应注意首件检验，若不满足要求，立即全部停止，解决问题后方可继续，以尽可能减小损失。检测需重点关注插芯露出尺寸是否符合要求，组装顺序是否正确，器件是否牢固可靠，光纤是否有弯曲、折断或过度拉伸的情况。

Φ2.0 mm 单芯软光缆也可与光纤连接器组装，制成光纤跳线。使用单芯软光缆组装时，芳纶丝要被卡环和套环固定在内止套尾部，如图 2-54 所示。

图 2-54 SC/PC 型单芯软光缆连接器散件

☆ **注意事项**

(1) 首件检测必须是严格的全面检验测试，据此验证各工序是否合格。

(2) 不同型号的光缆组装步骤大同小异，请关注规范操作。

现场6S管理可充分调动操作者的工作积极性，营造高效的工作环境，培养操作者良好的工作习惯，使实施过程制度化和规范化，其适应真实工作场景的要求，可提高操作者的安全意识和劳动素养。

拓展学习

查阅资料，了解 FC/PC 光纤连接器的组装流程，对比找出其与 SC/PC 光纤连接器组装的相同点和不同点。

了解现场6S的要点，即整理、整顿、清扫、清洁、素养、安全。请结合本任务谈谈自己如何做好现场6S管理。

4. 能力提升

能力提升包括制定计划、要点归纳、训练记录三个方面。

1）制定计划

要求指引	分组分工，梳理流程，制定计划，协作共同完成； 详细记录，展示成果，分享经验，互相查漏补缺； 自评互评，总结反思，巩固提高，分阶突破难点。
安排组织	每3～4名学生组成小组，设组长1名，负责带领本组同学分工合作，制定工作计划，学习行为组织。教师负责学习引导、安全监督、控制进度、规范流程、保证教学质量。本小组成员及分工如下：
工作计划	小组讨论结果如下：
预期目标	

2）要点归纳

知识笔记 & 思维导图

续表

工艺流程

3）训练记录

基本信息	任务内容	SC/PC-SC/PC 单模单芯光纤跳线的制作与检测——光纤跳线的组装	
	小组成员		
	所需条件		
	完成时间		
序号	训练内容	完成情况	
1	物料准备	记录：	结果：
2	下纤绕纤	记录：	结果：
3	穿散件	记录：	结果：
4	调胶注胶	记录：	结果：

续表

5	剥纤穿纤	记录：	结果：
6	加热固化	记录：	结果：
7	割纤组装	记录：	结果：
8	结果检查与现场 6S	记录：	结果：

5. 评价反馈

1）鉴定评价

任务内容		SC/PC-SC/PC 单模单芯光纤跳线的制作与检测——光纤跳线的组装				
小组成员						
评价方式		个人自评、小组互评、教师评价				
考核项目		评分依据	标准分数	个人自评	小组互评	教师评价
学习过程	制定计划	是否正确可行	10			
	要点归纳	是否全面无误	10			
	工具使用	是否熟练有效	10			
	操作环节	是否迅速规范	10			
	完成情况	是否符合要求	10			
训练记录	知识内容	是否详实准确	10			
	操作过程	是否熟练完成	10			
	时间统计	是否在规定时间内完成	10			
综合态度	团队协作	是否和谐团结	4			
	讨论分享	是否积极精彩	4			
	安全意识	是否牢固树立	4			
	生产纪律	是否严格遵守	4			
	现场 6S	是否执行落实	4			
合计			100			

2）总结反馈

小组成员		
自我反思	任务难点	
	成功之处	
	不足之处	
	改善方案	
小组总结		
教师点评		

任务 2　光纤连接器端面研磨

1. 描述分析

光纤跳线组装完成后，还需要对两端连接器的插芯端面进行研磨，达到光纤对接通光的要求，使插入损耗小、回波损耗大，以高标准地连接光路。因光纤已与插芯粘接固化在一起，所以对插芯端面的研磨也就是对光纤端面的研磨，如图 2-55 所示。那么，光纤连接器端面研磨的原理是什么？采用什么方法研磨？规范的工艺流程是怎样的？需要注意什么？带着这几个问题，我们进入任务 2 的学习。

图 2-55　光纤研磨机研磨插芯端面

2. 知识链接

1）基本原理

光纤连接器端面的研磨过程就是带光纤的插芯端面研磨抛光的过程，这是一项技术含量较高的复杂工艺过程，既要达到严格的技术参数要求，又要实现批量的生产效率目标。目前，光纤大多通过专业研磨机研磨，在施加一定压力的情况下，用精细砂纸以一定的速度和路径均匀磨削插芯端面，如图 2-56 所示。

应避免在研磨过程中使光纤脆性断裂，要注意研磨速度和研磨压力，使光纤材料以塑性流动的延性去除模式研磨，如图 2-57 所示。为保证端面上各点的材料去除量一致和砂纸磨损均匀，研磨机采用行星轨道式的运转机构，使端面相对于砂纸形成一系列密集而不重合的运动轨迹，使端面上每点相对于砂纸的运动路程相等。

另外，在研磨过程中需要使用研磨液，起到润滑和冷却的作用。研磨液分为水基的和油基的两种，水基的冷却性比油基的好，油基的润滑性比水基的好。光纤端面研磨多以纯净水作为润滑液。

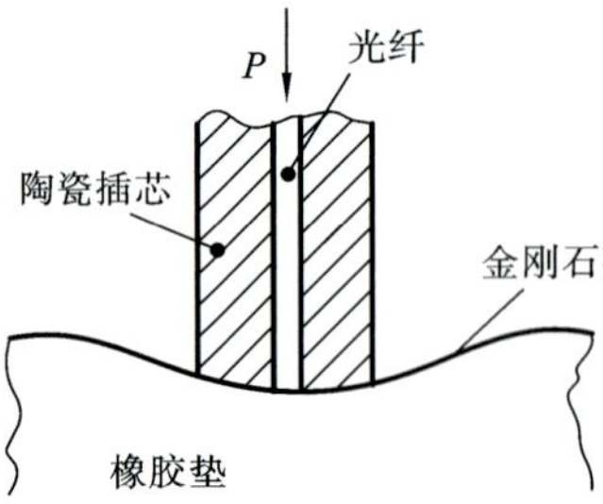

图 2-56　插芯端面研磨示意图

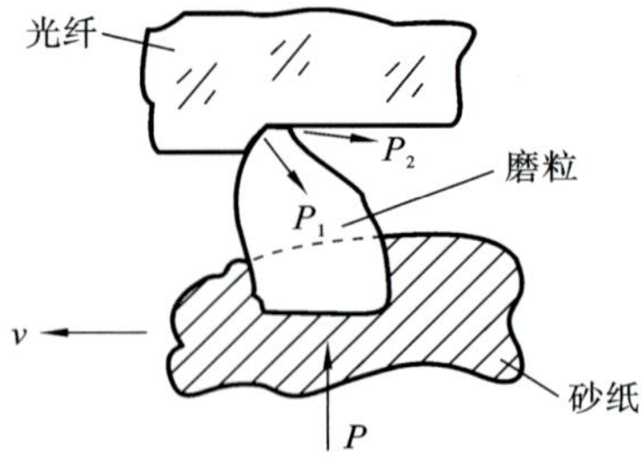

图 2-57　光纤研磨原理

2）端面类型

根据研磨后插芯端面的形状，把端面分为 FC（平面）型、PC（球面）型、UPC（超球面）型和 APC（角度球面）型。不同的端面形状决定了两个光纤端面的对接接触程度，以及插入损耗和回波损耗的大小，这对光路连接的效果起着至关重要的影响。下面介绍一下各类型插芯端面的主要特点，如表 2-5 所示。

表 2-5 各类型插芯端面的主要特点

类型	示意图	特点
FC 型	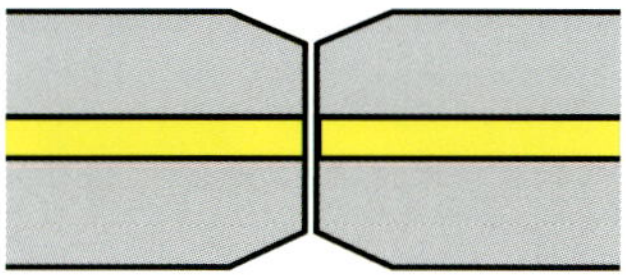	端面：平面； 优点：研磨简单，抛光容易，工艺成熟，价格便宜； 缺点：绝对平面难，光纤紧密接触少，插入损耗较小，回波损耗较大； 应用：普通光纤通信系统
PC 型	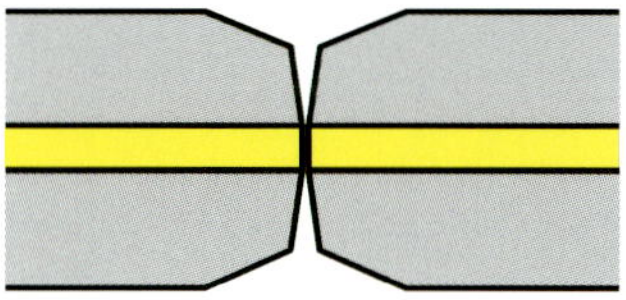	端面：球面，物理接触； 优点：光纤紧密接触较多，插入损耗小，回波损耗大； 缺点：高精度加工较难； 应用：普通光纤通信系统，测量仪器
UPC 型	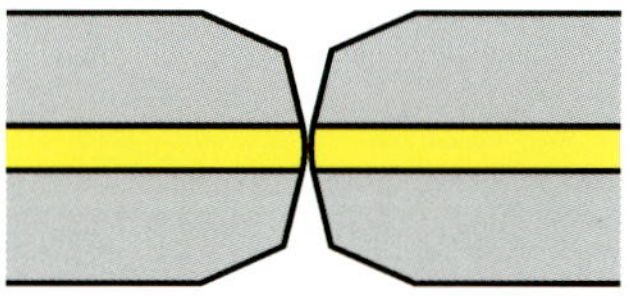	端面：超球面，弧度大，光洁度高； 优点：光纤紧密接触多，插入损耗小，回波损耗大； 缺点：加工工艺要求高； 应用：中高速光纤通信系统，精密检测
APC 型	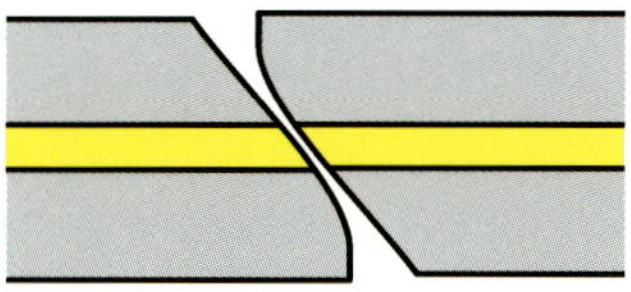	端面：角度球面（倾斜 8°左右），顶点偏离轴心； 优点：光纤紧密接触多，斜面反射光出光纤，插入损耗小，回波损耗大； 缺点：斜角对接较难，加工工艺复杂； 应用：光纤通信系统光源端

一般情况下，PC 型、UPC 型和 APC 型连接器的插入损耗应小于 0.3 dB（较大值），典型值一般小于 0.2 dB，PC 型和 UPC 型连接器通常更容易实现较低的插入损耗。对于回波损耗，APC 型通常优于 UPC 型，PC 型连接器的回波损耗一般为 45 dB，UPC 型连接器的回波损耗一般为 55 dB，APC 型连接器的回波损耗一般为 60 dB。

为方便区分连接器的端面类型，PC 型和 UPC 型连接器通常是蓝色的，APC 型连接器通常是绿色的，多模光纤连接器通常是灰色的或米色的，连接器示意图如图 2-58 所示。

3）光纤研磨机

光纤研磨机是端面研磨的关键设备，要求其效率高、精度高、成本低、稳定性好、重复性好。根据加压方式的不同，光纤研磨机一般分为中心加压式和四角加压式，如图2-59所示。四角加压式研磨机的可调压力较大、力度均匀、运行稳定、质量较高，适合各种类型连接器的端面研磨，使用更广泛。

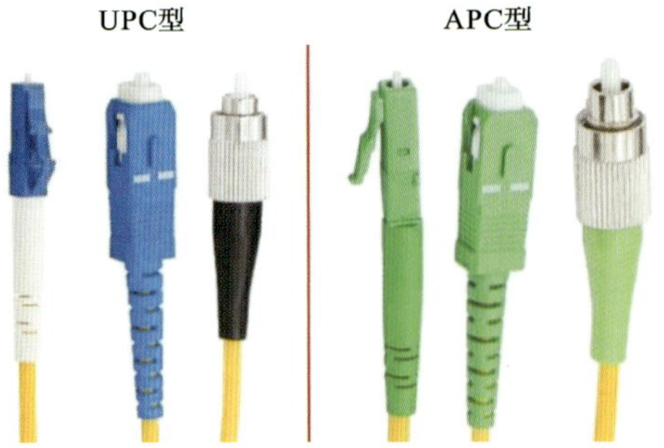

图 2-58　连接器

(a) 中心加压式　(b) 四角加压式

图 2-59　光纤研磨机

拓展学习

查阅资料，了解研磨片和研磨垫的类型和特点，掌握端面形状对插入损耗和回波损耗会产生影响的原因，熟悉两种光纤研磨机的特点及使用方法。

3. 实施过程

根据已完成组装的光纤连接器端面的实际情况，按照研磨工艺参数的要求，选择合适的光纤研磨机、夹具、研磨垫、研磨片等设备和工具，来完成端面的研磨。通常，PC 型端面的研磨工艺流程为装夹→去胶→粗磨→细磨→精磨→抛光，APC 型端面的研磨工艺流程为装夹→去胶→开斜面→粗磨→细磨→精磨→抛光。本任务以 PC 型端面研磨为例，选用四角加压式研磨机，详细工艺流程介绍如下。

1) 步骤一，检查准备

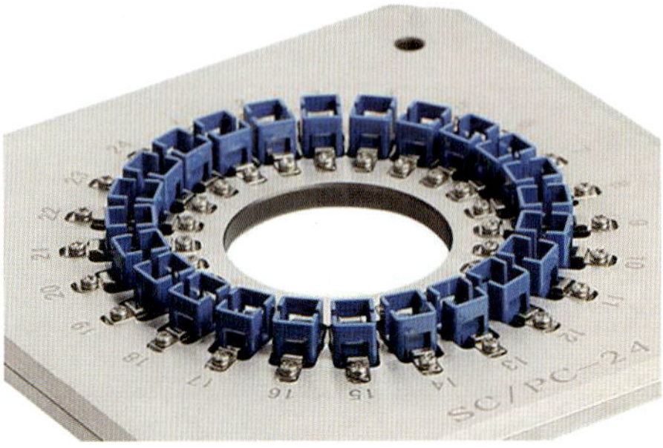

图 2-60　24 芯 SC/PC 研磨夹具

首先，检查确认研磨机是否运转正常，打开研磨机的电源开关，空转 3～5 min，如无异常，方可使用。然后，检查研磨夹具是否平整，在夹具上装上连接器，测试卡槽有无松动、卡死情况，如无异常，方可使用，如图 2-60 所示。使用研磨夹具前，需在超声波清洗机内将其用纯净水清洗干净，干燥备用。核对连接器、插芯的规格型号，对其外观进行检查，查看有无缺陷、损伤等。根据插芯材质和工艺参数要求，选择硬度合适的研磨垫，确定研磨机参数。另外，还需准备好各型号的研磨片和适量研磨液，如图 2-61 所示。研磨垫和研磨片在使用前也需要清洁干净，干燥备用。

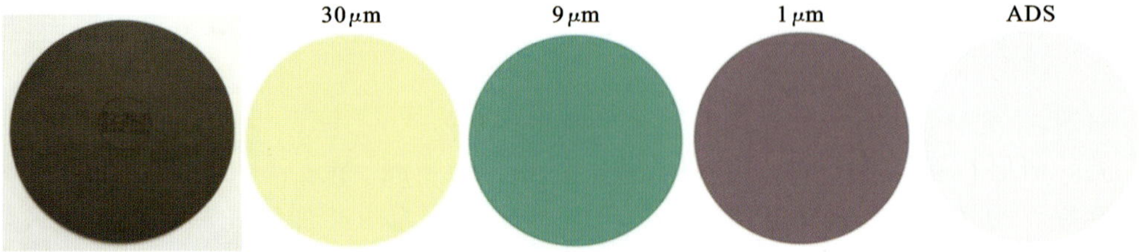

图 2-61　研磨垫和各型号研磨片

☆ **注意事项**

(1) 因插芯材质、型号各有不同,研磨参数要调整匹配。

(2) 研磨垫不得有破损和明显的变形,研磨片不得有破损、褶皱。

(3) 通过研磨片的颜色来区分型号,可根据使用程度适当增加研磨压力和时间。

(4) 应细心准备,保持环境清洁,不遗漏任何细节。

(5) 选用品质高的产品可提高成品率。

2) 步骤二,装夹

首先,把干净的研磨夹具放在没有研磨垫的研磨机支架上,压紧四角,夹具下留出足够空间。然后,把待研磨的连接器装入夹具卡槽内,插芯从夹具小孔垂直穿出,伸出长度应足够且一致。最后,将绕好的光纤束挂在研磨机支架上,取下夹具检查插芯是否装夹到位,如有问题,则需重新装夹,如图 2-62 所示。

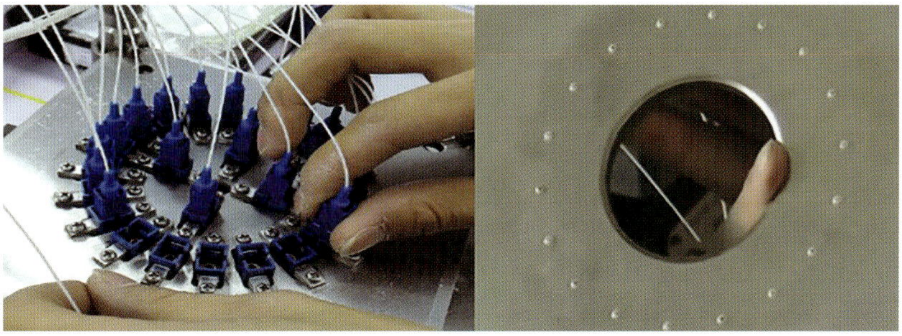

图 2-62 装夹操作示范

☆ **注意事项**

(1) 为保证压力分布均匀,插芯需对称装夹。

(2) 必须将插芯安装到位,插芯应保持垂直于夹具平面,且伸出足够相等的长度。

(3) 若插芯回弹较弱,则说明连接器内弹簧失效,需更换弹簧。

(4) 注意保护好光纤,避免损伤光纤。

(5) 严禁将研磨夹具直接放置在作业台面上,应轻拿轻放,避免划伤插芯端面。

3) 步骤三,安装研磨片

整个研磨过程中,需要多次更换研磨片,其安装质量直接决定了研磨效果。为避免插芯端面硬接触研磨机,研磨片应安装在研磨垫上。首先,按照研磨工序拿取对应的研磨片和研磨垫。然后,用纯净水清洁研磨片和研磨垫,并擦拭干净。接着,将研磨垫放在干净的玻璃板上,再将研磨片的粗糙面朝上放在研磨垫上。最后,用一根光滑压杆将研磨片压平,挤出研磨片与研磨垫之间的空气,使其贴合紧密,如图 2-63 所示。

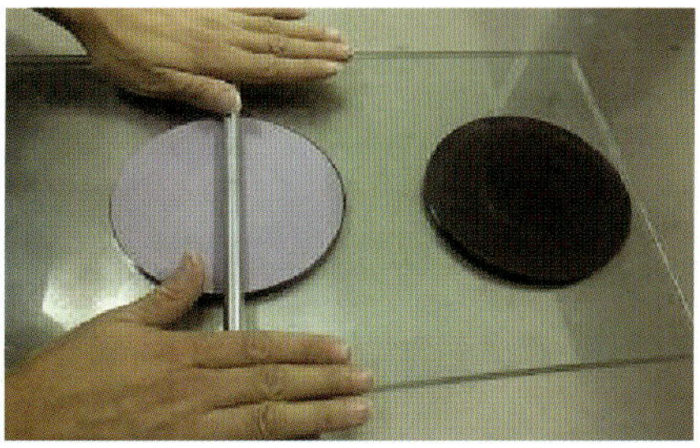

图 2-63 安装研磨片示范

☆ **注意事项**

(1) 研磨片和研磨垫在安装前一定要仔细清洁干净，不能有碎屑和毛刺。

(2) 观察研磨片和研磨垫的使用情况，按使用寿命及时更换。

(3) 压平排除空气时，重点关注研磨轨迹覆盖的区域，视情况清洁或更换研磨片。

4) 步骤四，研磨抛光

根据插芯材质、规格、型号确定 PC 型端面研磨工艺参数，如表 2-6 所示。按照工序依次替换研磨片和研磨垫，设置好研磨机的转速和时间，进行研磨抛光。

表 2-6 PC 型端面研磨工艺参数表

工序	研磨片粒度/μm	研磨垫硬度(HRC)	研磨液	研磨机转速		研磨时间/s	使用寿命/次
				公转/(r/min)	自转/(r/min)		
粗磨	30	75	纯净水	1100～1400	70～90	30～40	30～40
细磨	9	75	纯净水	1100～1400	70～90	30～40	40～60
精磨	1	80	纯净水	1100～1400	70～90	30～40	40～60
抛光	ADS	75	酒精：水＝1：10	1100～1400	70～90	30～40	8～12

将安装好的研磨片和研磨垫放入研磨机的凹槽内，在研磨片上洒上适量的研磨液。然后将已装夹好的研磨夹具轻柔地平放在研磨垫上。按下研磨机的启动键，正常运转 2 s 后，以对角同时加压的方式旋转卡扣卡好夹具进行研磨。

研磨机停止后，打开固定研磨夹具的卡扣，拿起夹具，取下研磨垫并擦拭干净，检查研磨机底座是否干净无异物。然后将夹具底面(插芯端面)残留的水渍擦拭干净，如有需要，可喷水擦拭两遍。接着装上下一道工序的研磨片和研磨垫，依照顺序完成全部研磨。

针对 PC 型陶瓷端面的特点，为提高效率，将标准工艺流程中的去胶和粗磨工序合并。去胶过程中，尽量不加压或少加压，避免顶破研磨片，直至胶层完全去除后再加压。

如果是研磨 APC 型端面，应先使用铁砂盘和带倾角的研磨夹具进行去胶、开斜面，再完成粗磨、细磨、精磨、抛光。

☆ **注意事项**

(1) 研磨时要将光纤挂在研磨机的支架上，不可让光纤垂吊。

(2) 发现研磨片有变形、破损、褶皱现象时，应立即更换研磨片。

(3) 研磨时研磨盘需保持水平，避免造成插芯端面研磨不平整。

(4) 每次开机时，需要等研磨机正常转动 2 s 后，方可对角卡好卡扣进行研磨。

(5) 研磨后取下研磨垫，需检查研磨机底座，确认干净无异物。

(6) 每次清洁必须擦拭干净，可更换纸巾用纯净水多擦拭几遍。

(7) 研磨片会不断磨损，要根据实际情况，及时调整时间和压力。

(8) 若插芯数量不够，需适当减小压力，避免研磨过度。

(9) 注意节约使用研磨片、研磨液、纸巾等。

研磨垫硬度越大、压力越小，研磨后的端面曲率半径越大；反之，曲率半径越小。

5）步骤五，结果检查与现场 6S

研磨工序全部完成后，从研磨夹具上小心取下连接器，对插芯端面进行检测，包括用端面检测仪观察端面形态，用 3D 干涉仪测量端面曲率半径、顶点偏移、光纤高度等，如图 2-64 所示。PC 型端面研磨后，需保证插芯顶部能看到明显倒角；APC 型端面研磨后，需保证插芯顶部能明显可见完整台阶。

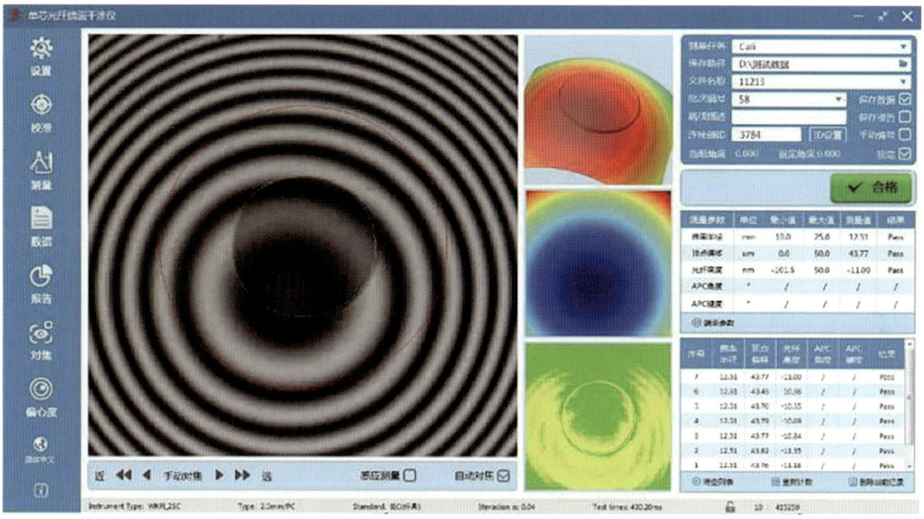

图 2-64 3D 干涉仪测量结果

☆ 注意事项

（1）研磨首检产品必须经 3D 干涉仪测试，据此确定加工质量。

（2）研磨机、研磨夹具、研磨垫等设备也需检查，如有问题，应及时维修或更换。

现场 6S 管理可充分调动操作者的工作积极性，营造高效的工作环境，培养操作者良好的工作习惯，使实施过程制度化和规范化，其适应真实工作场景的要求，可提高操作者的安全意识和劳动素养。

拓展学习

查阅资料，了解 APC 型、UPC 型端面的研磨工艺，对比找出其与 FC 型、PC 型端面研磨的相同点和不同点。

了解现场 6S 的要点，即整理、整顿、清扫、清洁、素养、安全。请结合本任务谈谈自己如何做好现场 6S 管理。

4. 能力提升

能力提升包括制定计划、要点归纳、训练记录三个方面。

1）制定计划

要求指引	分组分工，梳理流程，制定计划，协作共同完成； 详细记录，展示成果，分享经验，互相查漏补缺； 自评互评，总结反思，巩固提高，分阶突破难点。
安排组织	每3～4名学生组成小组，设组长1名，负责带领本组同学分工合作，制定工作计划，学习行为组织。教师负责学习引导、安全监督、控制进度、规范流程、保证教学质量。本小组成员及分工如下：
工作计划	小组讨论结果如下：
预期目标	

2）要点归纳

知识笔记 & 思维导图

续表

工艺流程

3）训练记录

基本信息	任务内容	SC/PC-SC/PC单模单芯光纤跳线的制作与检测 ——光纤连接器端面研磨	
	小组成员		
	所需条件		
	完成时间		
序号	训练内容	完成情况	
1	检查准备	记录：	结果：
2	装夹	记录：	结果：
3	安装研磨片	记录：	结果：

续表

4	研磨抛光	记录：	结果：
5	结果检查与现场 6S	记录：	结果：

5. 评价反馈

1）鉴定评价

<table>
<tr><td colspan="2">任务内容</td><td colspan="5">SC/PC-SC/PC 单模单芯光纤跳线的制作与检测——光纤连接器端面研磨</td></tr>
<tr><td colspan="2">小组成员</td><td colspan="5"></td></tr>
<tr><td colspan="2">评价方式</td><td colspan="5">个人自评、小组互评、教师评价</td></tr>
<tr><td colspan="2">考核项目</td><td>评分依据</td><td>标准分数</td><td>个人自评</td><td>小组互评</td><td>教师评价</td></tr>
<tr><td rowspan="5">学习过程</td><td>制定计划</td><td>是否正确可行</td><td>10</td><td></td><td></td><td></td></tr>
<tr><td>要点归纳</td><td>是否全面无误</td><td>10</td><td></td><td></td><td></td></tr>
<tr><td>工具使用</td><td>是否熟练有效</td><td>10</td><td></td><td></td><td></td></tr>
<tr><td>操作环节</td><td>是否迅速规范</td><td>10</td><td></td><td></td><td></td></tr>
<tr><td>完成情况</td><td>是否符合要求</td><td>10</td><td></td><td></td><td></td></tr>
<tr><td rowspan="3">训练记录</td><td>知识内容</td><td>是否详实准确</td><td>10</td><td></td><td></td><td></td></tr>
<tr><td>操作过程</td><td>是否熟练完成</td><td>10</td><td></td><td></td><td></td></tr>
<tr><td>时间统计</td><td>是否在规定时间内完成</td><td>10</td><td></td><td></td><td></td></tr>
<tr><td rowspan="5">综合态度</td><td>团队协作</td><td>是否和谐团结</td><td>4</td><td></td><td></td><td></td></tr>
<tr><td>讨论分享</td><td>是否积极精彩</td><td>4</td><td></td><td></td><td></td></tr>
<tr><td>安全意识</td><td>是否牢固树立</td><td>4</td><td></td><td></td><td></td></tr>
<tr><td>生产纪律</td><td>是否严格遵守</td><td>4</td><td></td><td></td><td></td></tr>
<tr><td>现场 6S</td><td>是否执行落实</td><td>4</td><td></td><td></td><td></td></tr>
<tr><td colspan="3">合计</td><td>100</td><td></td><td></td><td></td></tr>
</table>

2）总结反馈

<table>
<tr><td>小组成员</td><td colspan="2"></td></tr>
<tr><td rowspan="4">自我
反思</td><td>任务
难点</td><td></td></tr>
<tr><td>成功
之处</td><td></td></tr>
<tr><td>不足
之处</td><td></td></tr>
<tr><td>改善
方案</td><td></td></tr>
<tr><td>小组
总结</td><td colspan="2"></td></tr>
<tr><td>教师
点评</td><td colspan="2"></td></tr>
</table>

任务 3　端面检测与光学测试

1. 描述分析

光纤跳线组装和连接器端面研磨工作完成后，需要对产品进行质检，判定其是否合格，能否交付使用。对光纤跳线的质检包括端面检测和光学测试两个方面，端面检测需要使用放大镜和 3D 干涉仪仔细检查端面品质，如图 2-65 所示，光学测试主要检测插入损耗和回波损耗。学生应通过本任务了解端面质量评价指标，学会分析检测结果，掌握检测方法和检测仪的使用，并能按照工艺流程完成光纤跳线的制作和检测。

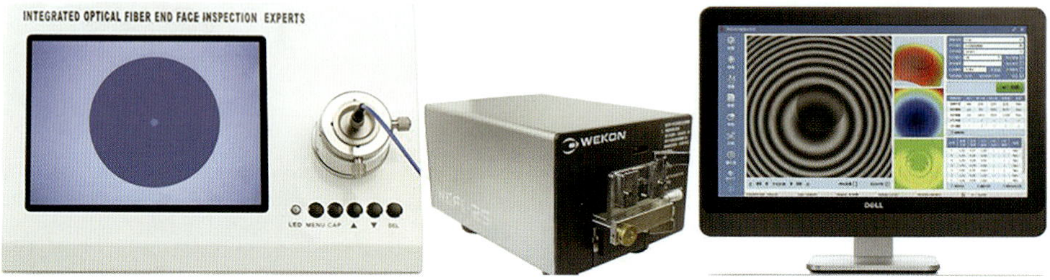

图 2-65　端面检测仪和 3D 干涉仪

2. 知识链接

1）端面检测仪

光纤端面检测仪能够将光纤端面图像放大 200 倍（PC 型）或 400 倍（APC 型），其使用方便、呈像清晰、对比度好、亮度可调、体积小巧、适配转接头，能对各种类型的端面进行检测。图 2-66 所示的为某一插芯端面通过检测仪观察到的图像，可以清晰看到端面上的脏污，并直观分辨端面上的划痕。端面上的裂纹、缺口、残胶等都能通过端面检测仪观察到。端面检测仪为我们判定端面质量、调整研磨工艺提供了便捷的检测途径。

2）3D 干涉仪

光纤端面 3D 干涉仪利用干涉条纹来解析端面的曲率半径、顶点偏移、光纤高度等参数，具有测量精度高、速度快、成本低等优点，是用于测量端面形状的有效设备，适合各种类型的光纤端面检测。如图 2-67 所示，通过 3D 干涉仪可精确测量端面形状，配合数据分析软件，能快速得到端面形状参数，其可辅助提高端面的研磨质量和生产高品质的光纤连接器。

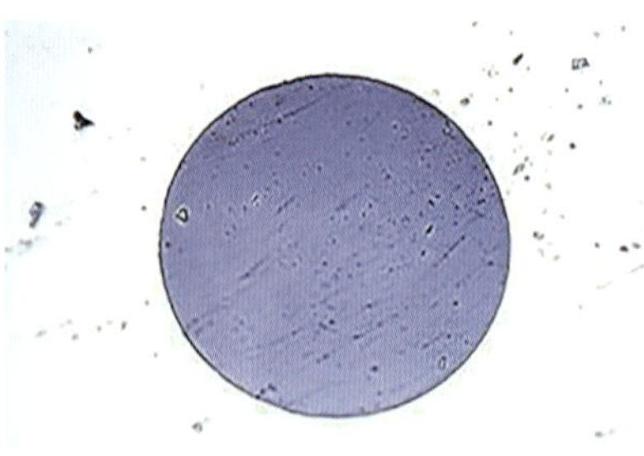

图 2-66　端面图像示例

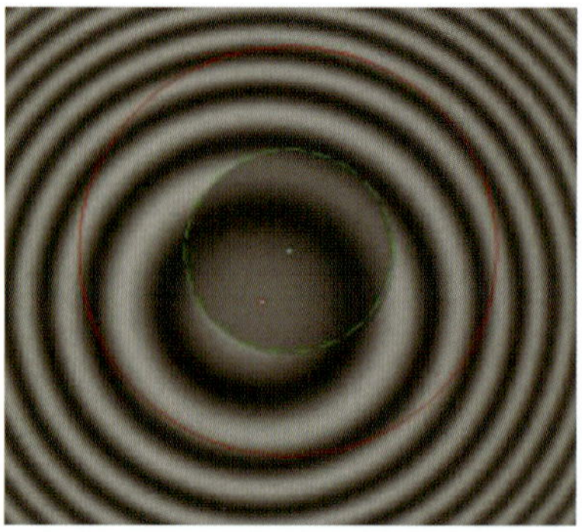

图 2-67　端面干涉条纹

3）端面缺陷判定标准

将端面检测仪观察到的端面图像划分为五个区域，A 区为 0～25 μm，B 区为 25～120 μm，C 区为 120～130 μm，D 区为 130～250 μm，E 区为 250～400 μm，如图 2-68 所示。

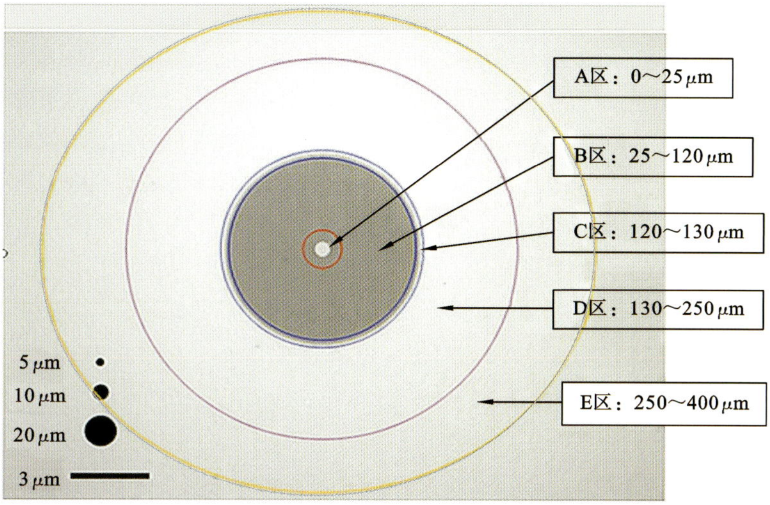

图 2-68 端面检测区域

根据光纤传输特点可确定端面缺陷判定标准，如表 2-7 所示。

表 2-7 研磨端面缺陷判定标准

类别	A 区	B 区	C 区	D 区	E 区
划痕	无	d<2 μm，≤2 条	不限	d<3 μm，不限；3 μm≤d<5 μm，≤3 条	d<10 μm，≤5 条
斑点/缺胶	无	ϕ<2 μm，≤3 个	胶环宽度不足 5 μm 要小于 1/4 圈，不允许缺胶	ϕ<5 μm，≤3 个	ϕ<5 μm，不限；5 μm≤ϕ<10 μm，≤3 个；10 μm≤ϕ<50 μm，≤1 个
可擦除脏污	无	无	无	无	无

4）端面形状参数

光纤端面形状参数主要包括曲率半径、顶点偏移、光纤高度、APC 倾角等，它们的数值大小对光纤连接器的插入损耗和回波损耗影响颇大。

端面曲率半径的大小决定着球面的弧度，如图 2-69 所示。曲率半径越小，回波损耗越大，但不可为了更大的回波损耗让曲率半径过小，导致光纤端面接触太少，增加插入损耗。所以，曲率半径应该在一个合适的范围内，以 10～25 mm 为宜，如 PC 型和 APC 型端面。

研磨垫硬度越大，压力越小，研磨后的端面曲率半径越大；反之，曲率半径越小。在端面研磨时，可以按此规律合理设置研磨垫硬度和压力，研磨出所需的端面曲率半径。

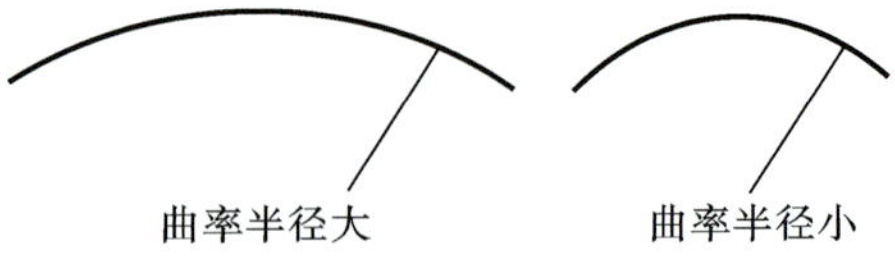

图 2-69 曲率半径大小对比

顶点偏移是指插芯顶端最高点与光纤轴线之间的距离，如图 2-70 所示。它影响插芯对接的间隙，决定着光纤能否直接接触，对插入损耗和回波损耗的数值影响很大。通常要求顶点偏移在 50 μm 以内。一般来说，造成顶点偏移的主要原因有研磨夹具的精度不够(插芯未垂直)、插芯表面洁净程度不满足要求、压力过大或不均匀等。

光纤高度是指插芯顶端与光纤顶端的距离，也称为光纤凹陷，如图 2-71 所示。光纤凹陷造成插芯对接时光纤之间有间隙，增大了插入损耗，减小了回波损耗。产生光纤凹陷的主要原因是研磨片超过寿命、研磨压力过大、研磨时间过长等。所以，应尽量避免选用 FC 型端面，注意选择合适的抛光工艺，将下凹量控制在 0.1 μm 以内。

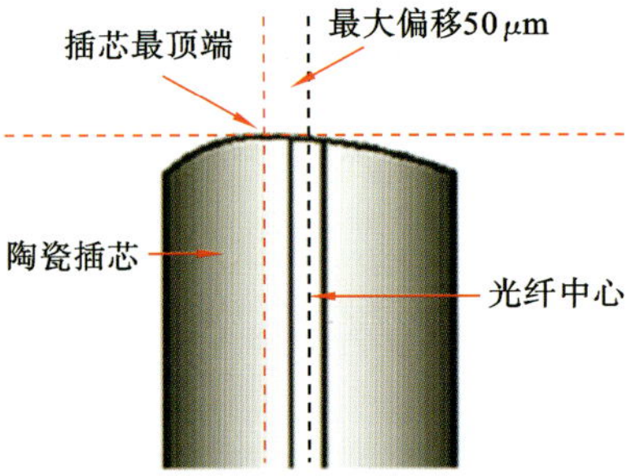

图 2-70 顶点偏移示意图

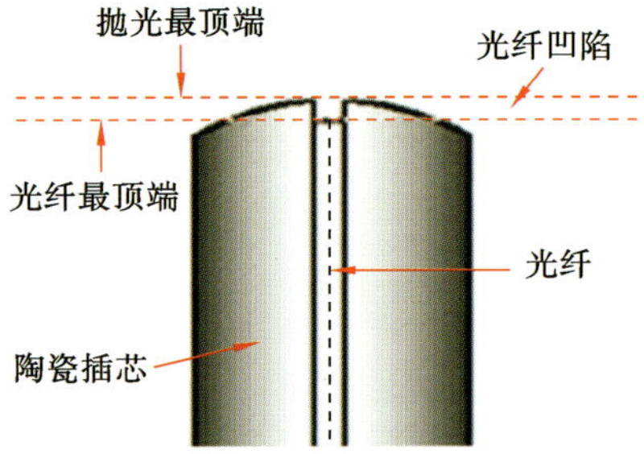

图 2-71 插芯与光纤高度

对于 APC 型端面，需要在研磨时注意研磨夹具的倾角、精度金刚砂片开斜面的时长、粗磨时长等，确保倾角在要求的范围内。

光学测试的插入损耗和回波损耗的相关知识已在光纤快速连接器部分介绍过，这里就不再赘述了。

拓展学习

查阅资料，掌握端面检测仪和 3D 干涉仪的使用方法，了解端面缺陷产生的原因，分析影响端面研磨质量的因素。

3. 实施过程

光纤连接器端面研磨完成后，要进行端面检测和光学测试，包含多项内容，据此判定光纤跳线的各项性能指标是否符合要求。通过检测的合格品才可包装入库，完成光纤跳线产品的全部工艺流程。

1）步骤一，准备工作

首先，准备本任务中需要用到的所有设备和工具，包括端面检测仪、3D 干涉仪、插回损检测仪、检测口专用适配器、标准跳线、无尘纸、乙醇等。

然后，打开检测仪的电源，安装好适配器，确认检测仪完好无故障，显示正常。

最后，确认流程，明确技术要求，核对待检产品型号和数量，准备工作完成。

☆ 注意事项

(1) 待检产品型号和数量各有不同，不要混淆，做好记录。

(2) 应细心准备，保持环境清洁，不遗漏任何细节。

2）步骤二，端面检测仪检测

用眼睛观察从研磨夹具上取下的连接器端面，查看是否有胶水残留。然后用手指捏紧连接器，在干净的无尘纸上按压擦拭端面，如图 2-72 所示。若脏污难以清除，可用无尘纸蘸取乙醇多擦拭几遍，保持插芯垂直于纸面，力度合适，不允许在同一点来回擦拭。

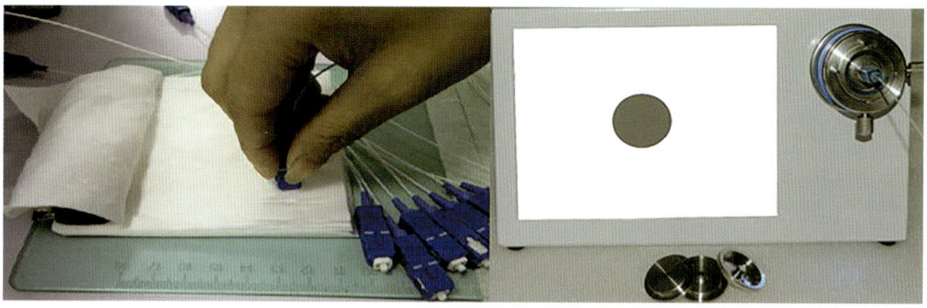

图 2-72　端面清洁与观察

将插芯放入匹配好适配器的检测口，转动调焦环，直到能看到显示清晰的放大端面。依照图 2-68 所示的端面检测区域划分和表 2-7 所示的端面缺陷判定标准，仔细判断端面是否合格，做好记录。

重复上述过程，调换检测光纤跳线另一端的连接器端面。端面有瑕疵的，重新研磨；不通光的，重新装配；无法返工的，按不合格品处理。

☆ 注意事项

(1) 清洁端面时，应在无尘纸上沿同一方向滑动擦拭，避免脏污重复污染端面。

(2) 做好材料分类，避免混淆。

(3) 操作过程中注意保护光纤，避免折弯损伤光纤。

(4) 小心取放光纤，避免划伤插芯端面。

3）步骤三，3D 干涉仪检测

经端面检测仪检测合格的连接器可以马上进行 3D 干涉仪检测，这样可减少清洁环节，提高效率。

3D 干涉仪是一种高精密的设备，对检测条件要求较高，为降低使用难度，提高检测效率，主流 3D 干涉仪的自动化程度很高，使用非常简便。检测前需要用标准端面进行校准，将标准端面放入检测口，启动检测软件，选择校准功能，根据软件界面操作提示，可以很方便地完成校准过程，如图 2-73 所示。

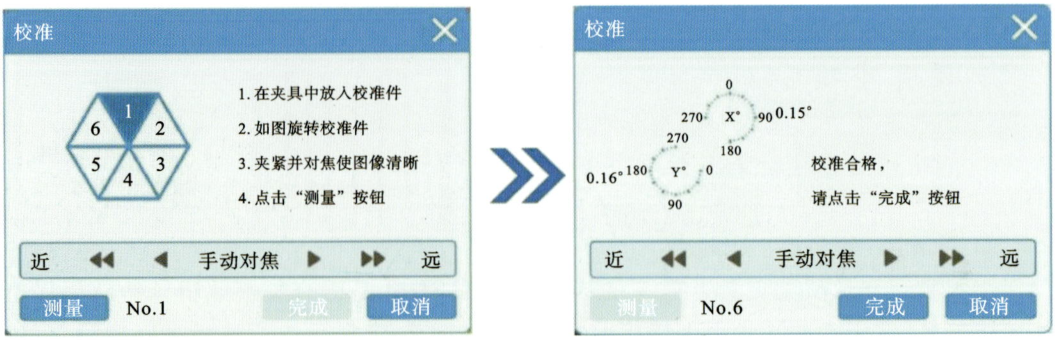

图 2-73　3D 干涉仪手动校准界面

将待检测连接器放入检测口，启动检测软件，开始自动检测，曲率半径、顶点偏移、光纤高度、APC 倾角等检测结果会直接显示在软件界面上，非常方便。如果觉得检测仪自动对焦不准，也可以手动调节旋钮进行对焦，可得到清晰的干涉条纹，检测仪会快速运算并显示结果。

☆ **注意事项**

（1）端面一定要保持洁净，不能有任何脏污，否则会影响检测结果。

（2）为保证检测过程稳定，检测口有专用夹具，检测时需卡接到位。

（3）做好材料分类，避免混淆。

（4）小心操作，保护好光纤端面，检测完成后立即为光纤戴上防尘帽。

4）步骤四，插入损耗和回波损耗检测

光学测试主要检测插入损耗和回波损耗，这是评价光纤跳线品质的重要环节，相关操作已在光纤快速连接器部分详细介绍过，这里不再赘述。

5）步骤五，包装入库

对于通过全部检测的合格光纤跳线，需要对其进行标识和包装，再将它们存放进仓库，随时可以交付使用，如图 2-74 所示。

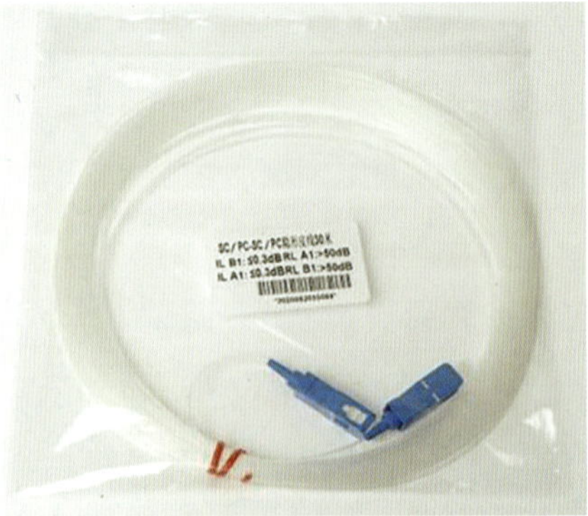

图 2-74　光纤跳线包装成品

首先用扎线带将绕好的合格光纤跳线扎好，力度适中。然后将其放入包装袋内密封，并贴上标识（包含型号、长度、主要性能参数、身份码等内容）。最后按批次进行包装，办理入库手续或交付手续。

☆ **注意事项**

（1）包装时需保护连接器端面，避免弄脱防尘帽。

（2）包装后的产品外观应平整一致，光纤表面应无扎痕或压痕。

（3）不同型号、不同批次的产品应分开码放并做好标识，避免混淆。

（4）光纤弯曲半径不得小于 3 cm，应避免挤压、拉拽、折伤光纤。

6）步骤六，结果检查与现场 6S

至此，光纤跳线的制作与检测全部完成，应整理完整的工艺流程，对照梳理检查。

现场 6S 管理可充分调动操作者的工作积极性，营造高效的工作环境，培养操作者良好的工作习惯，使实施过程制度化和规范化，其适应真实工作场景的要求，可提高操作者的安全意识和劳动素养。

拓展学习

查阅资料，了解 APC 型、UPC 型端面的研磨工艺，对比找出其与 FC 型、PC 型端面研磨的相同点和不同点。

了解现场 6S 的要点，即整理、整顿、清扫、清洁、素养、安全。请结合本任务谈谈自己如何做好现场 6S 管理。

4. 能力提升

能力提升包括制定计划、要点归纳、训练记录三个方面。

1）制定计划

要求指引	分组分工，梳理流程，制定计划，协作共同完成； 详细记录，展示成果，分享经验，互相查漏补缺； 自评互评，总结反思，巩固提高，分阶突破难点。
安排组织	每 3～4 名学生组成小组，设组长 1 名，负责带领本组同学分工合作，制定工作计划，学习行为组织。教师负责学习引导、安全监督、控制进度、规范流程、保证教学质量。本小组成员及分工如下：
工作计划	小组讨论结果如下：
预期目标	

2）要点归纳

知识笔记 & 思维导图
工艺流程

3）训练记录

<table>
<tr><td rowspan="4">基本信息</td><td>任务内容</td><td colspan="2">SC/PC-SC/PC 单模单芯光纤跳线的制作与检测——端面检测与光学测试</td></tr>
<tr><td>小组成员</td><td colspan="2"></td></tr>
<tr><td>所需条件</td><td colspan="2"></td></tr>
<tr><td>完成时间</td><td colspan="2"></td></tr>
<tr><td>序号</td><td>训练内容</td><td colspan="2">完成情况</td></tr>
<tr><td>1</td><td>准备工作</td><td>记录：</td><td>结果：</td></tr>
</table>

续表

2	端面检测仪检测	记录：	结果：
3	3D干涉仪检测	记录：	结果：
4	插入损耗和回波损耗检测	记录：	结果：
5	包装入库	记录：	结果：
6	结果检查与现场6S	记录：	结果：

5. 评价反馈

1）鉴定评价

任务内容		SC/PC-SC/PC单模单芯光纤跳线的制作与检测——端面检测与光学测试				
小组成员						
评价方式		个人自评、小组互评、教师评价				
考核项目		评分依据	标准分数	个人自评	小组互评	教师评价
学习过程	制定计划	是否正确可行	10			
	要点归纳	是否全面无误	10			
	工具使用	是否熟练有效	10			
	操作环节	是否迅速规范	10			
	完成情况	是否符合要求	10			
训练记录	知识内容	是否详实准确	10			
	操作过程	是否熟练完成	10			
	时间统计	是否在规定时间内完成	10			
综合态度	团队协作	是否和谐团结	4			
	讨论分享	是否积极精彩	4			
	安全意识	是否牢固树立	4			
	生产纪律	是否严格遵守	4			
	现场6S	是否执行落实	4			
合计			100			

2）总结反馈

小组成员		
自我反思	任务难点	
	成功之处	
	不足之处	
	改善方案	
小组总结		
教师点评		

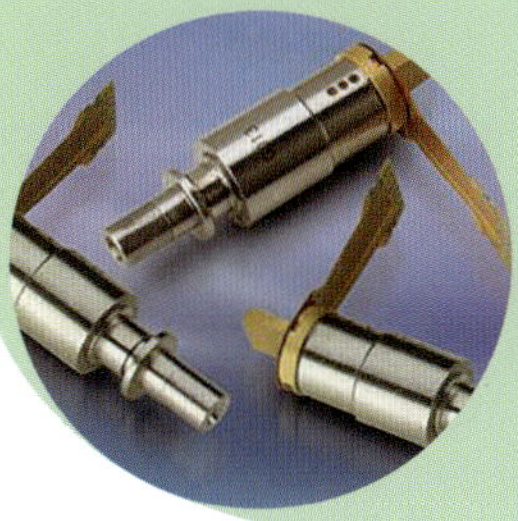

模块3

同轴有源器件的装配与调试

通信用光器件可以分为有源器件和无源器件两种类型。不依靠外加电源(直流或交流)就能独立表现出其特性的器件就是无源器件。反之,光器件工作时,其内部有电源或光源存在,则这种器件叫作有源器件。

有源器件有两个基本特点。

(1) 自身也消耗电能。

(2) 除了输入信号外,还必须要有外加电源才可以正常工作。

有源器件包括光源、光检测器和光放大器,这些器件是光发射机、光接收机和光中继器的关键器件,和光纤一起决定着基本光纤传输系统的水平。

按功能,有源器件可分为光发射器件、光接收器件。

按结构,有源器件可分为同轴器件(TO 器件,如 TOSA、ROSA、BOSA)、DIP(或 Butterfly)器件、表面贴装(surface mount) 器件等。

按传输速率,有源器件有 155M、622M、1.25G、2.5G、10G 的等。

此外,还可按传输距离、工作波长、工作方式等对光有源器件进行分类。

常见的有源器件封装方式如图 3-1 所示。

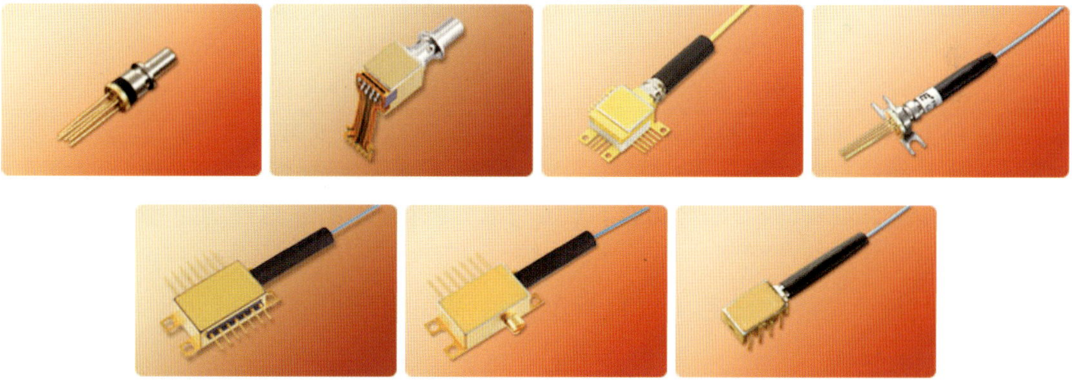

图 3-1 常见的有源器件封装

项目 1 插拔型 LC-TOSA 的制作与检测

在光模块的光器件中,用于收发光信号转换的器件称为 TOSA、ROSA。TOSA (transmitter optical sub-assembly)是一种光发射器件,其功能是把电信号转换为光信号;ROSA(receiver optical sub-assembly)是一种光接收器件,其功能是把光信号转换为电信号。随着工艺水平技术的发展,可以将模块的尺寸做得更小,TOSA 和 ROSA 通过同轴耦合过程可集成光源的收发(LD 和 PIN/APD),再加上分离器、光纤和其他组件,可构成 BOSA(bi-directional optical sub-assembly),即光发射接收组件。

学生应通过对 2 个子任务的学习,掌握同轴 TOSA 器件的制作方法和检测方法,了解光器件制造的工艺规范,培养专业实践技能和安全管理意识。

◆ **知识目标**

☒ 了解同轴封装概念
☒ 了解封装零件选择
☒ 了解常见同轴 TOSA 器件的结构及材料
☒ 掌握同轴 TOSA 器件制作的规范流程
☒ 理解 TOSA 器件参数测试的概念和意义
☒ 熟悉参数指标的检测方法
☒ 掌握同轴 TOSA 器件的质量评价方法

◆ **技能目标**

☒ 能够认识同轴封装器件及零件
☒ 能够根据不同类型的器件选择管座、管帽等构件和芯片
☒ 掌握超声清洗原理和清洗的工艺要求
☒ 能够进行零件清洗与前处理操作
☒ 能操作压配管体(手动压配、气动压配)设备
☒ 能自主完成 TOSA 器件的 LD 自动耦合
☒ 能判定超声清洗、压配管体、LD 耦合的质量
☒ 能严格遵守生产安全规范
☒ 能归纳整理同轴 TOSA 器件制作的作业指导书

◆ **素质目标**

☒ 建立对同轴 TOSA 器件的基本认知,建立职业能力初步认知
☒ 培养安全操作意识和职业规范意识,养成安全生产的良好习惯
☒ 培养专业信息分析能力和解决问题的能力,具备一定的工程实践能力
☒ 培养爱岗敬业、细心踏实的综合职业素养,提升语言表达能力、团队协作能力

任务 1　TOSA 组件清洗与压配

1. 描述分析

插拔型 LC-TOSA 封装属于插拔式同轴封装。这种 TOSA 封装通过外部连接头插入管壳体,经内部光学准直系统与光源或探测器管芯实现光耦合的输出和输入(O/I)。在这个任务中,要求学生了解常见的 TOSA 封装的内部构造和组件材质,完成插拔型 LC-TOSA 封装组件的清洗和压配工作。在完成任务的过程中要注意设备的使用方法和事项,现在我们一起进入任务 1 的学习。

2. 知识链接

1) 同轴封装

同轴封装即 TO 封装,是光发射和光接收器件最主要的封装结构。TO

封装有两个目的：一是保护芯片，二是便于组件、模块的组装。无论是发射TO还是接收TO，芯片都必须位于轴中心，即光敏区必须位于轴中心。发射TO多为TO56（TO管座直径为5.6 mm），接收TO多为TO46（TO管座直径为4.6 mm）。根据应用和用户要求，发射TO与接收TO的管脚数也不一样，发射TO多有4个管脚（也称4针），接收TO一般有2、3、4、5针。TO的光窗有平窗和透镜两种，透镜又有球透镜和非球透镜（亦称曲面透镜）之分。图3-2所示的为几种不同管帽的TO封装，(a)和(b)分别是带球透镜和非球透镜的发射TO封装，(c)和(d)分别是带球透镜和平窗的接收TO封装。

（a）带球透镜的发射TO封装　（b）非球透镜的发射TO封装　（c）带球透镜的接收TO封装　（d）平窗的接收TO封装

图3-2　几种不同管帽的TO封装

同轴型封装又可分为插拔型封装、尾纤型封装和单纤双向型封装。

拓展学习

查阅资料，了解插拔型、尾纤型和单纤双向型的同轴封装的结构和区别。

2）插拔型同轴封装

插拔型同轴封装通过外部连接头插入管壳体，经内部光学准直系统与光源或探测器管芯实现光耦合的输出和输入（O/I）。图3-3所示的是插拔型同轴封装结构示意图。同轴管壳为不锈钢材料或可伐材料，整个结构由TO管座、内套、透镜座、外套及内部光学准直系统等组成。结构上、下部有一致的同心度，各部件之间用环氧树脂粘接。

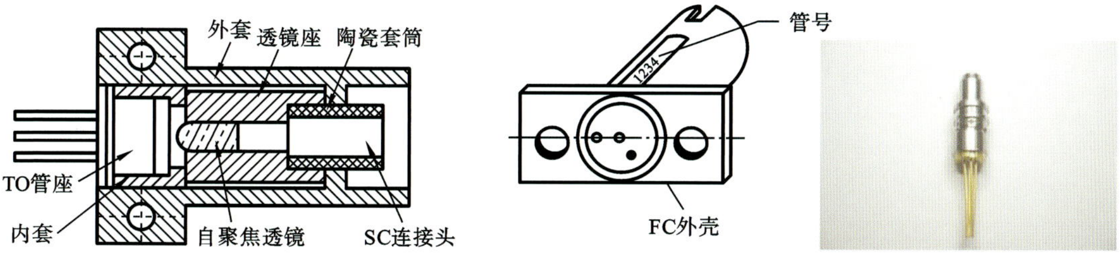

（a）剖面示意图　（b）外观示意图　（c）实物图

图3-3　插拔型同轴封装结构示意图

根据光接口的不同，同轴插拔型组件又可分为：SC插拔型组件、FC插拔型组件、LC插拔型组件和ST插拔型组件等。

常见的LC-TOSA封装由一体化金属件（含插芯、套筒）、管座、过渡环、LD管芯等组成，如图3-4所示。

各个部件的功能如下。

一体化金属件：包含相应的适配器接头，内部有陶瓷插芯、开口陶瓷套筒，可以起到对接两陶瓷插针的作用。

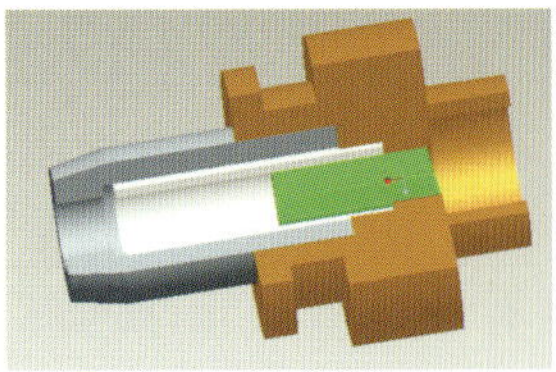

(a) 一体化金属件

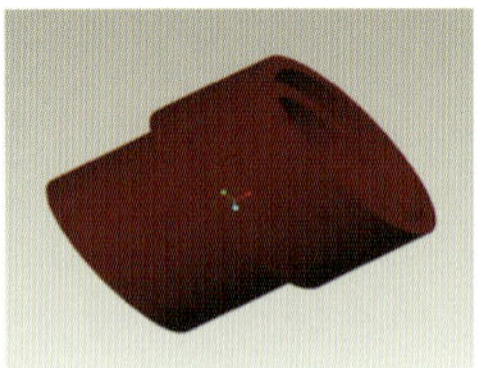

(b) 管座

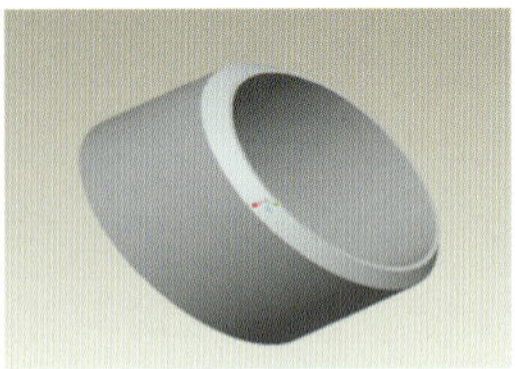

(c) 过渡环

(d) LD管芯

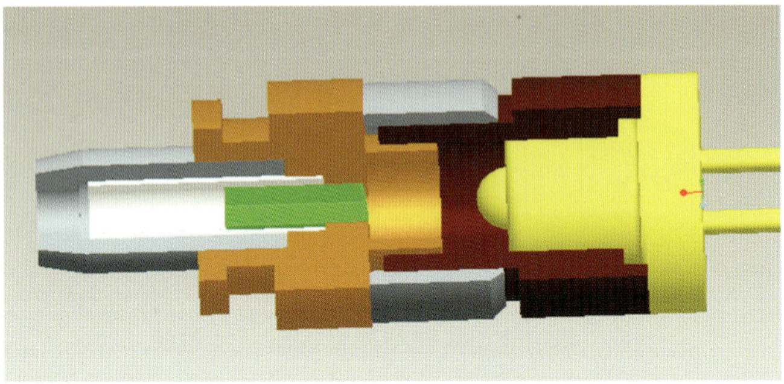

(e) LC-TOSA封装结构图

图 3-4 LC-TOSA 封装结构示意图

管座:用于固定管体耦合、压配或封焊固化。

过渡环:用于拉长光路,其良好的外圆精度能保证光纤错位最小。

LD 管芯:用于 TO 封装,与管座连接,需要进行耦合固化,透光面一般包含球面镜或非球面镜系统,对发射的激光进行聚焦,使激光更好输入至陶瓷插芯。

封装过程如下。管芯和管座一般采用压配或者封焊的方式进行封装。一体化金属件、过渡环及管座采用激光耦合的方式进行封装。要保证一体件中的透镜或陶瓷插芯与光器件(发射)输出对准,以获得最大耦合效率。为稳定光器件输出与透镜之间的耦合对准,对内套和透镜座之间的结合缝外施以激光点焊。

拓展学习

查阅资料,了解常见的 SC 插拔型组件、FC 插拔型组件、LC 插拔型组件、ST 插拔型组件 TO 封装的结构和区别。

3) 使用设备介绍

在使用组件之前,需要用超声波清洗机清洗组件。进行压配时应使用专门的气压机和与组件配套的夹具等,如表 3-1 所示。

3. 实施过程

清洗和压配是进行插拔型 LC-TOSA 封装的第一步,整理出所有的组件,完成清理后,进行管座和 LD 的压配工作。

1) 步骤一,组件清洗

(1) 准备清洗液,向烧杯中加入热水(60 ℃左右的纯净水)和清洗液(按 1.5∶100 的体积比配置,溶质为 JPJ-5 型金属去油污清洗液或 TRIM@CLEAN243 清洗液)。

表 3-1 使用设备及工具

名称	超声波清洗机	单柱气动压接机	TO 封装压配用模具
功能	把金属件放入装有清洗液的超声波清洗机中，超声波发生器发出的高频振荡信号通过换能器转换成高频机械振荡传播到介质。超声波在清洗液中疏密相间地向前辐射，使液体流动而产生数以万计的微小气泡，即使是夹留在手不可触及的小洞穴或孔角等地方的污物，经过高频振荡后也会很快脱落，金属件上的油被乳化，固体粒子脱离，器件即被清洗干净	利用压缩空气进行冲压，通过设置有效冲程，将 LD 压配至管座中	采用推杆式结构固定管座和需进行压配的 LD，利用气压机的压力将 LD 压至管座中
实物图	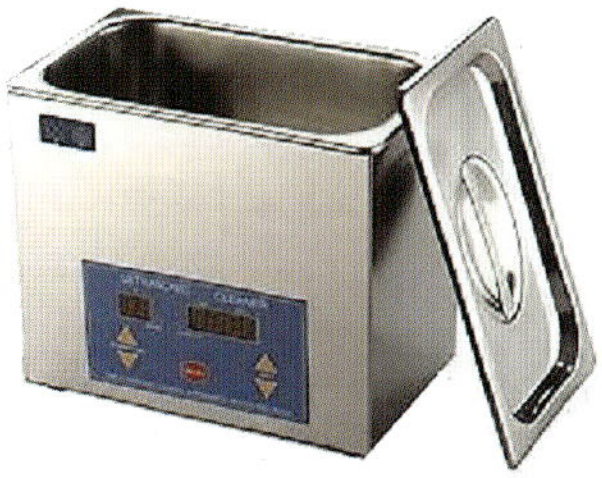		

(2) 将超声波清洗机调到规定的电压(180～200 V)，将清洗液放入清洗机中预热 30 min，然后将零件放入烧杯中并注入清洗液，将它们放入超声波清洗机的清洗槽中清洗 5 min。超声波清洗组件示意图如图 3-5 所示。

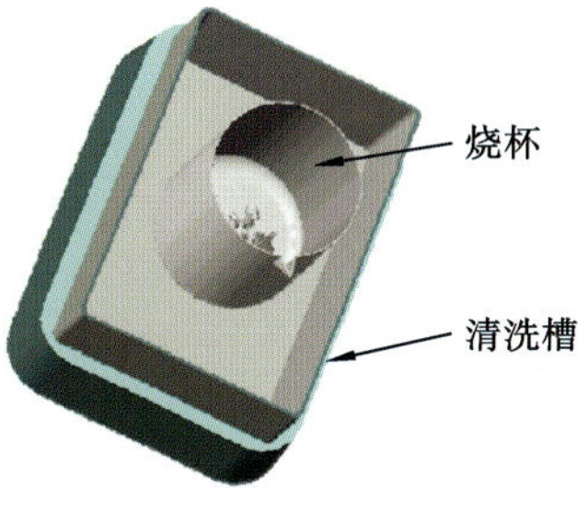

图 3-5 超声波清洗组件示意图

(3) 分别用自来水和纯净水漂洗零部件各一次，每次 3 min；再用无水乙醇做最后一道清洗，漂洗 15 min。

(4) 将清洗后的金属零部件放入干净的搪瓷盘，再将其放入烘箱中，在规定的温度、时间下烘烤((110±5)℃，30～45 min)后，将其取出放至自然冷却。

☆ 注意事项

(1) 各个步骤的清洗时间需要达到规定要求(依照工位图)，以保证可获得所需的洁净度。

(2) 零件必须完全浸没在清洗液中，烧杯中金属零件的个数不超过 300 个。

(3) 清洗液的液面高度为烧杯高度的 2/3(即 400 mL)。

(4) 清洗槽中自来水的液面高度为烧杯高度的 2/3。

2）步骤二，LD 压配

（1）确认 TO 产品的压配方向，选用相应的方形/菱形四通或三通、管体类滑杆，并将滑杆安装至模具中，固定在气压机的冲压杆正下方，如图 3-6 所示。

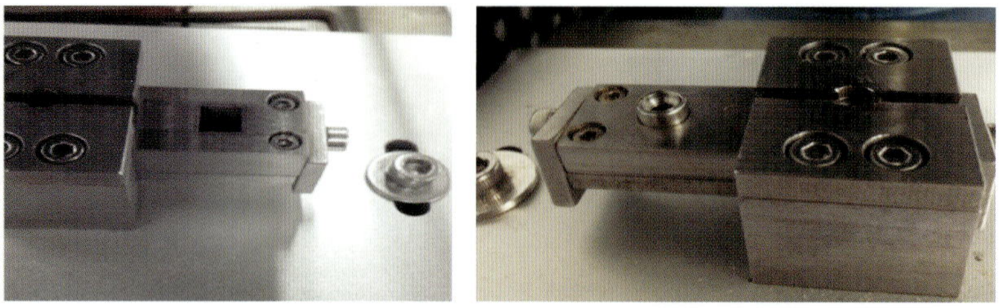

图 3-6　压配模具安装示意图

（2）将管座或三通金属件放置在滑杆中的方形固定槽中，确定好金属件的位置。左手捏拢 TO 管脚，将 LD TO 的大凹槽对准方向垂直放入 TO 槽内，如图 3-7 所示。

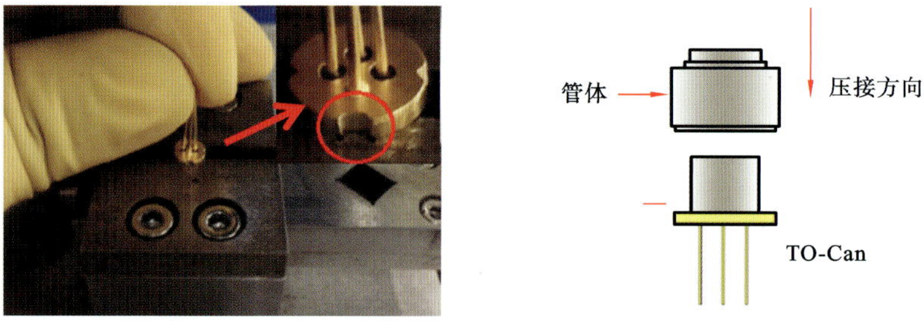

图 3-7　LD 安装示意图

（3）调节压接机气压，保持气压为 0.2～0.4 MPa。如图 3-8 所示，手动调节压杆冲程，保证上盖压配模具能够对准下方模具的 LD 正中央，不能压坏 LD 的管脚。手动多测试几次，保证上盖的模具能够准确对准 LD，保证足够的压配深度。将压接机调节筏调为自动状态，双手同时按下侧边下压按钮，下压压头，即可启动自动压配操作。

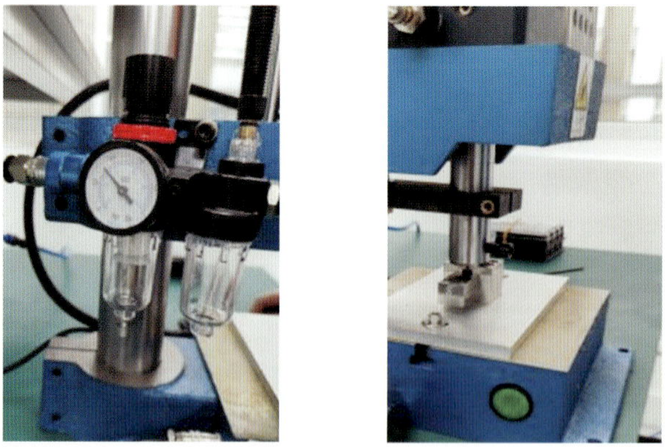

图 3-8　压接机工作示意图

（4）压配完成后，右手取需压配的材料放入右侧槽内，推动滑杆至底部。左手取出压配好的器件，目视检测 TO 管脚无压痕，无脱金、漏基材等外观不良现象。右手捏拢 TO 管脚，将 LD TO 的大凹槽对准方向垂直放入 TO 槽内，左右手循环取放材料作业，如图 3-9 所示。

图 3-9　压配操作工序示意图

☆ 注意事项

(1) 进行压配行程测试时，要把 TO 管脚捏拢，但不要将其压坏。

(2) 注意调节压接机的气压范围。

(3) 放置器件时，要考虑器件的方向、管脚方向等，部分器件开孔有区别，要选择合适的模具。

(4) 不同的器件压配深度不同，测试时需注意。

3) 步骤三，结果检查与现场 6S

(1) 清洗结果检测。

清洗工序完成后，还需要对金属件进行检验，在搪瓷盘中的不同位置抽样工件(不少于 10 只)进行目测检查，要求无水渍、无变暗、无变白。金属件在清洗前后用肉眼是无法识别的，可用白色滤纸来鉴别，将清洗后的金属件放在白色滤纸上，均匀抖动滤纸，观察滤纸上是否有油印，如没有表示已经清洗干净，反之则没有清洗干净。

(2) 压配结果检测。

管体压配的技术要求是满足单光束焊接和耦合工序。对于单光束焊接来说，需要被焊接的 2 个底面处于同一水平位置，以减少裂纹的产生，同时，由于焊斑的直径仅为 0.4 mm，故被焊接的两元件之间若缝隙太大，则激光容易穿透物体表面，伤及内部元件，从而导致器件失效；对于耦合来说，若 TO 和管体之间的同心度、垂直度等不能满足要求，容易造成光路的偏移或瘫痪，导致无法进行耦合。因此，我们对 TO 和管体之间的压配状态有图 3-10 所示的要求。

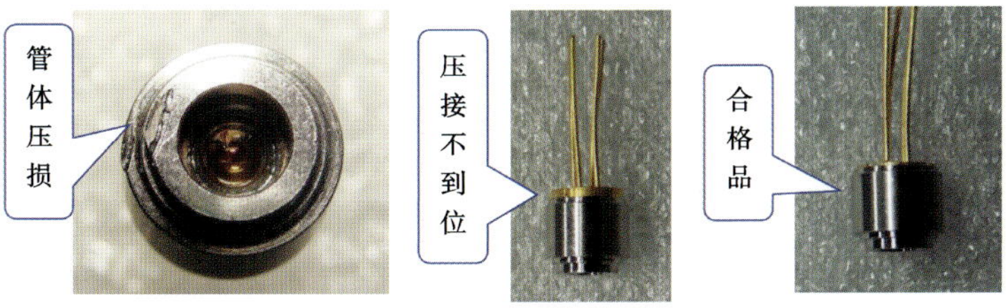

图 3-10　压配管体要求图

现场 6S 管理可充分调动操作者的工作积极性，营造高效的工作环境，培养操作者良好的工作习惯，使实施过程制度化和规范化，其适应真实工作场景的要求，可提高操作者的安全意识和劳动素养。

拓展学习

查阅资料，了解现场 6S 的要点，即整理、整顿、清扫、清洁、素养、安全。请结合本任务谈谈自己如何做好现场 6S 管理。

4. 能力提升

能力提升包括制定计划、要点归纳、训练记录三个方面。

1）制定计划

要求指引	分组分工，梳理流程，制定计划，协作共同完成； 详细记录，展示成果，分享经验，互相查漏补缺； 自评互评，总结反思，巩固提高，分阶突破难点。
安排组织	每3～4名学生组成小组，设组长1名，负责带领本组同学分工合作，制定工作计划，学习行为组织。教师负责学习引导、安全监督、控制进度、规范流程、保证教学质量。本小组成员及分工如下：
工作计划	小组讨论结果如下：
预期目标	

2）要点归纳

知识笔记 & 思维导图
工艺流程

3）训练记录

基本信息	任务内容	插拔型 LC-TOSA 的制作与检测——TOSA 组件清洗与压配	
	小组成员		
	所需条件		
	完成时间		
序号	训练内容	完成情况	
1	组件清洗	记录：	结果：
2	LD 压配	记录：	结果：
3	结果检查与现场 6S	记录：	结果：

5. 评价反馈

1）鉴定评价

任务内容		插拔型 LC-TOSA 的制作与检测——TOSA 组件清洗与压配				
小组成员						
评价方式		个人自评、小组互评、教师评价				
考核项目		评分依据	标准分数	个人自评	小组互评	教师评价
学习过程	制定计划	是否正确可行	10			
	要点归纳	是否全面无误	10			
	工具使用	是否熟练有效	10			
	操作环节	是否迅速规范	10			
	完成情况	是否符合要求	10			
训练记录	知识内容	是否详实准确	10			
	操作过程	是否熟练完成	10			
	时间统计	是否在规定时间内完成	10			
综合态度	团队协作	是否和谐团结	4			
	讨论分享	是否积极精彩	4			
	安全意识	是否牢固树立	4			
	生产纪律	是否严格遵守	4			
	现场 6S	是否执行落实	4			
合计			100			

2）总结反馈

小组成员		
自我反思	任务难点	
	成功之处	
	不足之处	
	改善方案	
小组总结		
教师点评		

任务2　LD耦合

1. 描述分析

TOSA器件的主要作用是作为光发射器件将LD发射出的光输入适配器，或将其直接输入光纤。当LD与光纤耦合时，要保证获得最大的耦合效率和对光纤传输系统产生最小的影响。这需要减少来自光纤端面的反射与背散射，同时也跟耦合方式、耦合结构、耦合间距等有关。TOSA器件中的LD耦合的常见方式有手动耦合和自动耦合。

2. 知识链接

1）LD耦合原理

光纤耦合常用的方法有两种：模式耦合法与光学追迹法，前者多用于激光器与单模光纤的耦合，后者多用于激光器与多模光纤的耦合。由于多模光纤可以容纳多个模式的激光在光纤中传输，故可以忽略模式匹配对耦合效率的影响。

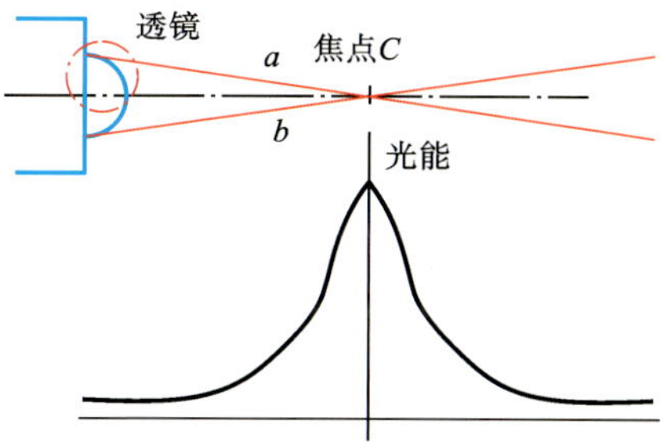

图3-11　LD输出光能量分布图

在同轴TOSA器件中，LD发出的光通过TO前端的聚焦透镜后，先聚焦，后发散，在焦点C处光斑最小，能量最为集中，如图3-11所示。这时在进行LD耦合时，需要将LD发出的光尽可能多地会聚至与之对接的插芯组件的端面上，以达到最大的耦合效率。如图3-12所示，当插芯组件陶瓷面中心的通光孔与LD的焦点C重合时，耦合功率最大。因此，不管是手动耦合还是自动耦合，都有寻光匹配的过程，即通过调整接收端的位置或方向，找到通光量最大、光功率最强的对位。

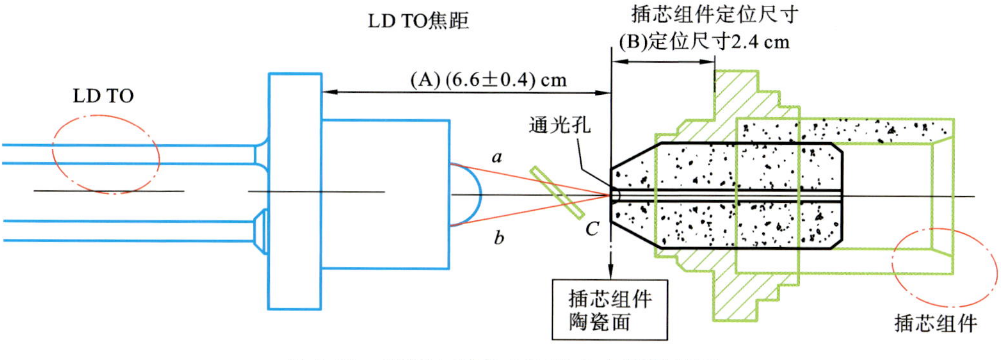

图3-12　TOSA器件LD耦合内部光路图

2）LD耦合要素

当LD的焦点与插芯组件在同一平面上，但水平方向位置不同时，耦合效果也不同。如图3-13所示，大光斑为LD的焦点光斑，小光斑为插芯的通光孔径。如图3-13(a)所示，当插芯组件通光孔位于LD的焦点光斑正中心时，LD耦合的光功率最大，且后期产品温循后不易掉值。如图3-13(b)所示，当插芯组件通光孔位于LD的焦点光斑的边缘时，LD耦合的光功率较大，但产品温循后易掉值。如图3-13(c)所示，当插芯组件通光孔和LD的焦点光斑部分重合时，LD耦合的光功率很小，产品温循后易掉值。因此，对于同一产品，当插芯组件陶瓷面中心的通光孔位于LD焦点处，且位于焦点光斑正中心时，耦合功率最大，两者中心越偏移，功率越小。

图 3-13　LD 焦点处光斑与陶瓷插芯通光孔相对位置示意图

由于 TO 焦距的位置不一样，所以 TOSA 器件的输出端会匹配不同的光纤、三通、适配器。在匹配常见的 6 μm 和 9 μm 的光纤时，9 μm 光纤直径较大，光纤覆盖面积较大，在耦合时需要获得同样多的光能量，6 μm 光纤相对于 9 μm 光纤能与 TO 保持更好的同心度，如图 3-14 所示。因此在进行插拔型 LC-TOSA 的制作时，选择 6 μm 的光纤作为匹配光纤效果较好。

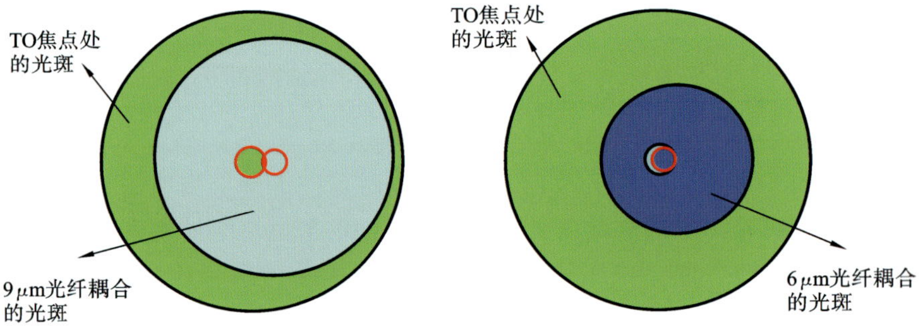

图 3-14　9 μm 光纤与 6 μm 光纤耦合同心度示意图

拓展学习

查阅资料，了解常见的光器件耦合（直接耦合、透镜耦合、圆锥形透镜耦合、自聚焦耦合、凸透镜耦合、圆柱透镜耦合）结构。

确定好 LD 和陶瓷插芯平面的最佳耦合位置后，还需将器件进行固定连接。可以将位置固定好后，通过注胶的方式固定插芯和管座位置，也可以通过激光焊接的方式来完成，完成后还需测试 TOSA 器件的输出光功率，如果出现掉值现象，可以在补功率机台上通过增加激光焊接次数来微调补值。

拓展学习

查阅资料，了解常见的 SC 插拔型、FC 插拔型、LC 插拔型、ST 插拔型 TO 封装的结构和区别。

3）使用设备介绍

目前在大多数光电器件制造企业中都采用激光自动耦合机来完成 LD 耦合工作，设备介绍如表 3-2 所示。

表 3-2 激光自动耦合机及综合测试系统

名称	激光自动耦合机	10G BOSA 器件性能综合测试系统
功能	① 激光系统：激光器多为 Nd：YAG 固体激光器，采用三光束光纤传输激光系统，输出功率不低于 100 W，单独能量控制，带能量反馈。 ② 光学系统：由主光路系统、分光系统、光纤传输系统、聚焦系统等构成，光学系统产出小于或等于 0.5 mm 的聚焦光斑直径，各束光之间的能量偏差小于或等于±3%。 ③ 实时监视系统：由 CCD、监视器和图像分割装置组成。 ④ 控制系统采用微机控制，包括上下夹具，能进行两件式、三件式等多种光电器件的自动耦合，脉冲精度为 0.05 μm。 ⑤指示光源系统：由 He-Ne 激光管、电源及精密调整架组成	测试系统采用插卡式组合方案，集成了 15G 误码仪、PIN 与 APD 器件的探测器综合测试分析仪、激光器综合测试分析仪、光可变衰减器、光功率计、光分配单元及控制单元等，配置不同管脚和速率的测试夹具，以及能设置测试参数、进行数据显示与分析的上位机，可对 LD 器件进行阈值电流、MPD 暗电流、正向电压、背光电流、光功率、斜效率及 Kink 点等进行测试
实物图	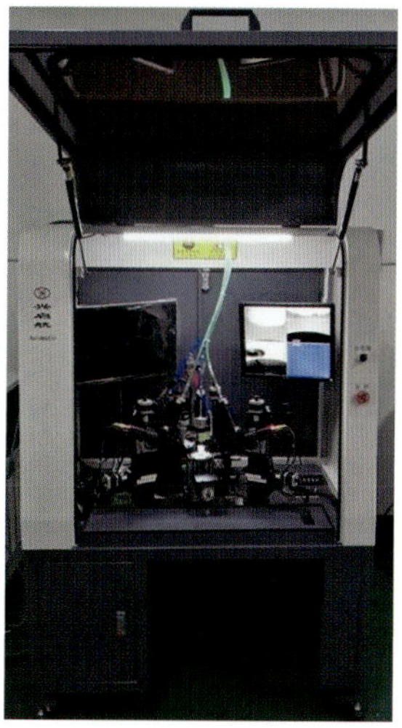	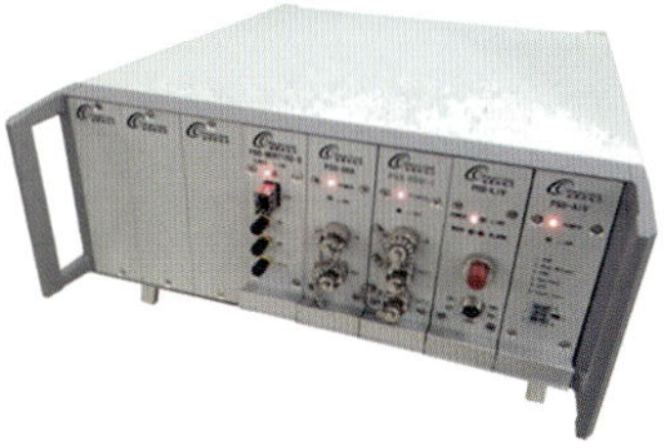

3. 实施过程

下面以兴启航激光自动耦合机为例介绍插拔型 LC-TOSA 器件的 LD 自动耦合过程。插拔型 LC-TOSA 器件的 LD 耦合过程如图 3-15 所示。

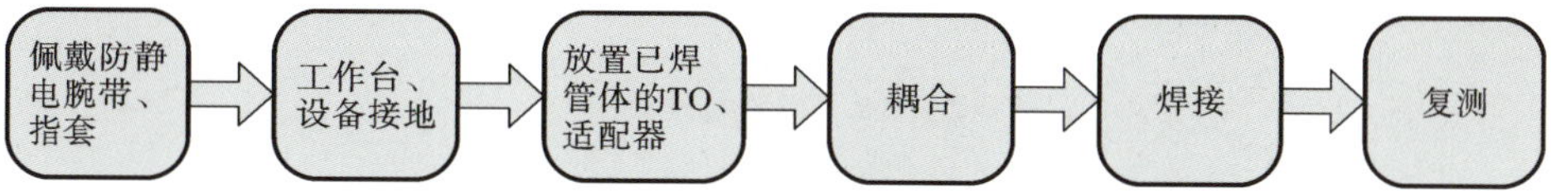

图 3-15 插拔型 LC-TOSA 器件的 LD 耦合过程

1）步骤一，首件制作

（1）按 ESD 防护要求，做好二穿一戴（戴好指套或防静电腕带）。准备物料，核对实物型号、流程单信息、实物数量。

（2）打开 LD 自动耦合设备操作台右下方的“总开关”，并按下控制箱的电脑电源开关，开启 LD 自动耦合设备和电脑。

（3）运行自动耦合软件，点击“常用设置”，如图3-16(a)所示，选择“系统校准”，弹出系统校准界面，如图3-16(b)所示。将比对管LD TO实心管脚按要求插入到下夹头，如图3-16(c)所示。连接好比对管，用软件测试比对管的实际功率与工作电流并填入相应位置，如图3-16(d)所示，点击“校准”。需检查检测设备校准值是否与测试结果一致，比对管额定电流功率值是否在标准范围内。需将设备机台耦合合格值和首件复测值与测试软件值进行对比，对耦合好器件进行复测，复测值均要求比测试值至少小0.2 mW，如果设备测试值比测试软件测试值大，应重新对设备进行功率校准。

（a）点击“常用设置”

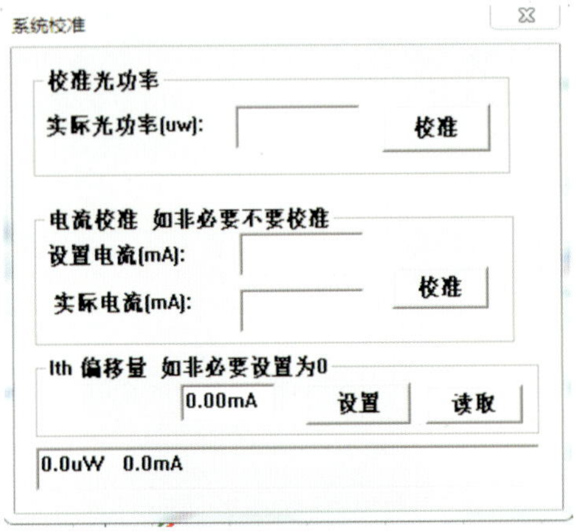

（b）系统校准界面

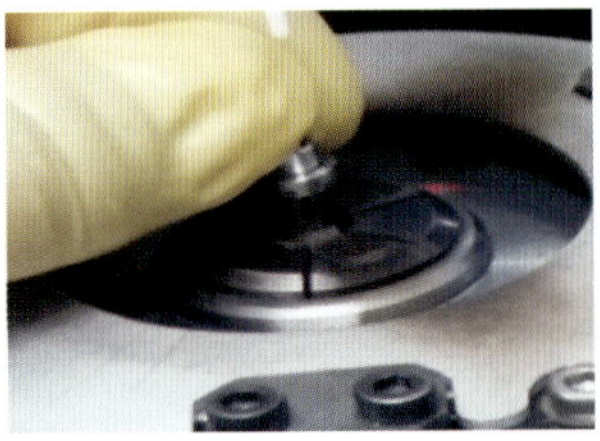

（c）连接比对管

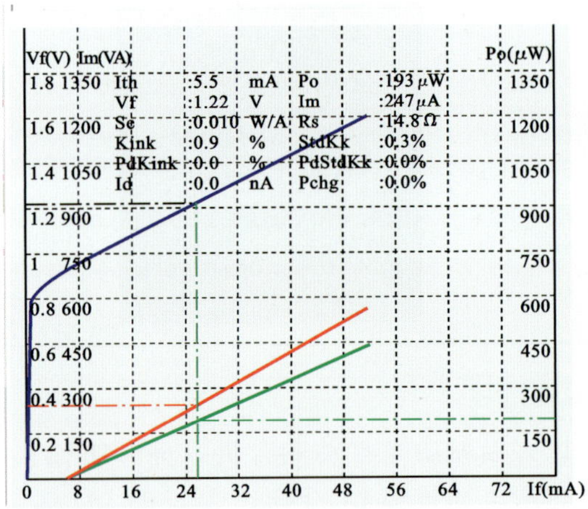

（d）测试结果

图3-16 系统校准操作

（4）将首件管体装入上夹头，按下上夹头松紧按钮。点击“设置参数”，然后点击“位置设置”后的“编辑”，如图3-17(a)所示。在弹出的编辑框中，找到X、Y、Z三轴的调整位置，如图3-17(b)所示，选择合适的移动步长，调整三轴，让管座和管体能够对准。观察CCD的显示界面，调节三个焊枪的位置，如图3-17(c)所示。将输出的红光对准首件的焊缝处，如图3-17(d)所示。

（5）找到外部控制区域，在“能量号”框填写设定的能量号，再勾选“激光输出”，在搭接处打三个焊点，用同样的方法在下管体打三个焊点，完成首件制作，如图3-18所示。

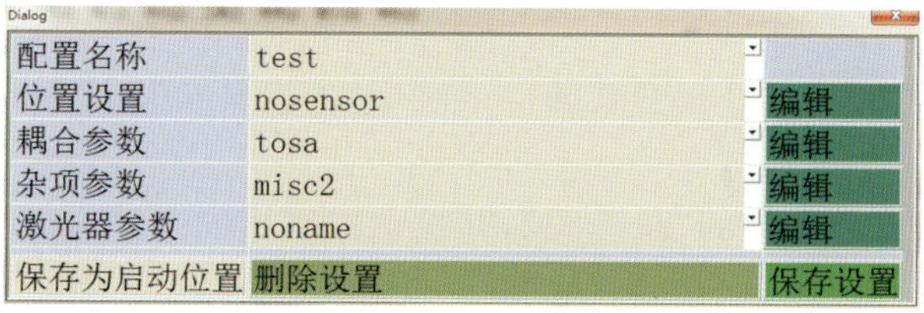

（a）点击“编辑”

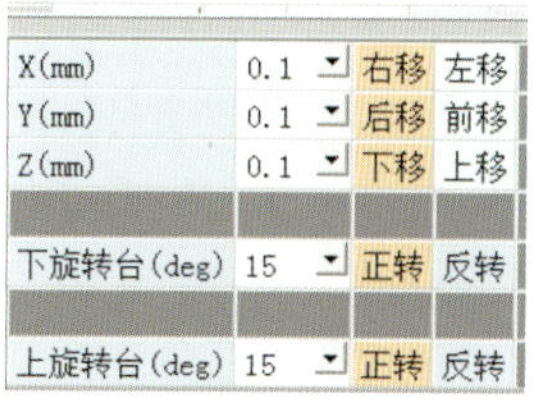

（b）调整 X、Y、Z 轴

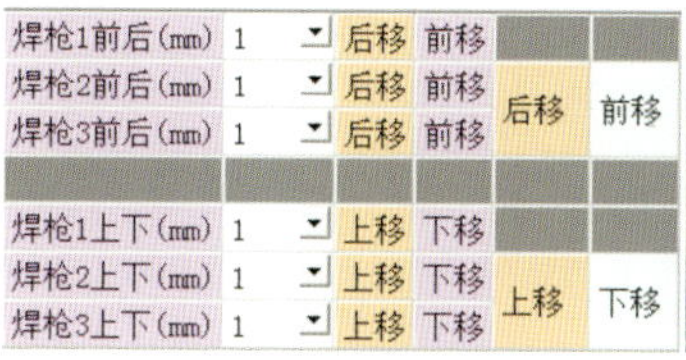

（c）调节焊枪位置

（d）红光对准首件焊缝处

图 3-17　首件位置参数设置

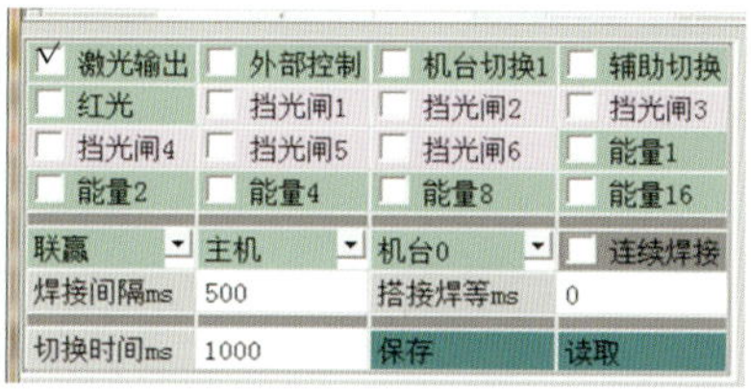

（a）勾选“激光输出”

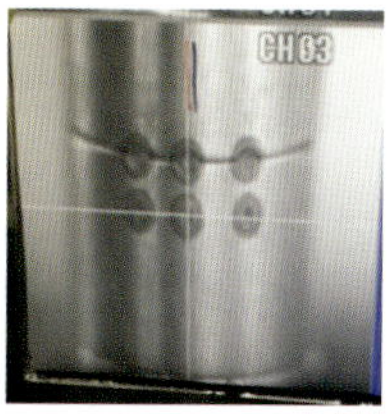

（b）打焊点

图 3-18　首件焊接示意图

（6）完成首件制作后，需要观察焊点的状况，调整激光输出的参数或能量号，保证焊接的焊缝处于光斑正中央，且能量集中，无气泡、裂纹、凹陷等问题，如图 3-19 所示。出现的问题一般是耦合位置对准问题和激光输出功率问题，要根据实际情况进行调整。

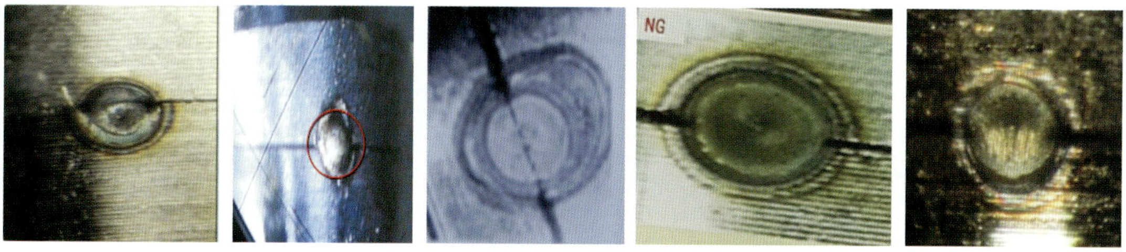

（a）焊点分布不均　（b）焊点存在气泡　（c）焊点存在裂纹　（d）焊点中间无凹陷（凹陷很浅）　（e）合格品

图 3-19　常见首件焊点问题示意图

☆ 注意事项

（1）机台寻光时严禁将手放在上下夹头之间。

（2）作业前检查焊接夹头是否干净（不能有生锈、脏污），若不干净，应及时更换夹头或处理干净后再作业。

（3）上尾纤时必须借助防尘帽上夹具，保证所有材料在夹具上平整，并且应锁紧上下夹盘。

（4）耦合时必须严格控制焊接前间隙不超过 0.04 mm。

2）步骤二，LD 自动耦合

（1）按 ESD 防护要求，做好二穿一戴（戴好指套或防静电腕带）。准备物料，核对实物型号、流程单信息、实物数量。

（2）打开 LD 自动耦合设备操作台右下方的“总开关”，并按下控制箱的电脑电源开关，开启 LD 自动耦合设备和电脑。

（3）将 TOSA 器件按要求插进插芯，压紧压平 TO，按下夹头锁紧按钮。将插针夹入上夹头并锁紧。调整上夹头位置，让上夹头刚刚好压紧下方 LD 及管座。

（4）设置位置参数，如图 3-20 所示，在弹出的编辑框中找到 X、Y、Z 三轴的调整位置，选择合适的移动步长，调整三轴，保证 LD 与上夹头的插针间距小于 0.04 mm，将此位置保存为耦合位置。同时调节三个焊枪的位置，将输出的红光对准 TOSA 器件的焊缝处。所有位置参数调整完成后要保存所有的参数。

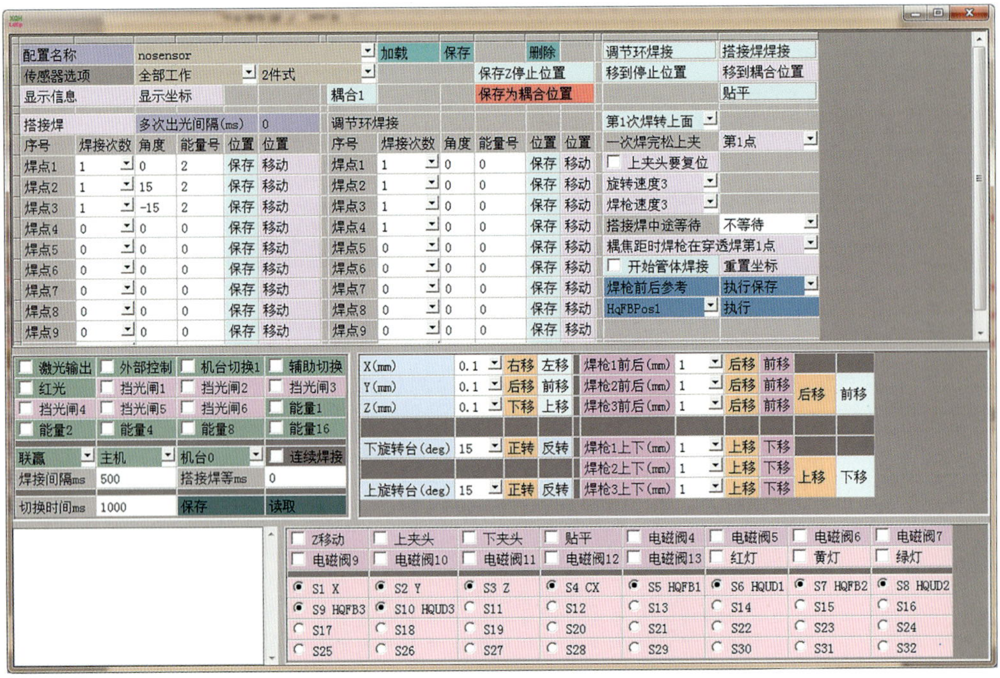

图 3-20　自动耦合位置设置窗口

（5）设置耦合参数，如图 3-21 所示，在弹出的编辑框中可根据具体耦合的器件类型设置耦合参数。主要需要调整或选择的变量包括功率模式、焦距模式等。其中，对于找光时回形线间隔步数，间隔步数越小，找光精度越高，更有利于精确找准光斑位置。自动耦合找光过程分为两步，第一步是快速找光，即进行大范围的扫描，找到光达到找光功率的时候，再进行第二步，即找到耦合最大光功率位置。

（6）激光参数设置，主要设置输出激光的功率、耦合后输出功率的最大值和最小值，如图 3-22 所示。

还有很多其他设置项，可根据加工器件的不同进行选择。

3）步骤三，结果检查与现场 6S

耦合按一定步骤作业，准备好材料后按照顺序进行操作，第一步，先安装 LD 器件，将 LD 器件插入下夹头，按下设备右侧“下夹头”按钮，锁紧下夹盘。再安装上夹头插针，

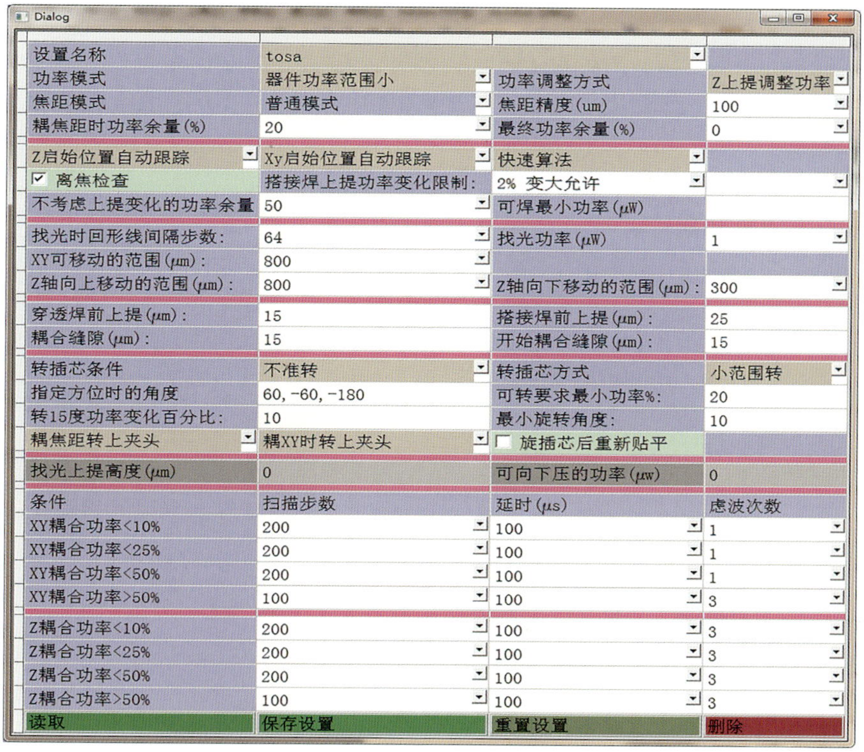

Dialog

设置名称	tosa		
功率模式	器件功率范围小	功率调整方式	Z上提调整功率
焦距模式	普通模式	焦距精度(um)	100
耦焦距时功率余量(%)	20	最终功率余量(%)	0
Z启始位置自动跟踪	Xy启始位置自动跟踪	快速算法	
☑ 离焦检查	搭接焊上提功率变化限制:	2% 变大允许	
不考虑上提变化的功率余量	50	可焊最小功率(μW)	
找光时回形线间隔步数:	64	找光功率(μW)	1
XY可移动的范围(μm):	800		
Z轴向上移动的范围(μm):	800	Z轴向下移动的范围(μm):	300
穿透焊前上提(μm):	15	搭接焊前上提(μm):	25
耦合缝隙(μm):	15	开始耦合缝隙(μm):	15
转插芯条件	不准转	转插芯方式	小范围转
指定方位时的角度	60,-60,-180	可转要求最小功率%:	20
转15度功率变化百分比:	10	最小旋转角度:	10
耦焦距转上夹头	耦XY时转上夹头	☐ 旋插芯后重新贴平	
找光上提高度(μm)	0	可向下压的功率(μw)	0
条件	扫描步数	延时(μs)	虑波次数
XY耦合功率<10%	200	100	1
XY耦合功率<25%	200	100	1
XY耦合功率<50%	200	100	1
XY耦合功率>50%	100	100	3
Z耦合功率<10%	200	100	3
Z耦合功率<25%	200	100	3
Z耦合功率<50%	200	100	3
Z耦合功率>50%	100	100	3
读取	保存设置	重置设置	删除

图 3-21　耦合参数设置窗口

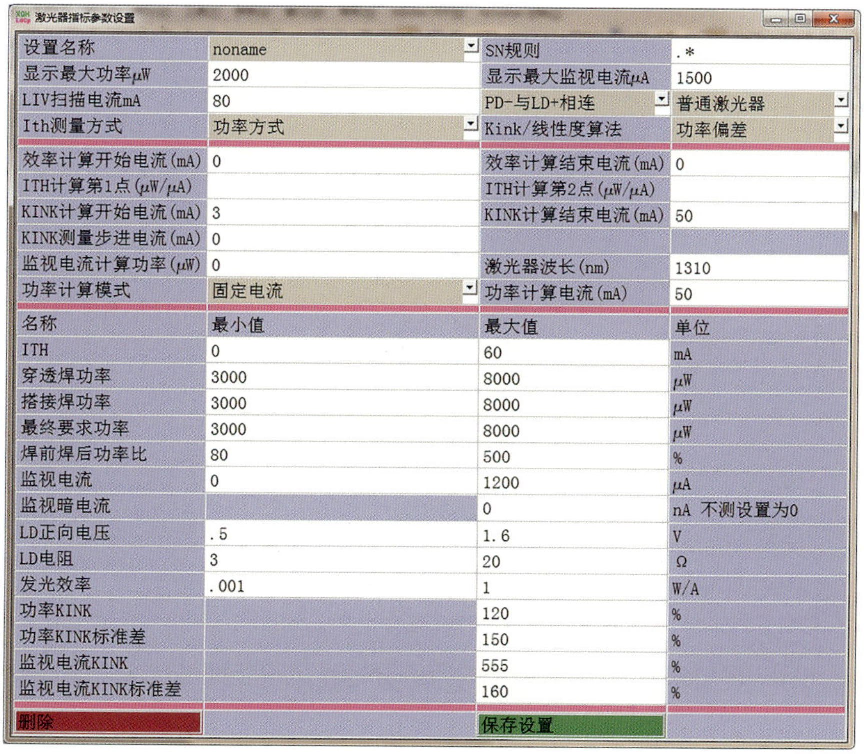

激光器指标参数设置

设置名称	noname	SN规则	.*
显示最大功率μW	2000	显示最大监视电流μA	1500
LIV扫描电流mA	80	PD-与LD+相连	普通激光器
Ith测量方式	功率方式	Kink/线性度算法	功率偏差
效率计算开始电流(mA)	0	效率计算结束电流(mA)	0
ITH计算第1点(μW/μA)		ITH计算第2点(μW/μA)	
KINK计算开始电流(mA)	3	KINK计算结束电流(mA)	50
KINK测量步进电流(mA)	0		
监视电流计算功率(μW)	0	激光器波长(nm)	1310
功率计算模式	固定电流	功率计算电流(mA)	50
名称	最小值	最大值	单位
ITH	0	60	mA
穿透焊功率	3000	8000	μW
搭接焊功率	3000	8000	μW
最终要求功率	3000	8000	μW
焊前焊后功率比	80	500	%
监视电流	0	1200	μA
监视暗电流		0	nA 不测设置为0
LD正向电压	.5	1.6	V
LD电阻	3	20	Ω
发光效率	.001	1	W/A
功率KINK		120	%
功率KINK标准差		150	%
监视电流KINK		555	%
监视电流KINK标准差		160	%
删除		保存设置	

图 3-22　激光参数设置窗口

将光纤散件插入适配器接口，按下设备右侧"上夹头"按钮，锁紧上夹盘，调整好位置，设置好各项参数后，按下"执行"按钮自动完成耦合过程。

插拔型 LC-TOSA 器件中最主要的部件是 LD，有的管芯中还集成有监视的 PD，如图 3-23(a)所示。检测 TOSA 器件耦合是否达到要求，就是检测 LD 的输出功率的大小，可直接连接光功率计进行测量，如图 3-23(b)所示。可以采用专门的测试接口模具连接至 BOSA 器件性能综合测试系统进行测试，如图 3-24 所示。自动耦合机也能用于测量耦合后的 LD 参数。

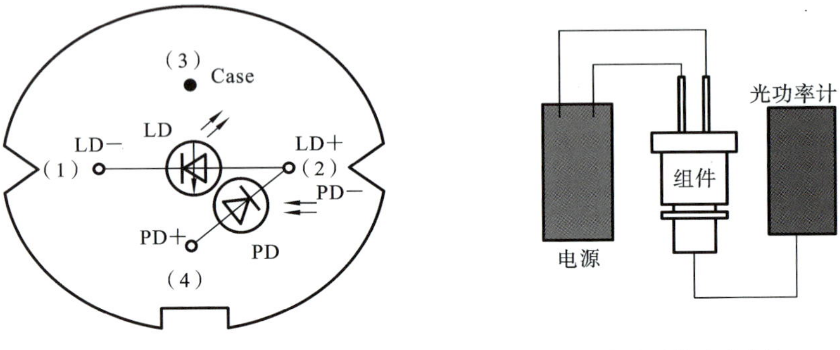

(a) LD与PD示意图　　(b) 连接光功率计

图 3-23　TOSA 器件耦合效果测试原理

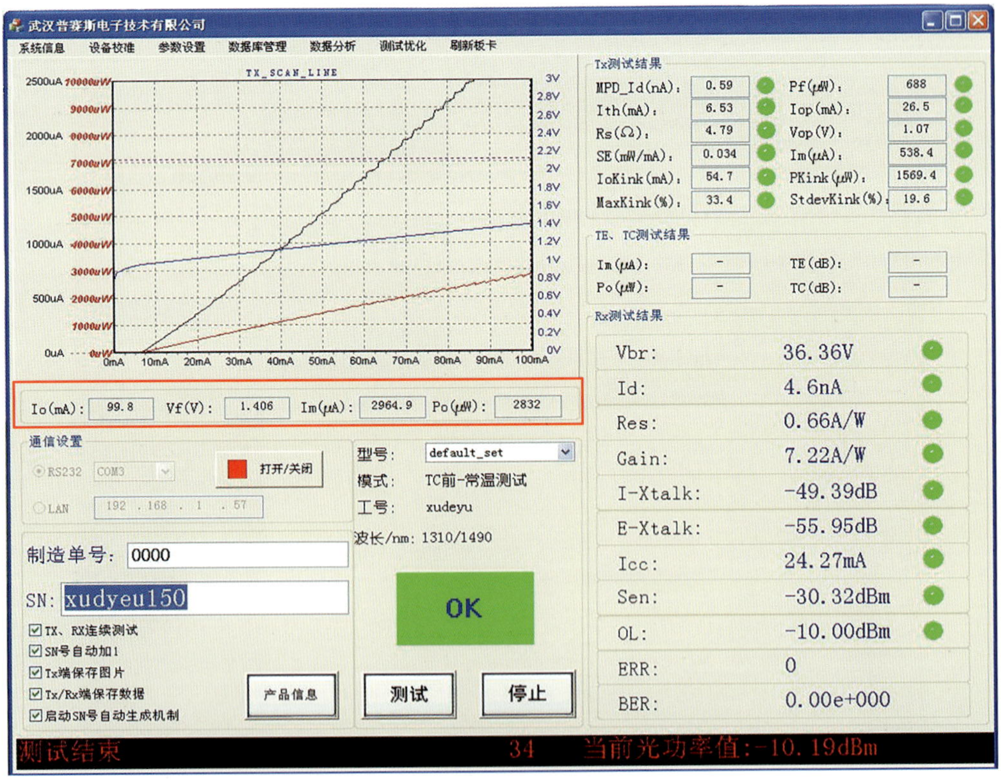

图 3-24　TOSA 器件 LD 耦合参数测试结果

拓展学习

TOSA 的主要性能参数包括：

阈值电流 I_{th}，即激光二极管开始振荡的正向电流；

工作电流 I_{op} 和工作电压 V_{op}；

斜效率 η，即输出激光光功率改变量与泵浦激光光功率改变量的比值；

峰值波长 λ，即光谱辐射功率最大值所对应的波长；

谱宽 Δ，即峰值发射波长的辐射功率的 1/2 所对应的两波长的间隔；

监视电流 I_m，即在规定的 LD 输出功率下，在给定光电二极管反向电压时，光电二极管的光电流；

输出功率 P_o，即在阈值电流以上所加正向电流达到规定的调制电流时，从激光二极管光窗输出的光功率。

现场 6S 管理可充分调动操作者的工作积极性，营造高效的工作环境，培养操作者良好的工作习惯，使实施过程制度化和规范化，其适应真实工作场景的要求，可提高操作者的安全意识和劳动素养。

拓展学习

查阅资料，了解现场 6S 的要点，即整理、整顿、清扫、清洁、素养、安全。请结合本任务谈谈自己如何做好现场 6S 管理。

4. 能力提升

能力提升包括制定计划、要点归纳、训练记录三个方面。

1）制定计划

要求指引	分组分工，梳理流程，制定计划，协作共同完成； 详细记录，展示成果，分享经验，互相查漏补缺； 自评互评，总结反思，巩固提高，分阶突破难点。
安排组织	每 3～4 名学生组成小组，设组长 1 名，负责带领本组同学分工合作，制定工作计划，学习行为组织。教师负责学习引导、安全监督、控制进度、规范流程、保证教学质量。本小组成员及分工如下：
工作计划	小组讨论结果如下：
预期目标	

2）要点归纳

知识笔记 & 思维导图
工艺流程

3）训练记录

<table>
<tr><td rowspan="4">基本信息</td><td>任务内容</td><td colspan="2">插拔型 LC-TOSA 的制作与检测——LD 耦合</td></tr>
<tr><td>小组成员</td><td colspan="2"></td></tr>
<tr><td>所需条件</td><td colspan="2"></td></tr>
<tr><td>完成时间</td><td colspan="2"></td></tr>
<tr><td>序号</td><td>训练内容</td><td colspan="2">完成情况</td></tr>
<tr><td>1</td><td>首件制作</td><td>记录：</td><td>结果：</td></tr>
</table>

续表

2	LD 自动耦合	记录：	结果：
3	结果检查与现场 6S	记录：	结果：

5. 评价反馈

1）鉴定评价

<table>
<tr><td colspan="2">任务内容</td><td colspan="5">插拔型 LC-TOSA 的制作与检测——LD 耦合</td></tr>
<tr><td colspan="2">小组成员</td><td colspan="5"></td></tr>
<tr><td colspan="2">评价方式</td><td colspan="5">个人自评、小组互评、教师评价</td></tr>
<tr><td colspan="2">考核项目</td><td>评分依据</td><td>标准分数</td><td>个人自评</td><td>小组互评</td><td>教师评价</td></tr>
<tr><td rowspan="5">学习过程</td><td>制定计划</td><td>是否正确可行</td><td>10</td><td></td><td></td><td></td></tr>
<tr><td>要点归纳</td><td>是否全面无误</td><td>10</td><td></td><td></td><td></td></tr>
<tr><td>工具使用</td><td>是否熟练有效</td><td>10</td><td></td><td></td><td></td></tr>
<tr><td>操作环节</td><td>是否迅速规范</td><td>10</td><td></td><td></td><td></td></tr>
<tr><td>完成情况</td><td>是否符合要求</td><td>10</td><td></td><td></td><td></td></tr>
<tr><td rowspan="3">训练记录</td><td>知识内容</td><td>是否详实准确</td><td>10</td><td></td><td></td><td></td></tr>
<tr><td>操作过程</td><td>是否熟练完成</td><td>10</td><td></td><td></td><td></td></tr>
<tr><td>时间统计</td><td>是否在规定时间内完成</td><td>10</td><td></td><td></td><td></td></tr>
<tr><td rowspan="5">综合态度</td><td>团队协作</td><td>是否和谐团结</td><td>4</td><td></td><td></td><td></td></tr>
<tr><td>讨论分享</td><td>是否积极精彩</td><td>4</td><td></td><td></td><td></td></tr>
<tr><td>安全意识</td><td>是否牢固树立</td><td>4</td><td></td><td></td><td></td></tr>
<tr><td>生产纪律</td><td>是否严格遵守</td><td>4</td><td></td><td></td><td></td></tr>
<tr><td>现场 6S</td><td>是否执行落实</td><td>4</td><td></td><td></td><td></td></tr>
<tr><td colspan="3">合计</td><td>100</td><td></td><td></td><td></td></tr>
</table>

2）总结反馈

<table>
<tr><td>小组成员</td><td colspan="2"></td></tr>
<tr><td rowspan="4">自我
反思</td><td>任务
难点</td><td></td></tr>
<tr><td>成功
之处</td><td></td></tr>
<tr><td>不足
之处</td><td></td></tr>
<tr><td>改善
方案</td><td></td></tr>
<tr><td>小组
总结</td><td colspan="2"></td></tr>
<tr><td>教师
点评</td><td colspan="2"></td></tr>
</table>

项目 2　4PIN SC ROSA 的制作

ROSA 指光接收器件，其功能是把来自光纤的光信号转换为电信号，其用于光接收机端，主要由光电探测器和相应的接口适配器组成。光纤通信中常用的光电探测器组件为 PIN 光电二极管(PIN-PD)和雪崩光电二极管(APD)。PIN 管偏压电路简单，价格较低，灵敏度低。APD 管具有内部放大作用，灵敏度比较高，是一种有增益的光电检测器，主要用于高速、长距离中继系统。

学生应通过对 2 个子任务的学习，掌握同轴 ROSA 器件的制作方法和检测方法，了解光器件制造的工艺规范，培养专业实践技能和安全管理意识。

◆ **知识目标**

¤ 了解常见同轴 ROSA 器件的结构及材料

¤ 掌握同轴 ROSA 器件制作的规范流程

¤ 理解 ROSA 器件参数测试的概念和意义

¤ 熟悉参数指标的检测方法

¤ 掌握同轴 ROSA 器件的质量评价方法

◆ **技能目标**

¤ 能够认识同轴封装器件及零件

¤ 能够根据不同类型的器件选择管座、管帽等构件和芯片

¤ 掌握超声清洗原理和清洗的工艺要求

¤ 能自主完成 ROSA 器件的手动耦合和自动耦合

¤ 能判定 PD 耦合的质量

¤ 能严格遵守生产安全规范

¤ 能归纳整理同轴 ROSA 器件制作的作业指导书

◆ **素质目标**

¤ 建立对同轴 ROSA 器件的基本认知，建立职业能力初步认知

¤ 培养安全操作意识和职业规范意识，养成安全生产的良好习惯

¤ 培养专业信息分析能力和解决问题的能力，具备一定的工程实践能力

¤ 培养爱岗敬业、细心踏实的综合职业素养，提升语言表达能力、团队协作能力

任务 1　4PIN SC ROSA 的手动耦合

1. 描述分析

4PIN SC ROSA 也属于同轴封装。这类 ROSA 器件主要由 PD 管体和相应的适配器组成，ROSA 器件主要采用注胶耦合的方式。由于 ROSA 器件本身没有光源，因此在检测时需要引入外部光源，采集输出电信号后选取最佳的耦合方式。在完成任务的过程中要注意设备的使用方法和注意事项，现在我们一起进入任务 1 的学习。

2. 知识链接

1) ROSA 器件的结构

ROSA 器件中的光电探测器 PD 是它的主要结构，它由光电二极管和跨阻放大器

(TIA,trans-impedance amplifier)组成,其电路原理如图 3-25 所示,方框中所示的即为跨阻放大器,左侧为光电二极管。

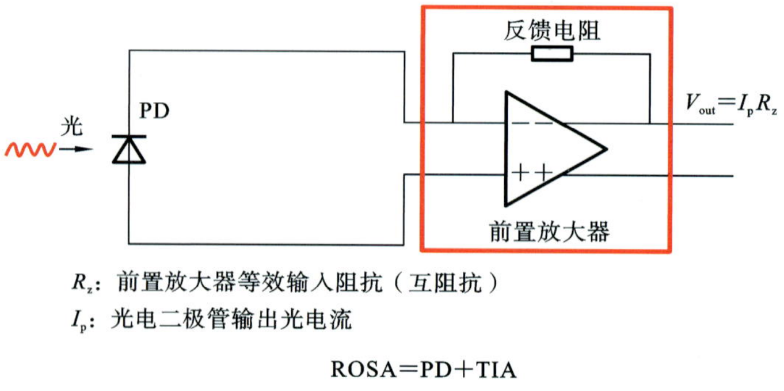

图 3-25　ROSA 器件电路原理图

跨阻放大器是放大器的一种类型。TIA 由于具有高带宽的优点而在光电传输通信系统中普遍使用。PIN TIA 光接收器是用于光通信系统中将微弱的光信号转换成电信号并将信号进行一定强度低噪声放大的探测器件,其工作原理是:PIN 的光敏面受探测光照射时,由于 p-n 结处于反向偏置,光生载流子在电场的作用下产生漂移,在外电路产生光电流;光电流通过跨阻放大器放大输出,这样就实现了光信号转换成电信号进而将电信号初步放大的功能。TIA 能将电信号进行一定强度的低噪放大。信号经过光纤传输后,光功率和色散必然在一定程度上有所衰减,光放大器将光信号转化为电信号来进行放大处理时,TIA 就能有效地抑制噪声信号的放大,可提高光信号与噪声的比值(OSNR)。

4PIN SC ROSA 由 TO46 PIN 光电二极管(PD)、跨阻放大器(TIA)、管座(header)、电阻(resistor)、电容(capacitor)、陶瓷热沉(ceramic submount,包括陶瓷套筒和陶瓷插芯)、光窗(window cap)、塑料适配器(plastic barrel)组成,如图 3-26 所示。常见的 ROSA 有三管脚的(3PIN)、四管脚的(4PIN)、五管脚的(5PIN),管脚数不同,内部接线略有不同,如图 3-27 所示。因此,在使用 PD 时,一定要查清楚各个管脚的接线方式。

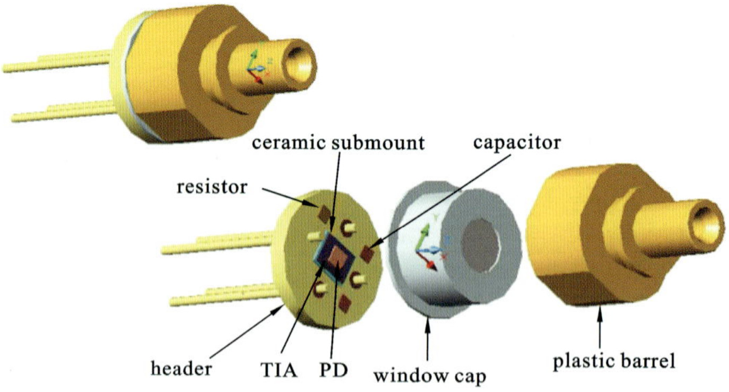

图 3-26　ROSA 器件内部结构图

2) ROSA 器件耦合原理

为保证 PD 能够更好地接收到光线中传过来的光,ROSA 器件需对 PD 进行耦合。耦合需要搭建如图 3-28 的测试平台,用 1 MHz 的信号驱动光源,光通过测试光纤接入

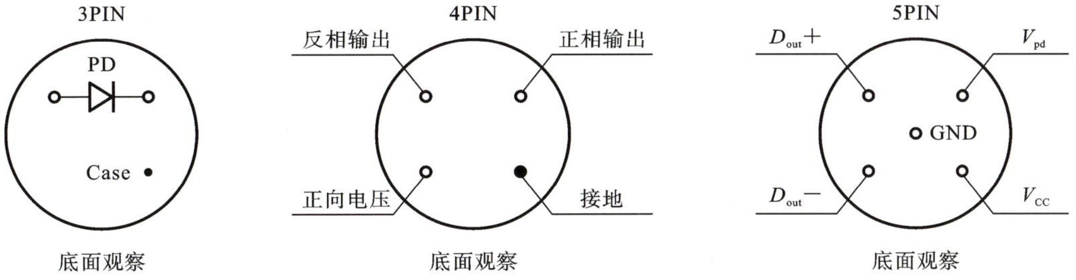

图 3-27　ROSA 器件中 PD 管脚分布示意图

ROSA 对应的接口，调整管座与 PD 的相对位置，观察通过转接盒滤波后得到的测试波形，找到 ROSA 的最佳耦合位置，再进行胶封并烤胶。完成好的 4PIN SC ROSA 如图 3-29 所示。

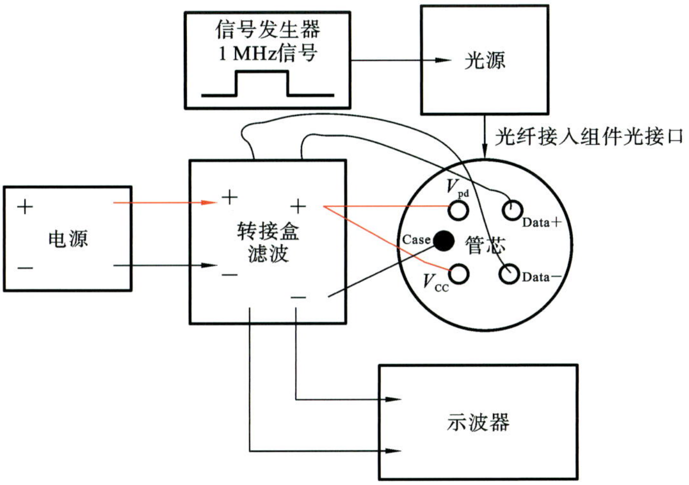

图 3-28　ROSA 器件耦合测试平台

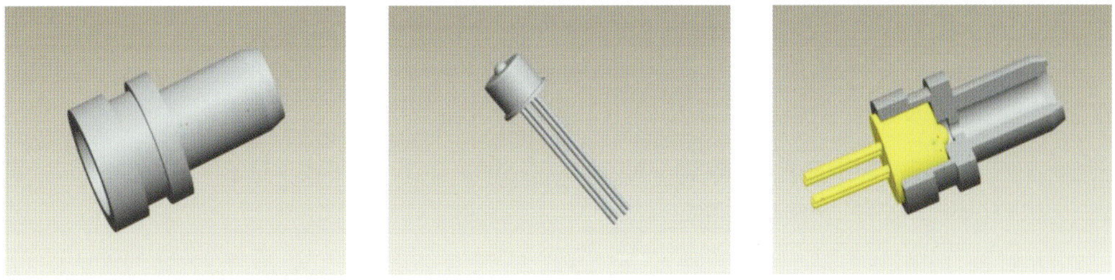

（a）SO PIN TIA塑料件　（b）PIN TIA管芯　（c）4PIN SC ROSA成品图

图 3-29　4PIN SC ROSA 结构图

3）使用设备介绍

PD 耦合工作需要用到特殊的夹具和耦合仪，如表 3-3 所示。

3. 实施过程

ROSA 器件在耦合过程中会采用手动操作和自动操作，现具体介绍手动耦合方法及检测方法。

表 3-3 使用设备

名称	耦合夹具	PIN TIA 测试仪/耦合仪	双踪示波器
功能	用以放置耦合材料，进行光路对准。上夹头采用了精密机床弹簧夹头，同心度高。耦合调整部分采用了专用导轨型微调架，耦合精度和稳定性高。模块化的结构设计可针对不同器件进行变换，其具备在一个平台上生产多种产品的功能	测试 PIN 器件的输出功率、电流、电压等参数。可用普赛斯 BOSA 测试仪进行测试，一般可采用自制设备进行测试	可同时观察 PIN TIA 的输入信号与输出信号，可测量探测器的响应度、灵敏度等
实物图	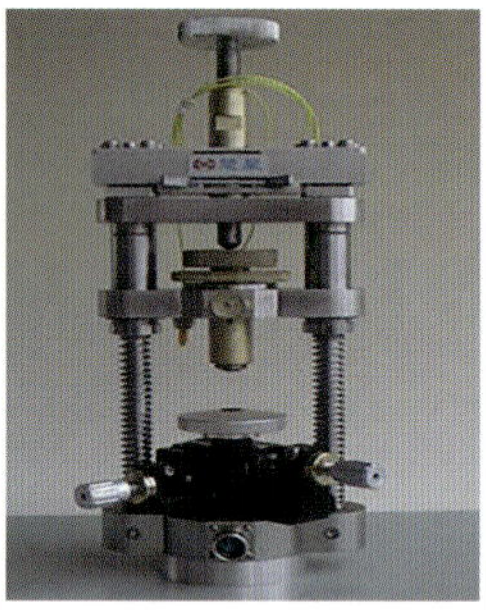	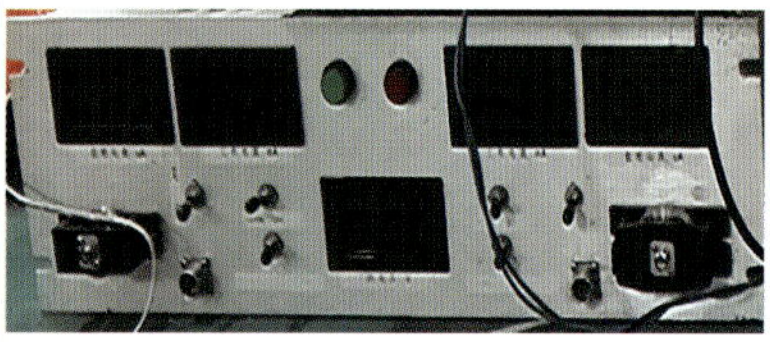	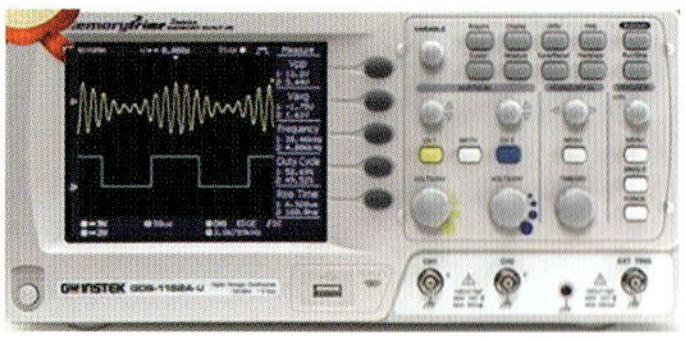

1）步骤一，耦合校准

（1）按 ESD 防护要求，做好二穿一戴（戴好指套或防静电腕带）。

（2）打开 PIN TIA 测试仪和双踪示波器电源开关，用比对管对仪表进行比对校准，将数据记录于校对表中，查看点胶机参数是否在合格范围内。

2）步骤二，器件装夹

（1）调整耦合夹具（见图 3-30(a)），将插针插入夹具上夹头，将装好管体的 TO 按正确接脚方向插入夹具下夹头电极套（见图 3-30(b)）。下压夹具（见图 3-30(c)），旋紧锁紧盖，调节丝杆使插针和管体对准。

（2）对齐上夹头的插针和下夹头的 TO（见图 3-30(d)），连接光纤跳线（见图 3-30(e)）。最后连接电源线（见图 3-30(f)），打开 PIN TIA 测试仪开关。

3）步骤三，堆胶

（1）将螺旋杆向上旋转 3 圈，下压夹具，直至听到“咔嗒”一声，接着用点胶机在 PT-TO 帽顶部 1/3 处点四点胶，点胶位置如图 3-31 所示。点胶位置要求：在三通对角线上四点均匀分布且点胶量不可超出三通边缘。

（2）堆胶针头对准 TO 与管帽的接口处点一圈 UV 胶，并将 4 点 UV 胶盖住。烘烤完成后检验外观，不满足外观要求的需要进行二次堆胶，针头沿着底座的缝隙填满，进行二次烘烤，如图 3-32 所示。

（a）调整耦合夹具　（b）装入TO　（c）下压夹具

（d）调整对齐　（e）连接跳线　（f）连接电源线

图 3-30　ROSA 器件耦合操作步骤

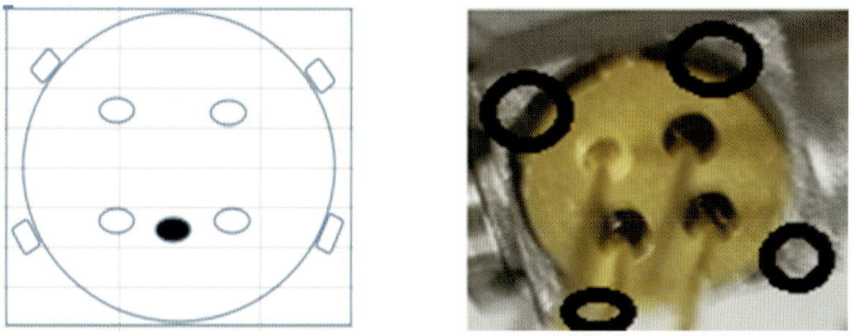

图 3-31　正确点胶位置

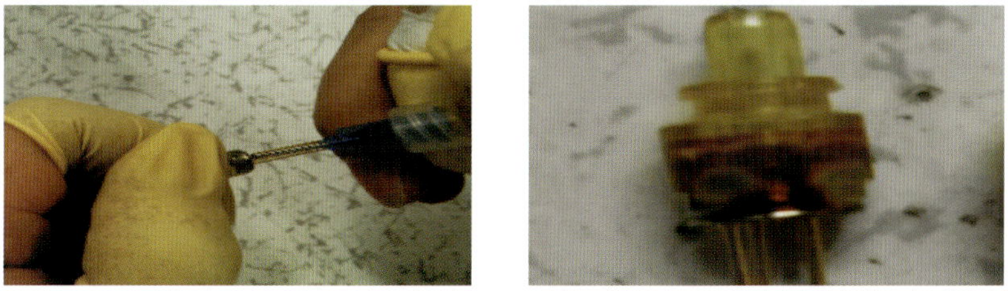

图 3-32　完成堆胶的 ROSA 器件

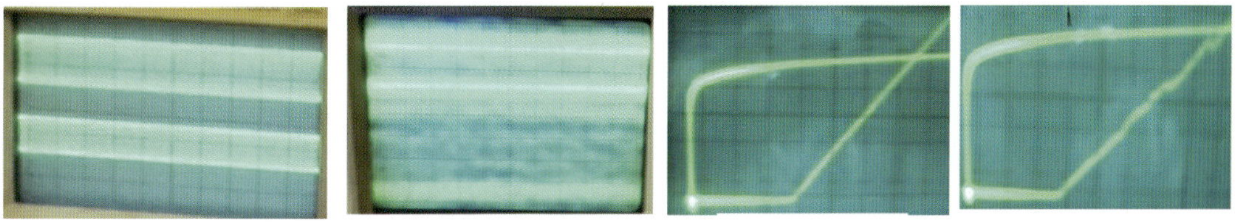

（a）耦合合格响应度波形　（b）不可格波形　（c）PIV合格波形　（d）PIV不合格波形

图 3-33　耦合测试波形示意图

4）步骤四，PD 耦合与固化

（1）旋转顶端螺旋杆，调至焦距最低限度，开始耦合。调整夹具微调丝杆，使器件和 TO-CAN 移动，直至耦合到最大值，旋转顶端螺旋杆，调整夹具微调丝杆，观察双踪示波器上的波形或 PIV 波形，微调后达到稳定的耦合最大值后固化，如图 3-33 所示。

（2）双手拿夹具支撑架，将已耦合好的夹具放在指定位置，打开电源盒开关（左/右），紫光照射固化 35～40 s 后。将光纤散件一端插进适配器内，旋松小螺杆，松开夹具，用食指按住器件并晃动，确认是否固化牢靠。也可将夹具放在烘烤箱中烘烤 30 min。

☆ **注意事项**

（1）避免胶直接与皮肤或眼睛接触而产生过敏，若有胶入眼应即刻用清水冲洗且不可用手揉搓眼睛，如发现堵胶现象应报废处理，更换新的针头。

（2）所使用的 353ND 胶、353ND 黑胶可在常温下至多保存 3 h，BF-4 黑胶可在常温下至多保存 20 h，EP625 黑胶、400I-B1 黑胶可在常温下至多保存 24 h，若超过保存时间，则应做报废处理。

（3）首件确认无断胶和堆胶不良现象，确认仪器作业参数在标准内，且没有胶溢出到针管外壁。

（4）每次烘烤时，烘烤箱开箱取放时间间隔不得低于 30 min，应严格按照取放时间做好进出烘烤箱记录。

5）步骤五，结果检查与现场 6S

（1）耦合不良现象：无波形或波形小、响应度不良、APD 电死、监控不良。

（2）点胶出现的不良：胶量过少，导致粘合力不够而使拔取时 PD 跑位；胶量过多，UV 时不易完全固化，胶水不易完全将 PD 包围住，浪费胶水，如图 3-34 所示。

图 3-34　PD 耦合点胶状态示意图

（3）耦合前灵敏度 S 小：耦合无灵敏度时，将器件管脚挑开再插入夹具重新耦合。TO 材料本身的 S、R 小。对于同一个夹具，更换器件后，如果能实现耦大，则说明是前一个器件本身的问题，此时需清洗透镜后再试，这可能是由于光纤跳线接触不良、存在脏污或损伤造成的。对于同一个夹具，更换器件后，如果还是不能实现耦大，此时应更换夹具，若更换夹具后能实现耦大，则说明前一个夹具存在问题，需要清洗光纤跳线端面、法兰盘，完成清洗后若还无法实现耦大，则应维修夹具，这可能是由于耦合设备设置有变动或连接设备的光纤跳线脏损造成的。若更换器件、夹具后还是耦不大，则应测试设备，如果合格，则进一步检查电压，比对万用表是否有变动（是否是低点状态），检查、清洗设备接口及连接设备的光纤跳线端面。

(4) 耦合后灵敏度 S 小：器件外观不合格，如管体上端面存在炸磨等；耦合不到位，没有压好；夹具不同心等。

(5) 管芯偏：PD 装管装偏；封焊封偏。

(6) 自检高度：PT 的高度超过产品要求的范围。

自检水平：PT TO 与器件的高度是否一致，如有不平，不得超过 0.15 mm。

自检方向：PT TO 前面的两个管脚是否与器件平行，方向偏移不可超过 4.5°，如图 3-35 所示。

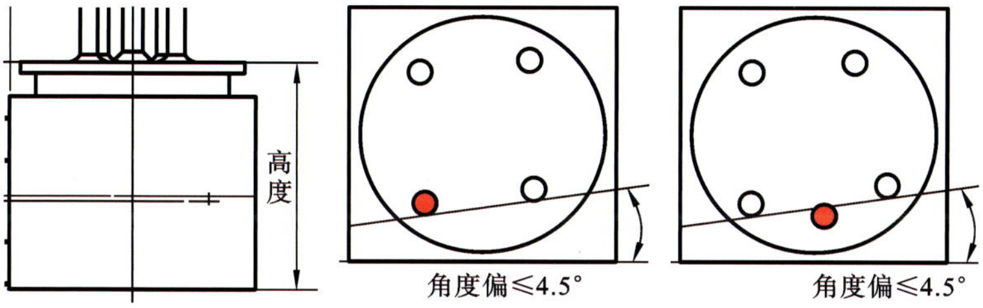

图 3-35 PT 自检示意图

现场 6S 管理可充分调动操作者的工作积极性，营造高效的工作环境，培养操作者良好的工作习惯，使实施过程制度化和规范化，其适应真实工作场景的要求，可提高操作者的安全意识和劳动素养。

拓展学习

查阅资料，了解现场 6S 的要点，即整理、整顿、清扫、清洁、素养、安全。请结合本任务谈谈自己如何做好现场 6S 管理。

4. 能力提升

能力提升包括制定计划、要点归纳、训练记录三个方面。

1) 制定计划

要求指引	分组分工，梳理流程，制定计划，协作共同完成； 详细记录，展示成果，分享经验，互相查漏补缺； 自评互评，总结反思，巩固提高，分阶突破难点。
安排组织	每 3～4 名学生组成小组，设组长 1 名，负责带领本组同学分工合作，制定工作计划，学习行为组织。教师负责学习引导、安全监督、控制进度、规范流程、保证教学质量。本小组成员及分工如下：
工作计划	小组讨论结果如下：
预期目标	

2）要点归纳

知识笔记 & 思维导图
工艺流程

3）训练记录

基本信息	任务内容	4PIN SC ROSA 的制作——4PIN SC ROSA 的手动耦合	
	小组成员		
	所需条件		
	完成时间		
序号	训练内容	完成情况	
1	耦合校准	记录：	结果：

续表

2	器件装夹	记录：	结果：
3	堆胶	记录：	结果：
4	PD 耦合与固化	记录：	结果：
5	结果检查与现场 6S	记录：	结果：

5. 评价反馈

1）鉴定评价

任务内容		4PIN SC ROSA 的制作——4PIN SC ROSA 的手动耦合				
小组成员						
评价方式		个人自评、小组互评、教师评价				
考核项目		评分依据	标准分数	个人自评	小组互评	教师评价
学习过程	制定计划	是否正确可行	10			
	要点归纳	是否全面无误	10			
	工具使用	是否熟练有效	10			
	操作环节	是否迅速规范	10			
	完成情况	是否符合要求	10			
训练记录	知识内容	是否详实准确	10			
	操作过程	是否熟练完成	10			
	时间统计	是否在规定时间内完成	10			
综合态度	团队协作	是否和谐团结	4			
	讨论分享	是否积极精彩	4			
	安全意识	是否牢固树立	4			
	生产纪律	是否严格遵守	4			
	现场 6S	是否执行落实	4			
合计			100			

2）总结反馈

<table>
<tr><td>小组成员</td><td colspan="2"></td></tr>
<tr><td rowspan="4">自我
反思</td><td>任务
难点</td><td></td></tr>
<tr><td>成功
之处</td><td></td></tr>
<tr><td>不足
之处</td><td></td></tr>
<tr><td>改善
方案</td><td></td></tr>
<tr><td>小组
总结</td><td colspan="2"></td></tr>
<tr><td>教师
点评</td><td colspan="2"></td></tr>
</table>

任务 2　4PIN SC ROSA 的自动耦合

1. 描述分析

手动耦合方式的耦合效果好，能够实时检测出 ROSA 器件的耦合参数并进行纠正，但生产效率较低。目前在多数的光器件生产企业中多采用自动耦合机进行自动耦合，人工只负责上料下料，大大提升了生产效率。

2. 知识链接

1）ROSA 器件中的滤光片

ROSA 器件中的 PD 起到光电转换的作用，其是最为关键的部件。在针对不同波长的光波进行转换时，需要通过滤光片来进行波长选择。滤光片(filter)的作用是让特定波长的光通过或反射，防止杂散光进入 PD，如图 3-36、图 3-37 所示。有的 ROSA 器件在耦合之前还需将滤光片耦合固化。

图 3-36　滤光片实物图

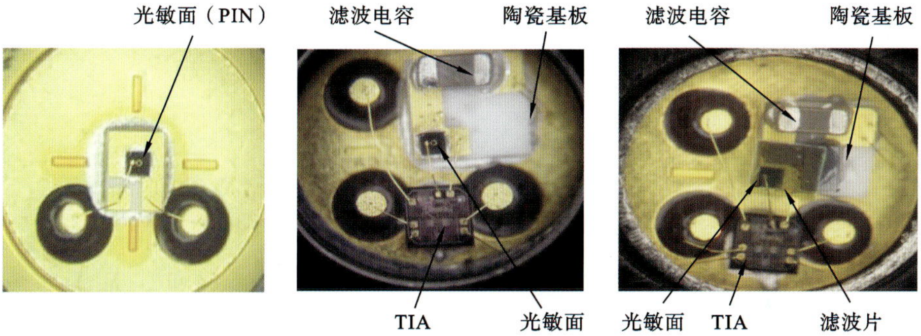

（a）PIN实物图　（b）PIN-TIA实物图　（c）带滤波片的PIN-TIA

图 3-37　常见 ROSA 器件的 PD 内部实物图

滤光片组件放在 PD 中央部位，不可倾斜或偏离中心，如图 3-38(a)所示，注胶固化也要保证滤光片与光敏面同轴，不可溢胶或偏移，如图 3-38(b)、(c)所示，最终的良品如图 3-38(d)所示。

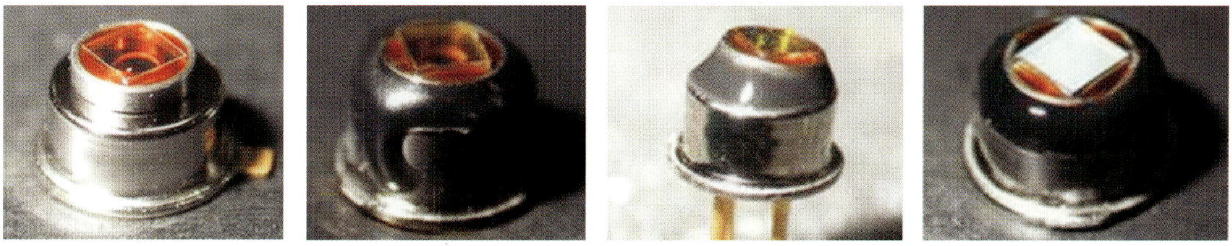

（a）滤光片倾斜　（b）滤光片溢胶　（c）滤光片偏移　（d）滤光片良品

图 3-38　带滤光片的 PD 的耦合要求

2）固化胶的注意事项

PD 耦合常用的固化胶包括 AA50T 胶、BF-4 黑胶、353ND 胶、353ND 黑胶、EP625 黑胶、400I-B1 黑胶等。

AA50T 胶，该胶水在足够强度的紫外光(主波峰 365 nm)下可迅速固化，储存期限：0～5 ℃，6 个月；25 ℃，3 个月。

BF-4 黑胶，加热固化胶，储存期限：－40 ℃，1 年；25℃，24 小时。

353ND 胶、353ND 黑胶，双组分交替，加热固化胶，有较好的耐高温性能，可在常温下至多保存 3 h。

EP625 黑胶、400I-B1 黑胶，可在常温下至多保存 24 h。

在进行耦合操作时，胶体若超过保存时间，则需做报废处理。

3）使用设备介绍

目前大多数光电器件制造企业都采用自动点胶机来完成 PD 耦合工作，如表 3-4 所示。

表 3-4 自动点胶机及配件

名称	自动点胶机	光功率计	双踪示波器
功能	控制系统为三轴龙门系统，采用高速直流无刷电机控制，可进行点、线、弧、圆的补间输入。 注胶系统通过电压控制给胶量，点胶力度自动补偿，操作方便。 可通过电脑输入 PLC 图形等来进行轨迹编辑	用于测量不同波长光源的输出功率，也可用于光源校准	可同时观察 PIN TIA 的输入信号与输出信号，可测量探测器的响应度、灵敏度等
实物	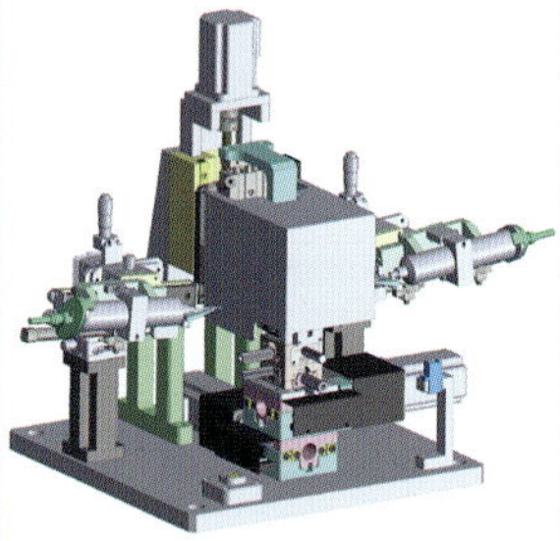		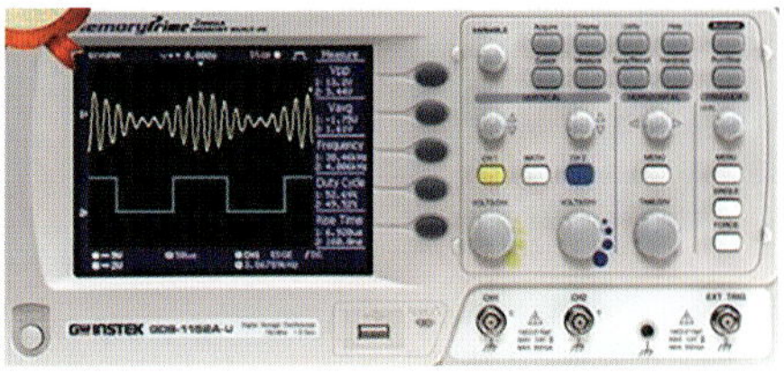

3. 实施过程

现具体介绍自动耦合方法及检测方法。当 PD 的种类为 PIN TIA 或 APD 时，操作步骤略有不同。

1）步骤一，系统校准

(1) 打开 PD 自动耦合设备操作台右下方的“总开关”，并按下控制箱的电脑电源开关，开启 PD 自动耦合设备和电脑。打开电脑桌面上的 PD 自动耦合应用程序，双击进入耦合“登录”界面。

(2) 选择对应的耦合型号，进行相应编辑，核对“位置设置”、“耦合参数”、“器件参数”，进行耦合参数范围、胶量大小、照胶时长等相关参数设置，如图 3-39 所示。

耦合校准：使用手持光功率计将光调整到－30 dBm 范围内，将产品对应比对管插好，准备进行机台校准。点击“设置校准”，在下拉菜单中选择“机台校准”进入校准界

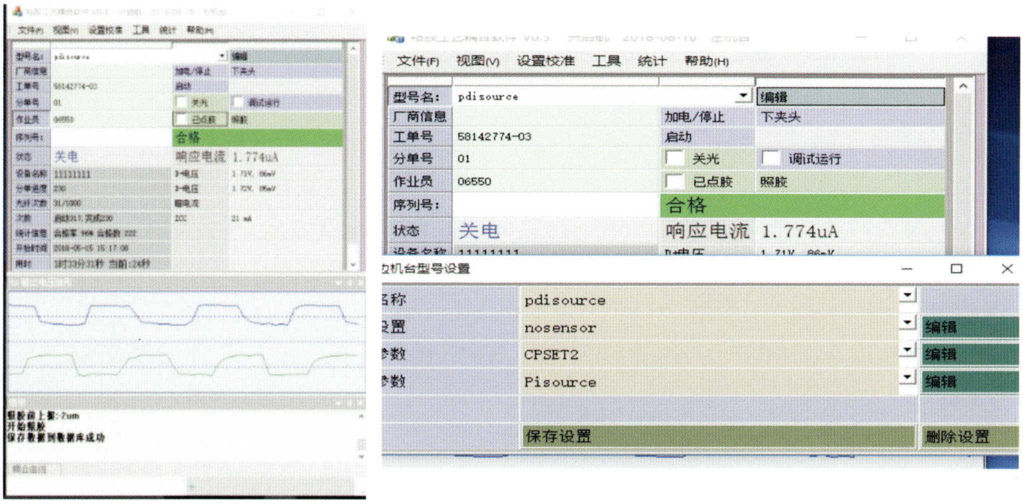

图 3-39 自动耦合机参数设置界面

面，将光功率计选择到耦合产品所需的光源波长，并进行光源校准（如：1490 μm，−30 dBm），将光源调整到−(30.0±0.05) dBm，选择对应型号的比对管，将比对管装配在测试端口后，依次按下设备右侧“下夹头”按钮、“加电”按钮，软件识别器件对应的 TIA 电流或 RSSI 电流。这时输入比对管 I_{CC} 值、响应度值，然后点击“校准”后自动生成校准系数值，如图 3-40 所示。软件中的 TIA 电流对应 I_{CC}，RSSI 电流对应响应度值。

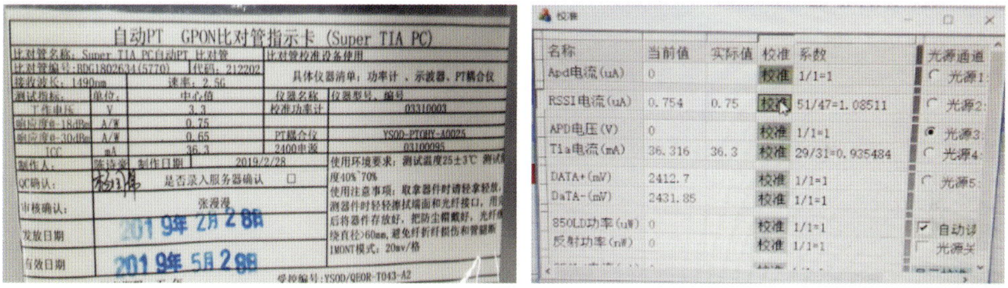

图 3-40 比对管信息及参数校正界面

2）步骤二，PIN TIA 的耦合与固化

(1) 将 PIN TIA 组件插入自动耦合机插座内，并加偏压 3.3 V。

(2) 固定基座于夹具上并从耦合机接入−30 dBm 的耦合光。

(3) 按下降按钮使 PIN TIA 下降到 PD 孔内，自动调节 X、Y、Z 轴使 PD 耦合光达到最大，即使示波器波形幅度最大。

(4) 点 AA50T 胶，并用 UV 光照固化。关闭偏压，取下产品，并预测灵敏度。

(5) 点 BF-4 热固胶把 PD 周围缺口和缝隙填满，并烘烤 90 min。

3）步骤三，APD 的耦合与固化

(1) 找出 APD 击穿电压 V_{br}。将 APD 组件插入对应插座内并套上防尘帽，防止外部光进入。调节 APD 偏压 V_1+V_2（中途开启 3.3 V 偏压），直到皮安表显示比照表所要求的 I_d 值，记录下此时的 V_1+V_2，即击穿电压 V_{br}。

(2) 固定基座于夹具上并从耦合机接入−30 dBm 的耦合光。

(3) 调节电压 V_2 至 APD 的工作电压，通常为 $V_{br}-3$ V。

(4) 按下降按钮使 APD 下降到 PD 孔内，调节 X、Y、Z 轴使皮安表读数至最大，记录下此数值(I_{op})及对应的产品编号。

(5) 点 AA50T 胶，并用 UV 光照固化。

(6) 将 V_1+V_2 调至 10 V，记录下皮安表显示的数值(I_o)，再旋转 V_1、V_2 至最左端归零。

(7) 取下产品，点 BF-4 热固胶把 APD 周围缺口和缝隙填满，并烘烤 90 min。

4) 步骤四，结果检查与现场 6S

PD 耦合需测试以下参数。

(1) 灵敏度(sensitivity)：一定误码率下、一定速率下器件能接收到的最小输入光功率(dBm)。

(2) 响应度(responsivity)：表征光电转换能力，$R=I/P$，波长越长，响应度越大(A/W)。

(3) 暗电流 I_d：没有光输入时 PD 内部的电流(nA)。

(4) 击穿电压 V_{br}：对于 APD 而言，定义击穿电压为 $I_d=10\ \mu A$ 时反偏电压的大小(V)。

(5) 增益吸收(放大倍数)：$Gain=I_{op}/I_o$。

现场 6S 管理可充分调动操作者的工作积极性，营造高效的工作环境，培养操作者良好的工作习惯，使实施过程制度化和规范化，其适应真实工作场景的要求，可提高操作者的安全意识和劳动素养。

拓展学习

查阅资料，了解现场 6S 的要点，即整理、整顿、清扫、清洁、素养、安全。请结合本任务谈谈自己如何做好现场 6S 管理。

4. 能力提升

能力提升包括制定计划、要点归纳、训练记录三个方面。

1) 制定计划

要求指引	分组分工，梳理流程，制定计划，协作共同完成； 详细记录，展示成果，分享经验，互相查漏补缺； 自评互评，总结反思，巩固提高，分阶突破难点。
安排组织	每 3～4 名学生组成小组，设组长 1 名，负责带领本组同学分工合作，制定工作计划，学习行为组织。教师负责学习引导、安全监督、控制进度、规范流程、保证教学质量。本小组成员及分工如下：
工作计划	小组讨论结果如下：
预期目标	

2）要点归纳

知识笔记 & 思维导图
工艺流程

3）训练记录

<table>
<tr><td rowspan="4">基本信息</td><td>任务内容</td><td colspan="2">4PIN SC ROSA 的制作——4PIN SC ROSA 的自动耦合</td></tr>
<tr><td>小组成员</td><td colspan="2"></td></tr>
<tr><td>所需条件</td><td colspan="2"></td></tr>
<tr><td>完成时间</td><td colspan="2"></td></tr>
<tr><td>序号</td><td>训练内容</td><td colspan="2">完成情况</td></tr>
<tr><td>1</td><td>系统校准</td><td>记录：</td><td>结果：</td></tr>
</table>

续表

序号	训练内容	完成情况	
2	PIN TIA 的耦合与固化	记录：	结果：
3	APD 的耦合与固化	记录：	结果：
4	结果检查与现场 6S	记录：	结果：

5. 评价反馈

1）鉴定评价

任务内容		4PIN SC ROSA 的制作——4PIN SC ROSA 的自动耦合				
小组成员						
评价方式		个人自评、小组互评、教师评价				
考核项目		评分依据	标准分数	个人自评	小组互评	教师评价
学习过程	制定计划	是否正确可行	10			
	要点归纳	是否全面无误	10			
	工具使用	是否熟练有效	10			
	操作环节	是否迅速规范	10			
	完成情况	是否符合要求	10			
训练记录	知识内容	是否详实准确	10			
	操作过程	是否熟练完成	10			
	时间统计	是否在规定时间内完成	10			
综合态度	团队协作	是否和谐团结	4			
	讨论分享	是否积极精彩	4			
	安全意识	是否牢固树立	4			
	生产纪律	是否严格遵守	4			
	现场 6S	是否执行落实	4			
合计			100			

2）总结反馈

小组成员		
自我反思	任务难点	
	成功之处	
	不足之处	
	改善方案	
小组总结		
教师点评		

项目 3　单纤双向型 BOSA 的制作与检测

光双向收发组件（bidirectional optical sub-assembly，BOSA）内部集成了发射、接收、监视、传输功能。常见的 BOSA 以同轴封装为主，内部包括 TO-LD、TO-PIN TIA、光学滤波片（WDM-filter）、金属件、陶瓷套筒（sleeve）、陶瓷插芯（ferrule）等。

学生应通过对 3 个子任务的学习，掌握单纤双向型 BOSA 器件的制作与检测方法，了解光器件制造的工艺规范，培养专业实践技能和安全管理意识。

◆ **知识目标**

- 了解常见同轴 BOSA 器件的结构及材料
- 掌握同轴 BOSA 器件制作的规范流程
- 理解 BOSA 器件参数测试的概念和意义
- 熟悉参数指标的检测方法
- 掌握 BOSA 器件的质量评价方法

◆ **技能目标**

- 能够认识同轴封装器件及零件
- 能够根据不同类型的器件选择管座、管帽等构件和芯片
- 能够完成光学分光片的装配
- 能自主完成 BOSA 器件的装配与耦合
- 能判定 BOSA 耦合的质量
- 能严格遵守生产安全规范
- 能归纳整理同轴 BOSA 器件制作的作业指导书

◆ **素质目标**

- 建立对同轴 BOSA 器件的基本认知，建立职业能力初步认知
- 培养安全操作意识和职业规范意识，养成安全生产的良好习惯
- 培养专业信息分析能力和解决问题的能力，具备一定的工程实践能力
- 培养爱岗敬业、细心踏实的综合职业素养，提升语言表达能力、团队协作能力

任务 1　三通分光片装配

1. 描述分析

单纤双向（bidirectional，BiDi）是指在一根光纤中可以同时传输收发两个方向的光信号，就像马路上由隔离带隔开的正反两个方向的车道，两边的车辆在各自的车道上行驶，互不干扰。而常规的光纤传输是单纤单向的，这样要实现双向的通信就需要两根光纤。相比较而言，单纤双向技术只使用一根光纤就完成了原来两根光纤才能完成的工作，将现有光纤的传输量提高了一倍，从而大大节省了光纤资源。

2. 知识链接

1）单纤双向器件工作原理

要实现收发两个方向的光信号同时传输，需要收发方向使用不同的光

波长。一般光模块有两个端口，即一个发射端口和一个接收端口。而单纤双向光模块只有一个端口，通过光模块中的滤波器进行滤波，同时完成一个波长光信号的发射和另一个波长光信号的接收。如图 3-41 所示，本端发射 λ_1 = 1310 nm 的光信号，同时接收 λ_2 = 1550 nm 的光信号。而对端使用的波长正好和本端的相反，即发射 1550 nm 的光信号，接收 1310 nm 的光信号。因此该模块在链路两端必须成对使用。单纤双向光模块常用的波长还有 1310 nm/1490 nm、1510 nm/1590 nm。

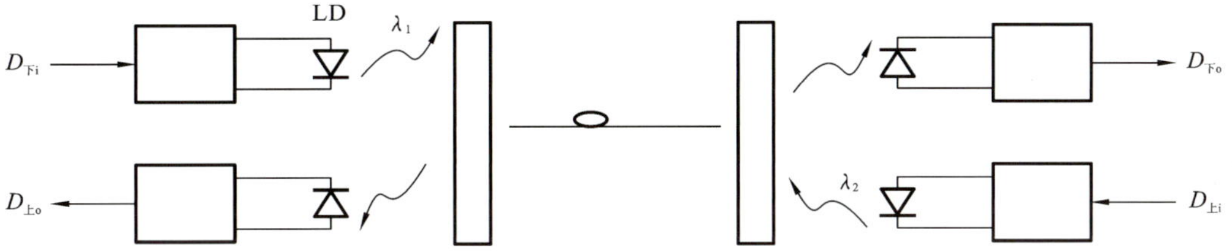

图 3-41　光器件收发原理图

单纤双向与单纤三向都是通信中用到的传输技术，目前单纤双向技术较为成熟，单纤三向传输技术在不断完善与发展。掌握了单纤双向技术有助于了解单纤三向新技术。单向双向收发组件将 MQW-TO-LD 光源、TO-PIN TIA(跨阻抗放大器)探测器、分光片、光纤等零部件用同轴耦合工艺全部组装于一体，如图 3-42 所示。

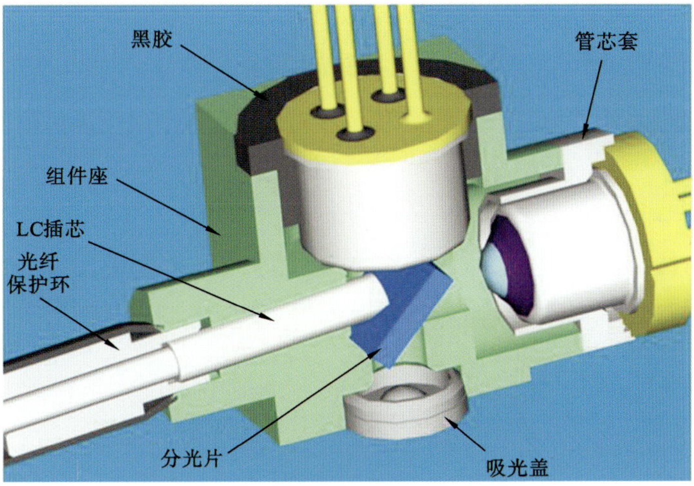

图 3-42　单纤双向器件内部结构图

在单纤双向器件中，焦点是中心部位的波分复用(WDM)分光片，LD 组件和 PD 组件均通过自聚焦透镜与分光片耦合，也可采用准直耦合方式。分光片是石英玻璃材料的光学部件，光源照射面镀增透膜，探测器接收面镀反射膜。LD 发出 1310 nm 的光功率，通过自聚焦透镜聚焦成平行光束，透过 45°分光片耦合至传输光纤，外来的 1490 nm 信号光通过光纤照射到分光片上，再反射到自聚焦透镜上，经透镜聚光与探测器组件耦合，如图 3-43 所示。单纤双向光收发组件用一个组件代替发射和接收

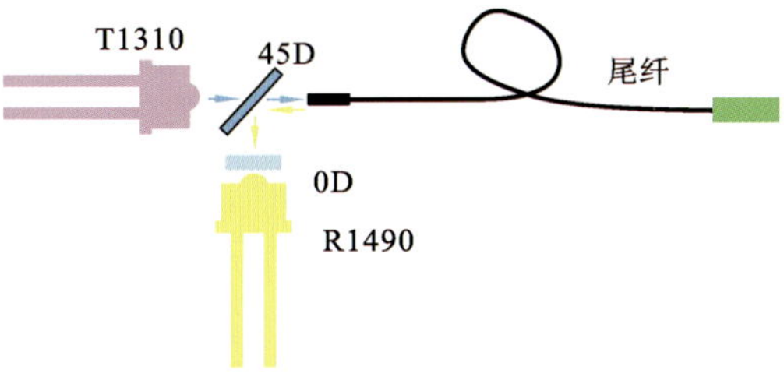

图 3-43　单纤双向器件内部光路传输图

两个组件，实现一根光纤双向传输，用于用户接入网，以低成本完成图像与数据、语音等通信。LD 组件作为上行线光发射机，用于用户向端局传输数据，PD 组件作为用户接收机，接收来自端局分支器分配的视频图像等信号。目前开发投产的单纤双向收发组件有单波长和双波长之分。

2）单纤三向器件工作原理

单纤三向器件由无源分光片、激光器、探测器和一个经过精密机械加工的金属壳体等组装而成，如图 3-44 所示。内部光路图如图 3-45 所示，LD 发出 1310 nm 的光功率，通过自聚焦透镜聚焦成平行光束，透过两块互相垂直的 45°分光片耦合至传输光纤，外来的 1490 nm、1550 nm 的信号光通过光纤照射到分光片上，通过两块分光片的分光反射到对应 PD 的自聚集透镜上，经透镜聚光与探测器组件耦合。这种封装减少了耦合次数，大大缩小了器件体积，并且若规模化生产，可以使成本大大降低。1310 nm/1490 nm/1550 nm 三波长单纤三向传输技术，将 1550 nm 窗口用于下行模拟 catv 传输，将无制冷 1310 nm 半导体激光二极管光源用于众多终端用户的上行传输，下行的数字传输改用 1490 nm 窗口，通过类似 cwdm 的方式将此三方向传输复用到一根光纤中。这种传输技术采用了点对多点传输方式，节省了设备投资，局端设备和光纤用量大大减少，

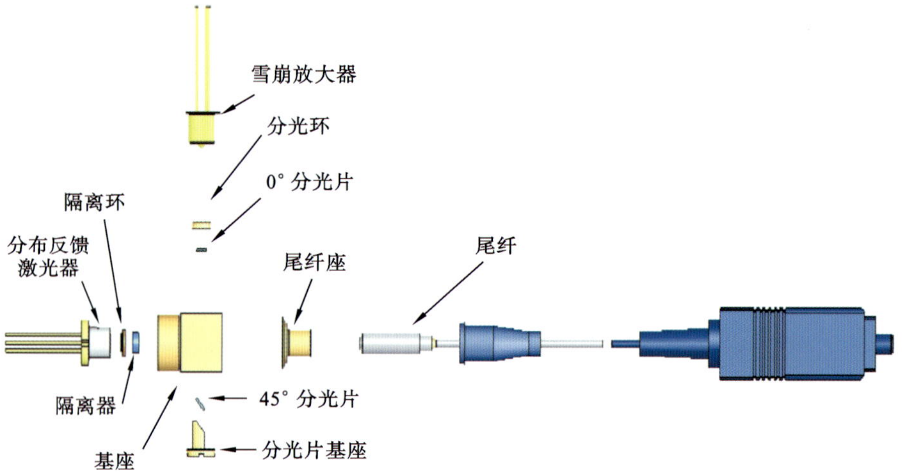

图 3-44　单纤三向器件内部分解图

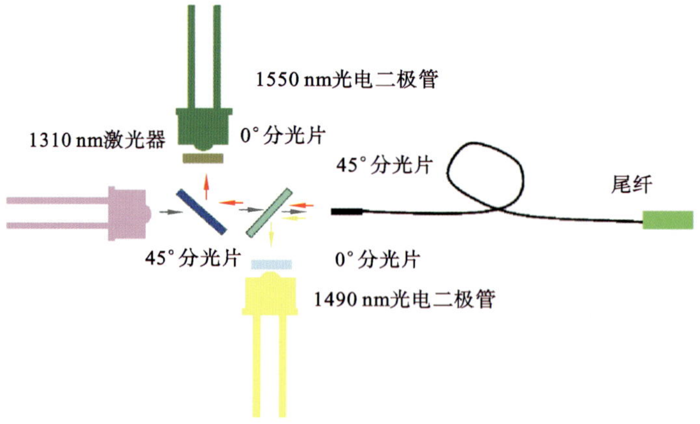

图 3-45　单纤三向器件内部光路图

系统可靠性较高，已广泛应用于光纤到户(ftth)的技术解决方案中。单纤三向器件分解图如图3-46所示。

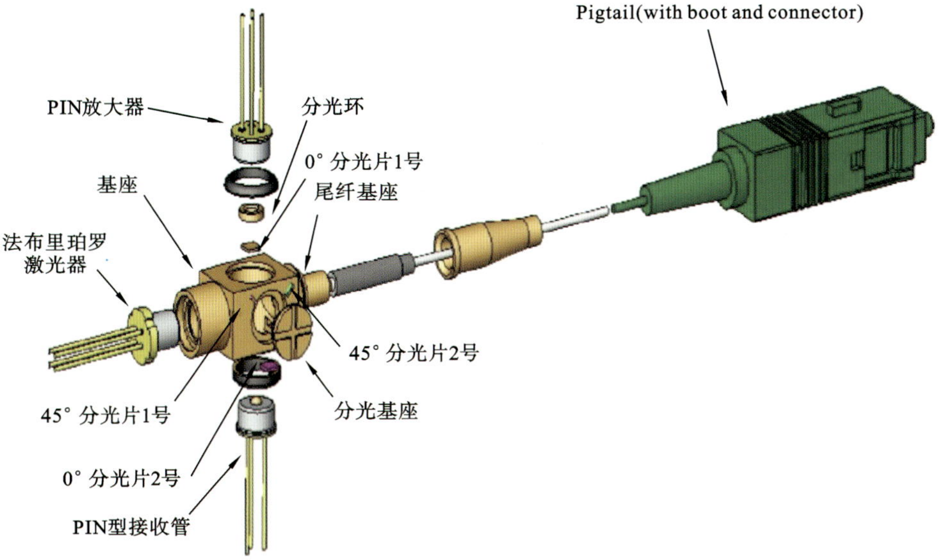

图 3-46 单纤三向器件分解图

3）使用设备介绍

装配三通分光片的过程包括胶合、烘烤、调整位置及角度等，使用设备如表3-5所示。

表 3-5 使用设备

名称	点胶机	电热烘烤盘	接触式数显温度表
功能	用于三通分光片胶合注胶，可通过气压、电压来控制给胶量	用于三通分光片胶合后烘烤	用于测量烘烤盘的接触温度，保证烘烤温度的准确性
实物	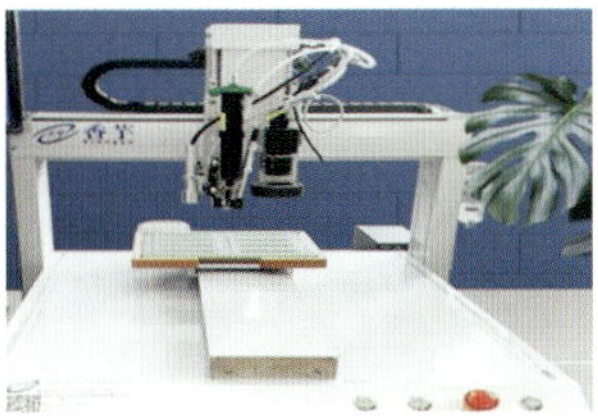		
名称	电子显微镜	推拉力计	三通夹具
功能	用于三通分光片装配、胶合过程中进行实时观察，能放大三通内部贴合情况，放大倍数一般有10倍、30倍等	用于三通分光片的推拉及位置调整	用于放置装配分光片的三通，其可放置于烘烤炉中进行烘烤
实物	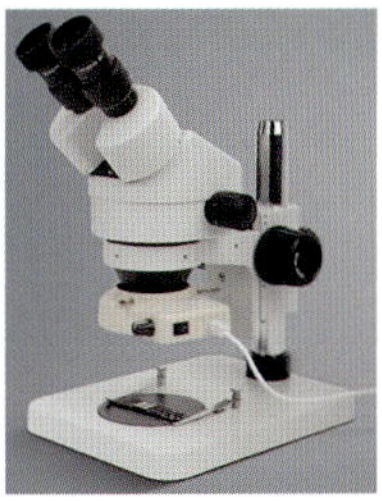	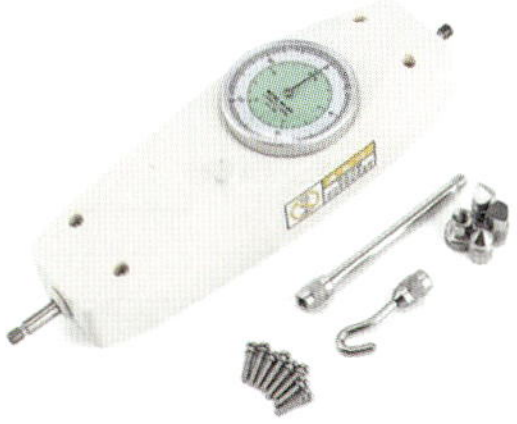	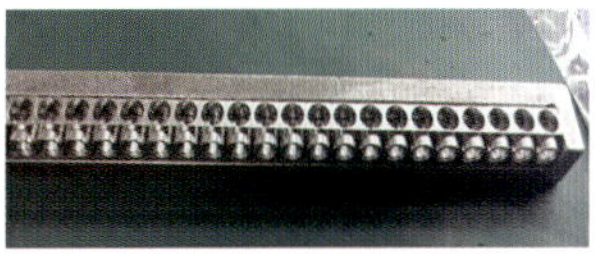

3. 实施过程

在使用单纤双向器件时，可采用手动装配或自动装配方式，下面主要介绍手动装配的步骤。

1）步骤一，准备工作

（1）准备物料，观察物料是否存在缺损、污渍等，准备好三通、分光片和胶水，将物料整齐摆放在桌面规定区域内。

（2）设定点胶参数：点胶气压为 0.1～0.4 MPa，点胶时间为 0.2～0.8 s。

（3）打开烘烤盘电源，设置点检温度为(120±5) ℃。

（4）打开接触式数显温度表，将探头缠绕在蝴蝶螺丝处，如图 3-47 所示，将其放置到烘烤盘上并盖上烘烤盘盖烘烤，要求温度为(120±5) ℃。

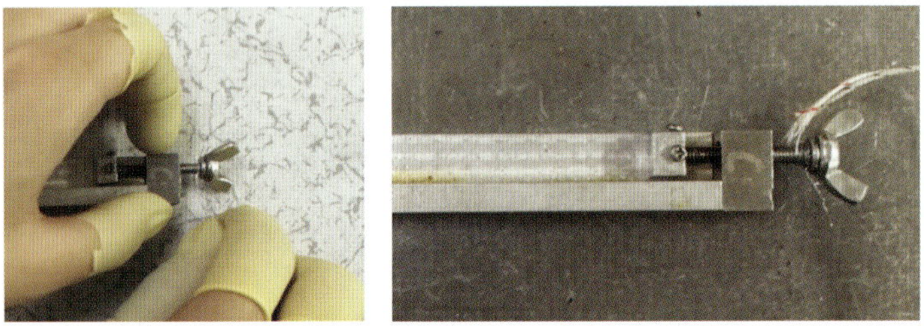

图 3-47　测温探头安装示意图

（5）打开显微镜开关，调好焦距，调节焦距调节旋钮。安装 353ND 胶管，并安装直径为 0.27 mm 的针头。

2）步骤二，分光片安装

（1）将钩型推拉力头安装在推拉力计上，如图 3-48(a)所示。

（2）左手按住推拉力计，用钩子钩住分光片胶面，右手将 0°分光片水平向右拉，如图 3-48(b)、(c)所示。

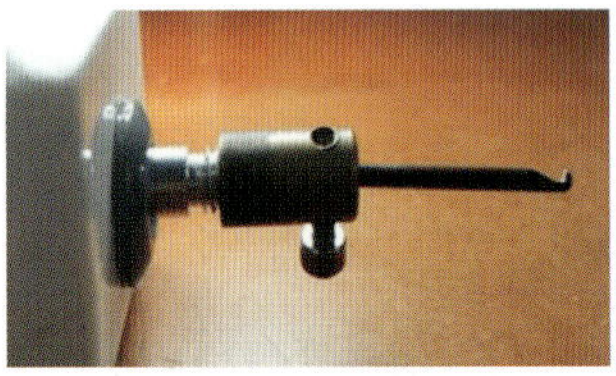

（a）推拉力计挂钩

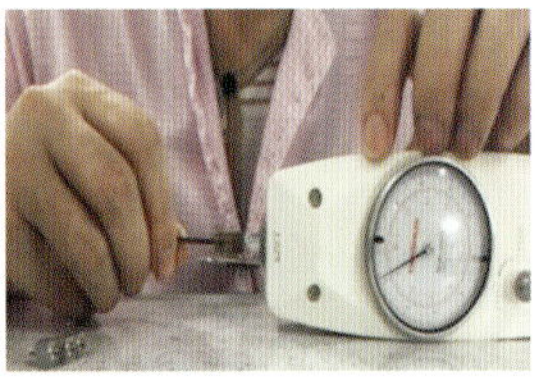

（b）安装0°分光片

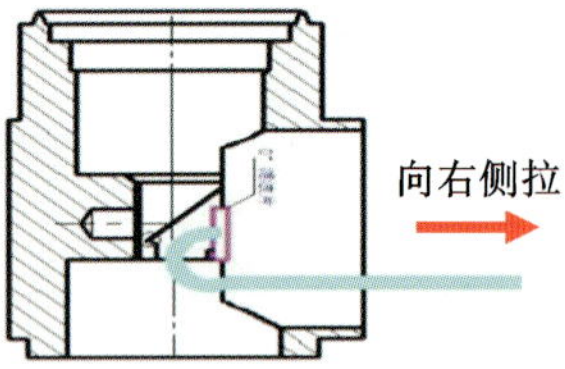

（c）安装三通内部示意图1

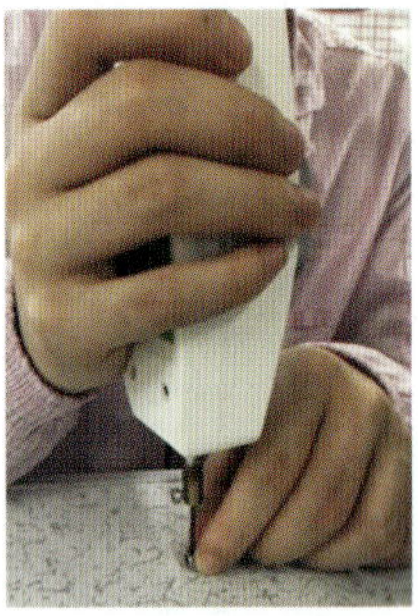

（d）安装45°分光片

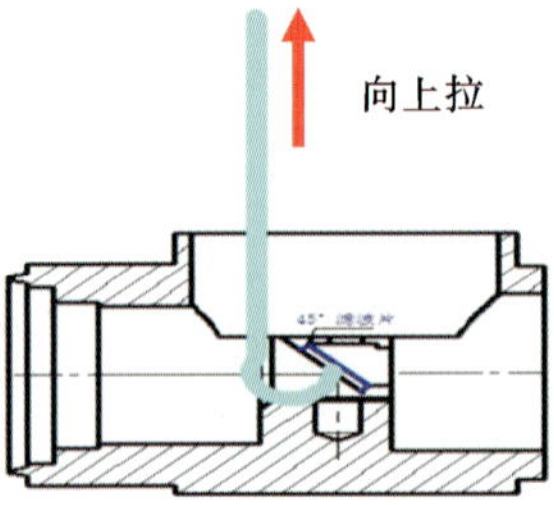

（e）安装三通内部示意图2

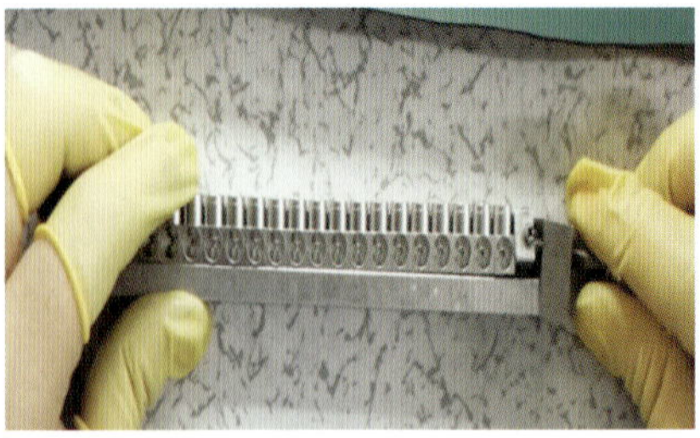

（f）安放三通至模具

图 3-48　滤光片安装工序图

(3) 右手握住推拉力计，左手固定产品，用钩子钩住分光片胶面，右手将45°分光片垂直向上拉，如图3-48(d)、(e)所示。

(4) 首件推拉力测试合格后，将夹具旋钮至右方摆好，按照从左到右将三通依次固定在夹具上，右手将夹具锁紧(PT口朝上，LD口朝前)，如图3-48(f)所示。

3) 步骤三，手动注胶

(1) 左手按住三通夹具，右手握紧点胶针筒，右脚轻踏脚踏开关依次点胶，如图3-49(a)所示。

(2) 先将管体45°内侧通光孔两侧由低到高1/3处均匀点两点353ND胶水(胶点在黄色标志处)，然后在管体0°内侧通光孔两侧的中间位置均匀点两点对应的胶水(胶点在绿色标志处)，如图3-49(b)所示。

(3) 左手按住夹具，右手用镊子将45°分光片正面朝上斜放在管体中心位置，并用镊子轻压分光片两边使其与管体波片台完全贴平，分光片与管体内侧边缘位置对齐，分光片不可翘起或粘歪。分光片需与管体内侧边缘对齐位置，如图3-49(c)所示。

(4) 左手按住夹具，右手用镊子将0°分光片正面朝上平整放入管体中心位置，然后用镊子轻压分光片两边使其与管体波片台完全贴平，分光片与管体内侧边缘位置对齐，分光片不可翘起或粘歪，如图3-49(d)所示。

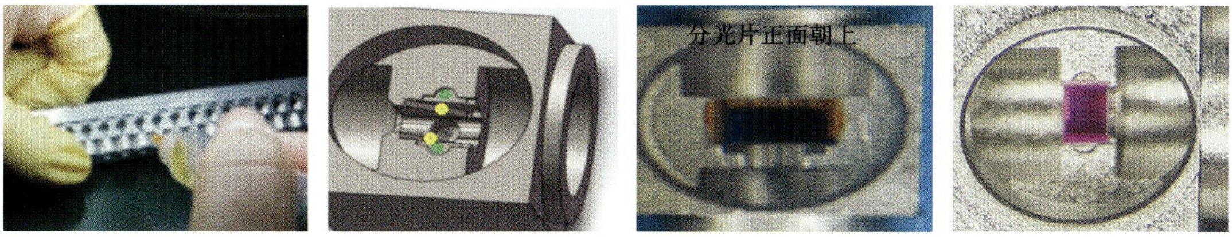

(a) 手动注胶　(b) 点胶位置示意　(c) 粘好45°分光片　(d) 粘好0°分光片

图3-49　分光片注胶示意图

4) 步骤四，三通烘烤

(1) 如图3-50所示，将粘好分光片的夹具整齐摆放在烘烤盘指定区域内，双手将烘烤盘盖盖上后烘烤45～60 min，保证烘烤温度为(120±5) ℃(禁止分光片摆放歪斜、夹具叠加放置)。

(a) 分光片正面　(b) 分光片反面　(c) 合格品示意图　(d) 补胶示意图

图3-50　分光片装配完成示意图

(2) 将烘烤后的产品取出，待夹具上的温度冷却后，右手拧松夹具蝴蝶螺丝并取下产品，在显微镜下全检，并用脱脂棉签轻轻推动分光片，确认波片台和分光片粘贴牢固。

(3) 若胶量偏少，可以用针头沿着分光片和支架粘接边缘均匀地加一细条胶，加胶厚度不能超出分光片平面，补完胶后，放置在烘烤盘上烘烤 45～60 min。

☆ 注意事项

(1) 粘分光片及波片台时应遵循从下到上、从左到右的原则，工作台上一次放置小于 500PCS 的波片台进行操作。

(2) 点胶应均匀，胶不能高过分光片，不能堵塞出光孔，要求分光片镜面干净、无污点、无划痕、无崩口。

(3) 管体金属件表面应光洁、无异物、无污渍，分光片的安装应尽量保证膜片的中心与通光孔的中心重合，粘好的分光片胶量要适中。

(4) 小心取放分光片，勿划伤膜层，注意 45°和 0°分光片应严格区分，不可混料。

(5) 烘烤后胶的颜色必须是琥珀色或深红色，如果是淡黄色则为不合格品。

现场 6S 管理可充分调动操作者的工作积极性，营造高效的工作环境，培养操作者良好的工作习惯，使实施过程制度化和规范化，其适应真实工作场景的要求，可提高操作者的安全意识和劳动素养。

拓展学习

查阅资料，了解现场 6S 的要点，即整理、整顿、清扫、清洁、素养、安全。请结合本任务谈谈自己如何做好现场 6S 管理。

4. 能力提升

能力提升包括制定计划、要点归纳、训练记录三个方面。

1）制定计划

要求指引	分组分工，梳理流程，制定计划，协作共同完成； 详细记录，展示成果，分享经验，互相查漏补缺； 自评互评，总结反思，巩固提高，分阶突破难点。
安排组织	每 3～4 名学生组成小组，设组长 1 名，负责带领本组同学分工合作，制定工作计划，学习行为组织。教师负责学习引导、安全监督、控制进度、规范流程、保证教学质量。本小组成员及分工如下：
工作计划	小组讨论结果如下：
预期目标	

2）要点归纳

知识笔记 & 思维导图
工艺流程

3）训练记录

<table>
<tr><td rowspan="4">基本信息</td><td>任务内容</td><td colspan="2">单纤双向型 BOSA 的制作与检测——三通分光片装配</td></tr>
<tr><td>小组成员</td><td colspan="2"></td></tr>
<tr><td>所需条件</td><td colspan="2"></td></tr>
<tr><td>完成时间</td><td colspan="2"></td></tr>
<tr><td>序号</td><td>训练内容</td><td colspan="2">完成情况</td></tr>
<tr><td>1</td><td>准备工作</td><td>记录：</td><td>结果：</td></tr>
</table>

续表

2	分光片安装	记录：	结果：
3	手动注胶	记录：	结果：
4	三通烘烤	记录：	结果：

5. 评价反馈

1）鉴定评价

任务内容		单纤双向型 BOSA 的制作与检测——三通分光片装配				
小组成员						
评价方式		个人自评、小组互评、教师评价				
考核项目		评分依据	标准分数	个人自评	小组互评	教师评价
学习过程	制定计划	是否正确可行	10			
	要点归纳	是否全面无误	10			
	工具使用	是否熟练有效	10			
	操作环节	是否迅速规范	10			
	完成情况	是否符合要求	10			
训练记录	知识内容	是否详实准确	10			
	操作过程	是否熟练完成	10			
	时间统计	是否在规定时间内完成	10			
综合态度	团队协作	是否和谐团结	4			
	讨论分享	是否积极精彩	4			
	安全意识	是否牢固树立	4			
	生产纪律	是否严格遵守	4			
	现场 6S	是否执行落实	4			
合计			100			

2）总结反馈

<table>
<tr><td>小组成员</td><td colspan="2"></td></tr>
<tr><td rowspan="4">自我
反思</td><td>任务
难点</td><td></td></tr>
<tr><td>成功
之处</td><td></td></tr>
<tr><td>不足
之处</td><td></td></tr>
<tr><td>改善
方案</td><td></td></tr>
<tr><td>小组
总结</td><td colspan="2"></td></tr>
<tr><td>教师
点评</td><td colspan="2"></td></tr>
</table>

任务 2　LD 封焊

1. 描述分析

了解金属电阻封焊、激光焊接的基本原理和特点，熟悉封焊机与激光焊接机的同轴器件封装、参数调整操作，分析焊点质量并做出判定。

2. 知识链接

1）电阻封焊

如图 3-51 所示，在 TO 封装中通常会使用金属电阻焊封装工艺。封焊设备可以是直接能量式电阻焊接设备，也可以是储能式电阻焊接设备。焊接时，工作环境可以是真空，也可以是特殊气体。光电子器件通常在充氮条件下进行焊接。这种焊接工艺还可以用于 DIP 管壳的焊封。此外，在提供特殊模具和电极的情况下，这种焊接工艺还适用于无法进行平行焊接的封装、具有特殊形状的盖板或管壳的焊接。

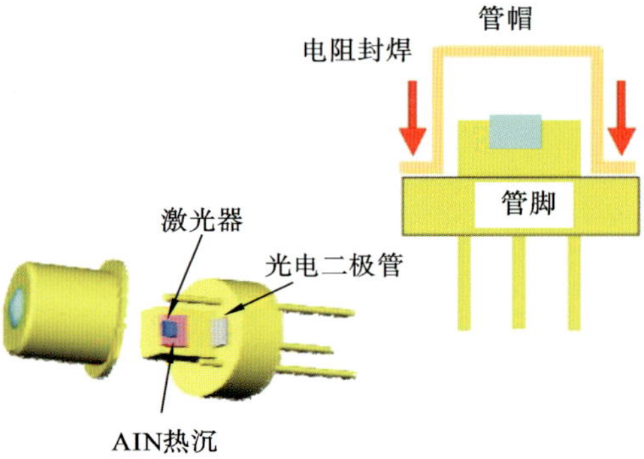

图 3-51　TO 封帽工作示意图

2）激光封焊

激光具有单色性、相干性、方向性，且其输出功率高，因此其特别适用于材料焊接加工。激光焊接工艺将激光束聚焦在材料上，焦平面上的功率密度可达 100～1000 W/cm^2。激光焊接就是将激光束聚焦在很小区域内，在极短的时间内使被焊处形成一个局部热源区，从而使被焊物熔化并形成牢固的焊点和焊缝。激光焊接可分为脉冲激光焊接和连续激光焊接，在光电子器件的制作中，激光焊接主要应用于器件芯片与光纤间的耦合固定（或构件间的连接固定），以及器件的气密焊接。前者采用的是激光点焊，后者采用的是激光缝焊。前面所述的 TO 封装、双列直插式或蝶形封装分别采用储能焊和平行缝焊来完成气密封装。

激光密封焊接的方式有脉冲齐缝焊、脉冲激光搭接焊、脉冲激光重叠接缝端焊和脉冲激光重叠穿透焊。对光电子器件（组件）而言，密封良好是最主要的要求，其次是焊缝强度达标。一般说来，焊缝深度越大，焊点重叠度要求越大，焊缝强度也越大。

在激光密封焊接中必须注意的问题是气泡，因为这会影响到焊缝的气密性。焊缝中的气泡数量与被焊件镀有的保护膜（如镀 Ni、Cu 和 Au 等）的膜层厚度成正比。最好选择镀 Au 膜。若被焊件镀的是 Ni 膜，则在焊接之前，最好将其在 450℃ 温度下退火 1 h。为了保证密封焊的质量，要求被焊件各边的弯边高度不得小于 0.2 mm，且不得大于 0.5 m，以及对接空隙不得超过 0.05 mm。

TO 和管体压配完毕后(仅对同轴插拔型器件),为了保持这种物理状态,需要对它们两者进行激光固化,这里我们采用的是单光束激光焊接。采用 YAG 型激光焊接机,其与我们日常耦合焊接所使用的激光焊接机在工作原理方面是相同的,只是在光束数量和出光方向上有所不同。顾名思义,“单光束焊接”指每次加工只有一路光路被激发用于焊接的过程,出光方向为垂直方向(以水平大地为参照),如图 3-52 所示。

图 3-52　单光束焊接示意图

3) 使用设备介绍

常见的 LD 封焊设备包括金属电阻式封焊机、激光焊接机等,如表 3-6 所示。

表 3-6　LD 封焊的设备

名称	金属电阻式封焊机	激光焊接机
功能	具备抽真空充氮气功能的设备配置了专用真空腔,依靠密封圈完成腔体密封,封帽电极压紧产品,完成抽真空充氮气后,进行放电焊接	①激光系统:激光器多为 Nd∶YAG 固体激光器,有两光束的,也有三光束的,激光平均功率为数十瓦(如 15～50 W)。 ②光学系统:由主光路系统、分光系统、光纤传输系统、聚焦系统等构成,光学系统是激光焊的重要组成部分,光学系统产出小于或等于 0.5 mm 的聚焦光斑直径,各束光之间的能量偏差小于或等于±3%。 ③实时监视系统:由 CCD、监视器和图像分割装置组成,通常用于焊接过程的实时监视。 ④控制系统:通常采用微机控制。 ⑤指示光源系统:由 He-Ne 激光管、电源及精密调整架组成
实物	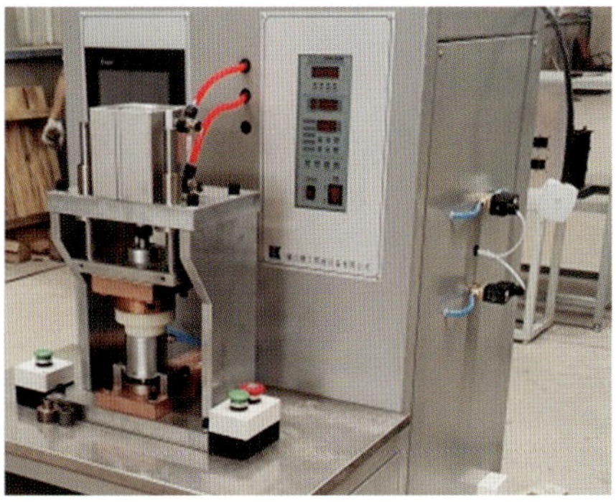	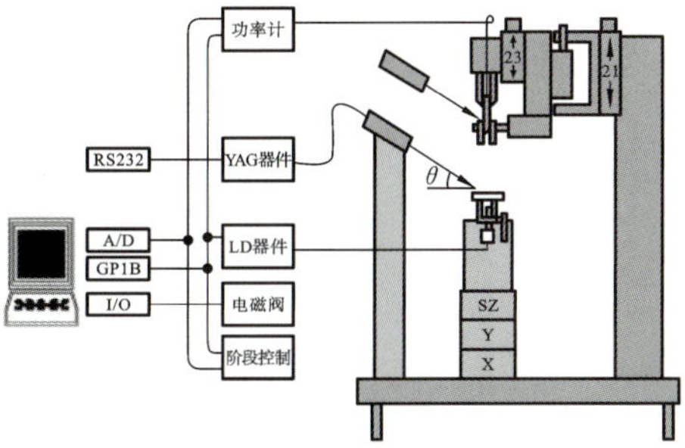

3. 实施过程

单纤双向器件 LD 封焊可采用电阻封焊和激光封焊方式,下面介绍封焊的过程。

1) 步骤一,电阻封焊

(1) 认真识别周转盒上的来料标识,确定型号、加工单号等信息。

先依据所需封焊的产品来选择相应的电极，找到电极后，检查其端面是否平整、与TO管体的配合处是否有压痕或杂质，若有压痕或杂质，需用细砂纸打磨(打磨后需用酒精清洗并用氮气吹干)，直至其平整光滑。

(2) 做好准备工作后，将上、下电极分别装入封焊机的上、下夹头，在使用前需要调整两电极的相对平行度。先驱动两电极来压配一张复写纸，观察压痕内环的圆周是否清晰，若某处模糊不清或有缺口则说明这种状态下的压配会有间隙产生，如图3-53(a)所示。此时，可以通过调整上、下电极相对方向(旋转电极)的方法使压痕能够成为一个清晰饱满的圆环，如图3-53(b)所示。这时我们才能判定上、下电极满足了平行度的要求，封焊器件安装图如图3-53所示。

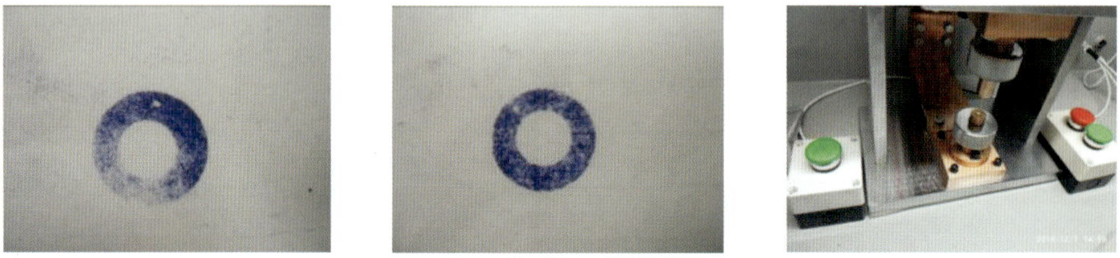

(a) 不合格　　(b) 合格　　(c) 封焊器件安装图

图3-53　电极平行度判定

(3) 调整好电极后，用锁紧螺母将它们各自锁紧。通过试封几只废TO，观察封焊后是否有变形、是否有明显的熔融物溢出，来调整封焊机的电压和气压参数，直至达到要求为止，这也就是我们通常所说的首检程序。

(4) 首检合格后，便可开始进行封焊作业了，将管体和TO(管脚朝上)依次放入下电极，双手同时按下封焊按钮，观察上电极运动，一旦发现其与管脚要相碰，按下急停按钮，中断上电极运动，再次捏好管脚并使其与管体对准，重复以上步骤，完成器件的加工，如图3-54所示。

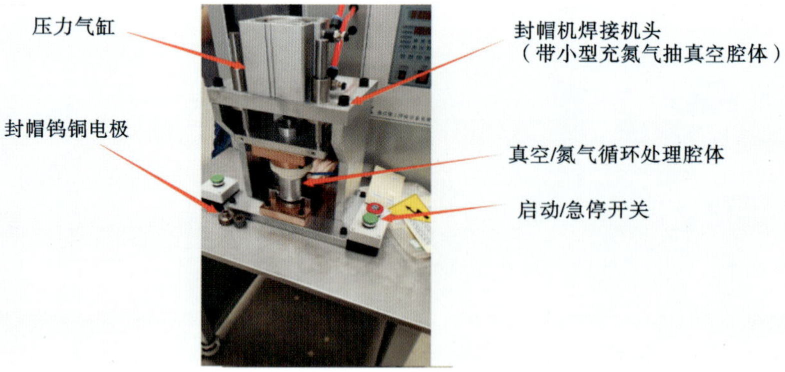

图3-54　封焊操作台

2) 步骤二，激光封焊

(1) 根据所加工器件的型号调整单光机的相关参数和焊接底座。

(2) 将一只已经装配好管体的TO(管脚朝上)置于焊接台上的焊接底座中，并确定其水平无晃动。摇动把手调节焊接台的水平高度，使焊接标记(激光光束)对准焊接缝隙处，踩动脚动开关。

(3) 一次焊接完成后，转动底座，沿焊缝圆周均匀焊接 8 个点(至少 8 个点)，则一次焊接加工程序完成。以 TO-CAN 类激光二极管封装为对象，封装结构图如图 3-55 所示。

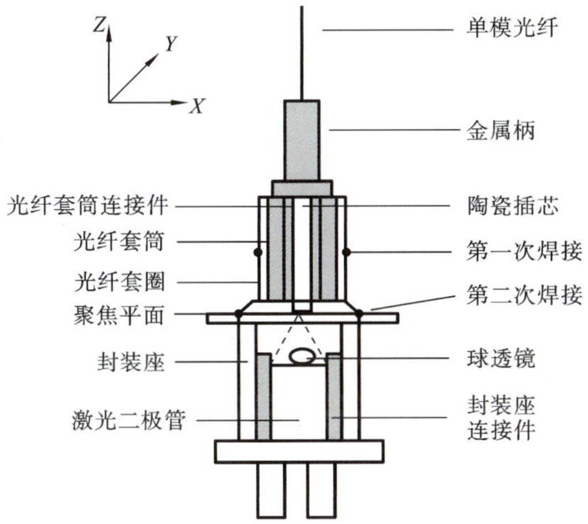

(a) 封装结构

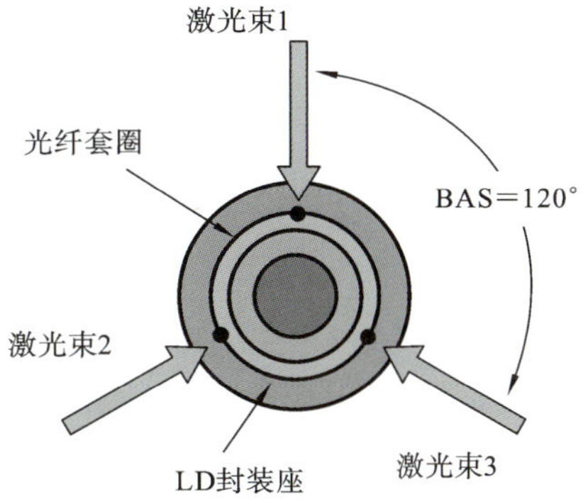

(b) 三束激光对称点焊

图 3-55 TO-CAN 型 LD 的封装结构图

(4) 将圆方管体耦合插针的那一面竖直向下放入焊接夹具中，调整焊接底座的升降台，使激光焊光斑对准圆方管体和 TO 的结合缝处(需要缝隙≤0.05 mm 且保证标示线对齐，否则不能进行焊接)，同时保证四激光光束相互均分。按下激光“发射”开关，直到在结合缝处焊接上 4 个焊点；然后转过 135°再次焊接，保证在结合缝处的圆周方向上均匀分布 8 个点，具体示意图如图 3-56 所示。

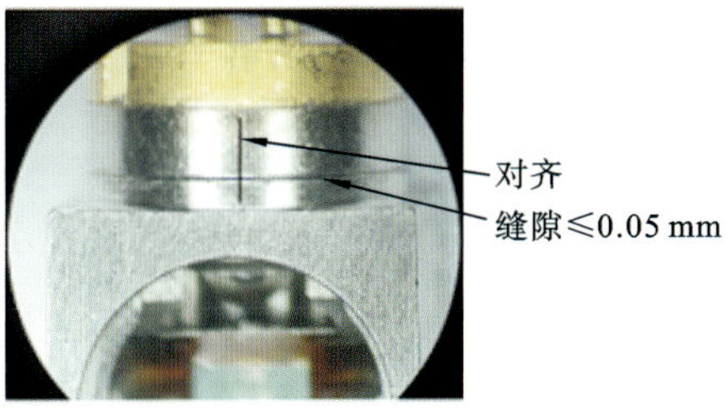

图 3-56 BOSA 三通焊接示意图

3) 步骤三，封焊质量检测

(1) 管脚应无折伤或折断。

(2) TO-CAN 底座应基本无变形且与管体紧密接触，TO-CAN 底座和管体熔焊的一圈内，至少 2/3 圈内有明显熔接物，且熔接物无氧化变色，呈光亮金属银白色。

(3) 熔接的一圈内若存在长度超过 1 mm 且宽度超过 0.5 mm 的“炸磨”，则焊件直接报废。若底座沾污面积超过底座面积的 1/3，则焊件直接报废。

合格样品与不合格样品示意图如图 3-57、图 3-58 所示。

4) 步骤四，激光焊接质量检测

(1) 以焊点直径为标准，30%～70%的焊点应同时焊在管体和 TO-CAN 底座，焊点应无裂纹，焊斑应光亮、呈圆形、完整，如图 3-59 所示。

(2) 管体与适配器或插针体的偏移不应超过 0.2 mm，适配器与插针体的偏移不应超过 0.1 mm，管体与适配器或插针体的倾斜缝隙不应超过 0.05 mm；

(3) 所有缝隙对应的合格焊点数不应少于 6 个。

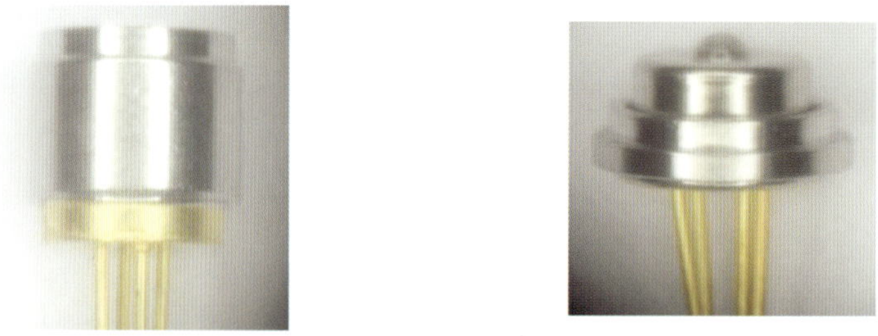

图 3-57　合格样品示意图

（a）炸磨1

（b）氧化1

（c）炸磨2

（d）氧化2

（e）脚损

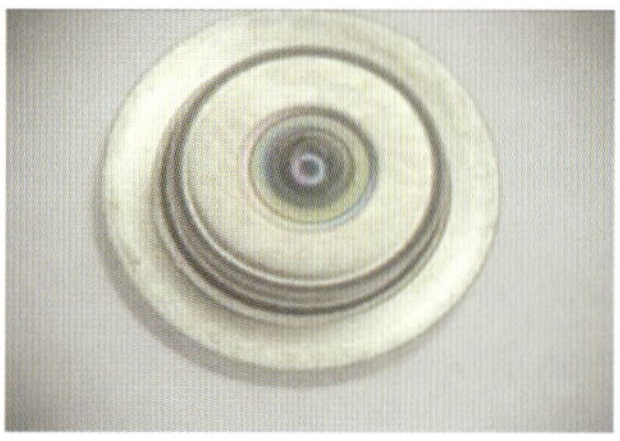

（f）封反

图 3-58　不合格样品示意图

5）步骤五，BOSA 三通（圆方管体）的装配检查

LD TO 与圆方管体相互装配状态的目检法介绍如下。

当把 LD TO 与圆方管体紧密压配在一起后，需要对其相互位置关系进行检查。设计要求 LD 套筒上的滤波片能与水平面成 45°角，满足折射光线垂直进入 PD 芯片的需求，这可通过目检这两者之间的某些相对关系来判断。将圆方管体水平放置，从插针耦合口这边观察，若镜片台阶与圆方管体的底线平行，则认为产品合格，反之则为不合格品，如图3-60所示，此时需要将镜片从圆方管体中取出并重新压配。

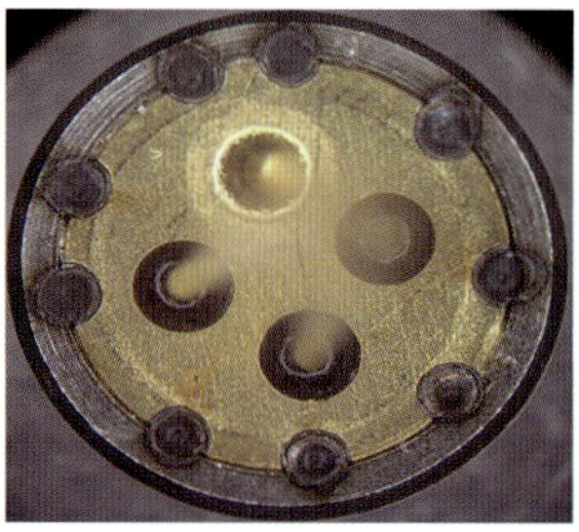

图 3-59　焊接合格样品

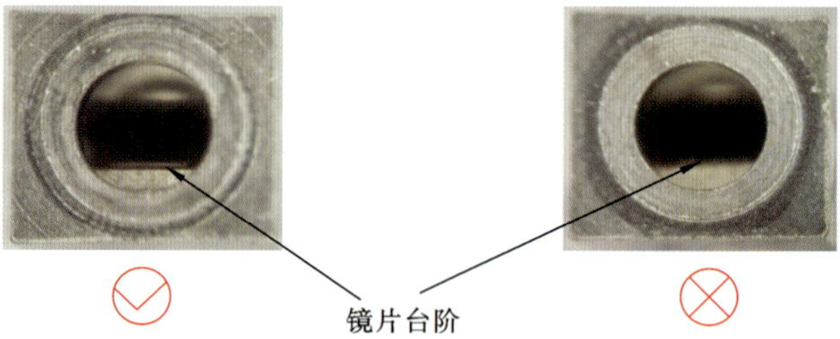

图 3-60　圆方管体目测图

将圆方管体水平放置好后，通过 PD 耦合的洞口观察镜片的两个竖直肋条，看两者是否水平。装配合格时，通过圆方管体看到的两个竖直肋条的面积几乎是相等的；而当

装配不合格时，我们就会发现看到的两个竖直肋条的面积不相等，有着明显的差别，如图 3-61 所示。

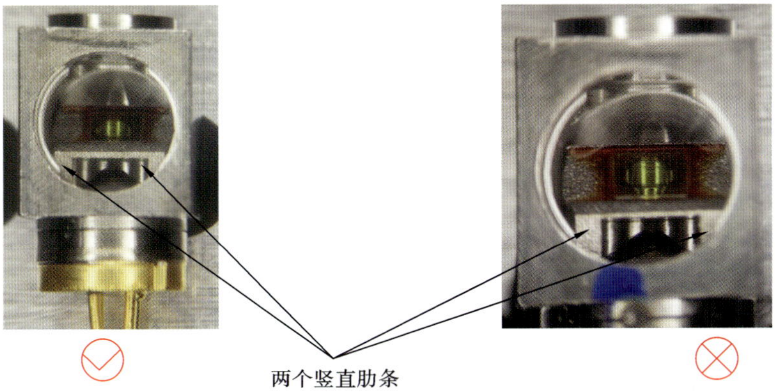

图 3-61　圆方管体侧面目测图

焊接完毕后，还需要对焊点进行检查，这里对焊点分布、形貌等的要求与对常规的焊点的要求是一致的(具体检验要求在后面的章节中会详细介绍)。但有一点需要特别注意：由于本焊点要求有且仅有 8 个合格点，所以如果焊点出现了缺陷，只能够在原点上进行补焊，不可以再引入新的焊点。

现场 6S 管理可充分调动操作者的工作积极性，营造高效的工作环境，培养操作者良好的工作习惯，使实施过程制度化和规范化，其适应真实工作场景的要求，可提高操作者的安全意识和劳动素养。

拓展学习

查阅资料，了解现场 6S 的要点，即整理、整顿、清扫、清洁、素养、安全。请结合本任务谈谈自己如何做好现场 6S 管理。

4. 能力提升

能力提升包括制定计划、要点归纳、训练记录三个方面。

1）制定计划

要求指引	分组分工，梳理流程，制定计划，协作共同完成； 详细记录，展示成果，分享经验，互相查漏补缺； 自评互评，总结反思，巩固提高，分阶突破难点。
安排组织	每 3～4 名学生组成小组，设组长 1 名，负责带领本组同学分工合作，制定工作计划，学习行为组织。教师负责学习引导、安全监督、控制进度、规范流程、保证教学质量。本小组成员及分工如下：
工作计划	小组讨论结果如下：
预期目标	

2）要点归纳

知识笔记 & 思维导图
工艺流程

3）训练记录

基本信息	任务内容	单纤双向型 BOSA 的制作与检测——LD 封焊	
	小组成员		
	所需条件		
	完成时间		
序号	训练内容	完成情况	
1	电阻封焊	记录：	结果：

续表

2	激光封焊	记录：	结果：
3	封焊质量检测	记录：	结果：
4	激光焊接质量检测	记录：	结果：
5	BOSA 三通 （圆方管体） 的装配检查	记录：	结果：

5. 评价反馈

1）鉴定评价

任务内容		单纤双向型 BOSA 的制作与检测——LD 封焊				
小组成员						
评价方式		个人自评、小组互评、教师评价				
考核项目		评分依据	标准分数	个人自评	小组互评	教师评价
学习过程	制定计划	是否正确可行	10			
	要点归纳	是否全面无误	10			
	工具使用	是否熟练有效	10			
	操作环节	是否迅速规范	10			
	完成情况	是否符合要求	10			
训练记录	知识内容	是否详实准确	10			
	操作过程	是否熟练完成	10			
	时间统计	是否在规定时间内完成	10			
综合态度	团队协作	是否和谐团结	4			
	讨论分享	是否积极精彩	4			
	安全意识	是否牢固树立	4			
	生产纪律	是否严格遵守	4			
	现场 6S	是否执行落实	4			
合计			100			

2）总结反馈

<table>
<tr><td>小组成员</td><td colspan="2"></td></tr>
<tr><td rowspan="4">自我反思</td><td>任务难点</td><td></td></tr>
<tr><td>成功之处</td><td></td></tr>
<tr><td>不足之处</td><td></td></tr>
<tr><td>改善方案</td><td></td></tr>
<tr><td>小组总结</td><td colspan="2"></td></tr>
<tr><td>教师点评</td><td colspan="2"></td></tr>
</table>

任务3 BOSA参数检测

1. 描述分析

完成了分光片装配、LD封焊后，需要进行LD、PD的耦合，过程与前面项目1、项目2介绍的类似，不再赘述，本任务具体介绍BOSA器件的参数检测。

2. 知识链接

1）工艺流程

单纤双向器件的完整工艺流程如表3-7所示，单纤双向器件管脚图如图3-62所示。

表3-7 单纤双向器件的完整工艺流程

操作项	操作名称	主要内容
1	同轴清洗	用超声波清洗机清洗金属部件，清除油污与残余物
2	装镜片	用胶粘的方法将分光片固定在封焊套筒上
3	封焊	利用阻焊的方式将TO与管体焊接在一起
4	封焊检查	检验焊点的状况、形貌、位置
5	焊管体	用激光焊接机将激光器管体与圆方管体焊接在一起
6	选配管体	选取合适的圆方管体使之与封焊套筒配合良好
7	焊点检查	检验焊点的状况、形貌、位置
8	激光器耦合	通过调节夹具使TO-CAN、管体、光纤耦合至最大输出光功率
9	激光焊接	用激光焊接机将管体、插针套、光纤焊接在一起
10	焊点检查	检验焊点的状况、形貌、位置
11	探测器耦合	通过调节夹具使TO-CAN、管体耦合输出满足测试规范的输出信号
12	激光斜焊	用激光焊接机将管体焊接在一起
13	焊点检查	检验焊点的状况、形貌、位置

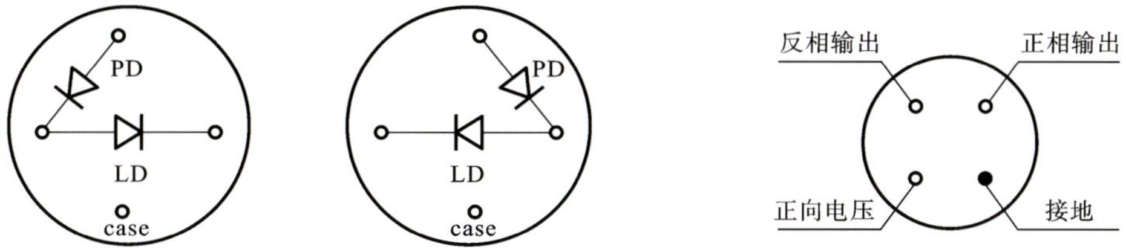

（a）单纤双向激光器管脚　（b）单纤双向探测器管脚

图3-62 单纤双向器件管脚图

2）单纤双向器件发射端参数

（1）阈值电流I_{th}：激光二极管开始振荡的正向电流，测试阈值电流一般用P-I曲线法（二次微分）。

（2）输出光功率P_o：在阈值电流以下，所加正向电流达到规定的调制电流时，激光二极管输出的光功率。

（3）监视光电流I_m：当正向驱动电流为一确定值（如$I_{op}=I_{th}+20$ mA）时，对应的光电二极管的光电流。

（4）斜效率 SE：激光二极管将电流转化为功率的能力。

（5）正向电压 V_f：当正向驱动电流为一确定值（如 $I_{op}=I_{th}+20$ mA）时，对应的激光二极管的电压值。

（6）跟踪误差 TE：两种不同管壳温度（背光固定）条件下的光纤输出功率比值，用以度量器件耦合效率的稳定性，$TE=10\times\lg(P_1(T_c=x)/P_0(T_c=25))$。

3）单纤双向器件接收端参数

（1）光响应度 R：$R=I_p/P_i$，I_p 表示光电探测器产生的光电流，P_i 表示输入光电探测器的光功率。

（2）暗电流 I_d：当规定反向电压（PIN 光电二极管反偏 5V）或者 90%击穿电压（APD）时，在无光入射情况下器件内部产生的电流。

（3）反向击穿电压 V_{br}：在无入射光照时反向电流（暗电流）达到一个预定值（典型值为 10 μA）时的反向电压。

（4）隔离度 ISOx_1/x_2：接收波长 x_1 大小为1 μW，干扰光 x_2 大小为 1 mW。ISO$x_1/x_2=10\times\lg(I_{x1}/I_{x2})+30$，其中，$I_{x1}$ 表示 x_1 光源下的响应电流，I_{x2} 表示 x_2 光源下的响应电流，$ISO13/14=10\times\lg(I_{13}/I_{14})+30$(dB)，$ISO13/15=10\times\lg(I_{13}/I_{15})+30$。

（5）串扰 CT13/14：表示发射波长 1310 nm 对接收波长 1490 nm 的串扰，“/”前的数字表示串扰光的波长，“/”后的数字表示接收波长，$CT13/14=10\times\lg((I_{ct14}/P_{o13})/R_{14})$，$I_{ct}$ 为串扰电流，P_o 为组件发射功率，R 为组件接收响应度。

（6）响应度偏振 PDL：用来衡量偏振状态对响应的影响，其值为不同偏振状态下，最大响应度与最小响应度的比值，$PDL=10\times\lg(R_{max}/R_{min})$。

（7）灵敏度：在一定波长、速率、误码率（$BER=10^{-10}$ 或 10^{-12}）条件下能接收到的最小光功率。

（8）饱和度：在一定波长、速率、误码率（$BER=10^{-10}$ 或 10^{-12}）条件下能接收到的最大光功率。

4）使用设备介绍

常见的 LD 封焊设备如表 3-8 所示。

表 3-8　LD 封焊设备

PSS BOSA-B 参数测试仪	PSS 10G BOSA　测试夹具	PSS 2.5G BOSA 测试夹具
本系统采用插卡式组合方案，集成了 15G 误码仪、PIN 与 APD 器件的探测器综合测试分析仪、激光器综合测试分析仪、光可变衰减器、光功率计、光分配单元及控制单元等，支持不同管脚和速率的测试夹具，具有很高的集成度、较快的测试速度、较高的一致性和稳定性，可很好地提高产品的生产效率和产品的性能	整套系统兼容不同类型的 PIN TIA（4 脚、5 脚 Vpd，以及 5 脚 Mon）器件的各项参数测试	整套系统兼容不同类型的 PIN　TIA（4 脚、5 脚 Vpd，以及 5 脚 Mon）器件的各项参数测试

PSS BOSA-B 参数测试仪	PSS 10G BOSA　测试夹具	PSS 2.5G BOSA 测试夹具
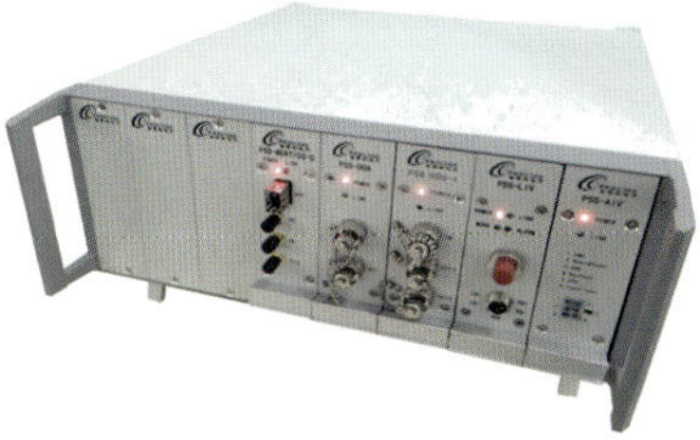	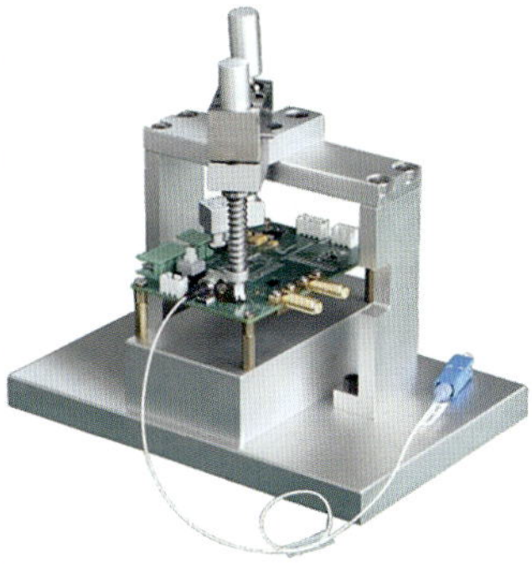	

3. 实施过程

单纤双向器件的参数检测分为两部分，即发射端参数检测和接收端参数检测。

1）步骤一，系统接线

（1）如图 3-63 所示，10G 器件测试时，PSS-BERT15G-O 的 SFP 模块作为 Rx 端的测试光源，接到 PSS DOA 的输入端；两根蓝色高速屏蔽线按照模组前面板和测试小板上分别标示的 IN＋、IN－连接。

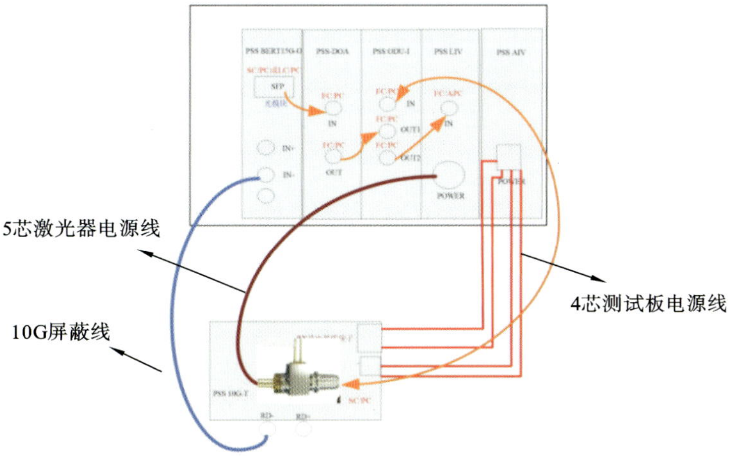

图 3-63　单纤双向器件测试接线图

（2）PSS DOA 用来对光模块固定光源进行设定调节的衰减；PSS DOA 的 OUT 端连接 PSS ODU-I，进行光的分配，由 IN 端连接器件，进行 Rx 端的测试。

（3）器件 Tx 端发出的光通过光纤由 PSS ODU-I 分路器的 IN 端进、OUT2 端出，给到 PSS LIV 的 IN 端进行光功率测试。

2）步骤二，系统初设置

（1）按照图 3-63 连接好设备。

（2）将机箱后面的接地柱接地，并将主机后面的串口与电脑的串口连接。

（3）将测试小板的电源线插上并将光模块的光路连接好。打开设备电源，打开主机前面板上的加电开关。

(4) 打开管理员登录软件，设置好各项参数后点击应用。打开测试员登录界面，输入相关产品信息后登录到操作界面。首次使用需要设置数据库路径。输入好数据库路径后请注意查看界面中的动态显示窗口是否显示连接成功。若连接失败，请仔细检查串口线是否接好。仔细检查后重新打开测试员登录界面，直到显示连接成功。

(5) 连接成功后，选择合适的校准方式。

(6) 经过以上几步后，即可开始测试。下次登录无须重新校准。用户可以根据需要选择是否进行光功率校准及是否重新设置数据库存储路径。

3) 步骤三，设备校准

(1) 光衰校准：启动光衰手动校准。选择该项后会弹出如图 3-64 所示的界面，测试员需要选择光衰普通校准或 E-Xtalk 指标校准模式，选择之后点击“确定”，输入实际光功率，在板卡上选择相应通道，点击“读取光功率”后点击“确定”即可生效(使用光功率计测量的输入器件的光功率即为实际光功率)。

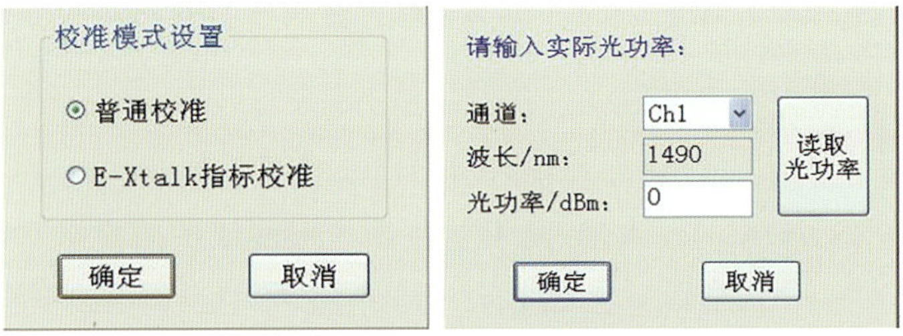

图 3-64　光衰校准模式选择和标准值填写

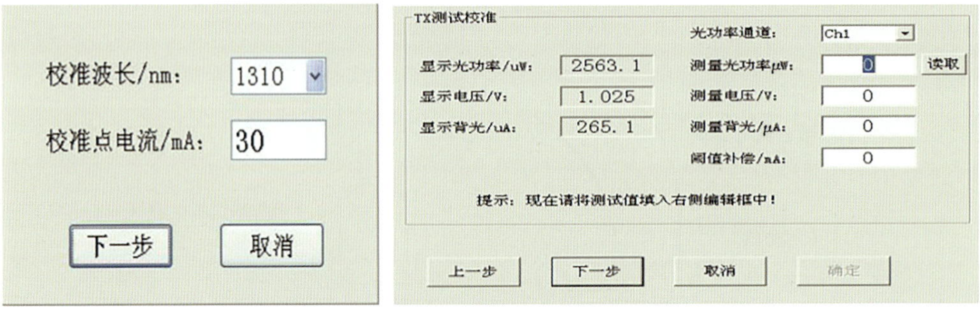

图 3-65　设置校准点及校准界面

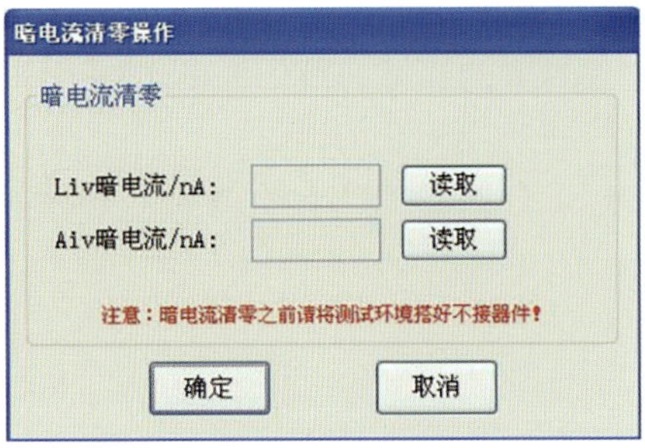

图 3-66　暗电流清零设置界面

(2) Tx 测试校准：点击该选项，弹出如图 3-65 所示的界面，设置校准点电流、校准波长，然后进入 Tx 测试校准界面，在对应编辑框中输入显示光功率、显示电压、显示背光、阈值补偿的值后，点击“下一步→确定”即可。若硬件支持光功率计板卡，则也可在选择相应的通道后点击“读取”获取光功率值。

(3) Tx 暗电流清零：激光器端测试线不接在器件上时，点击该选项，如图 3-66 所示，读取此时的暗电流并保存下来。

（4）校准参数设置：点击该选项后，出现如图 3-67 所示的界面，此界面包含激光器端与探测器端各项参数的校准系数并保存在数据库中，可直接填写校准值，保存设置后即可将其应用于参数测试中。

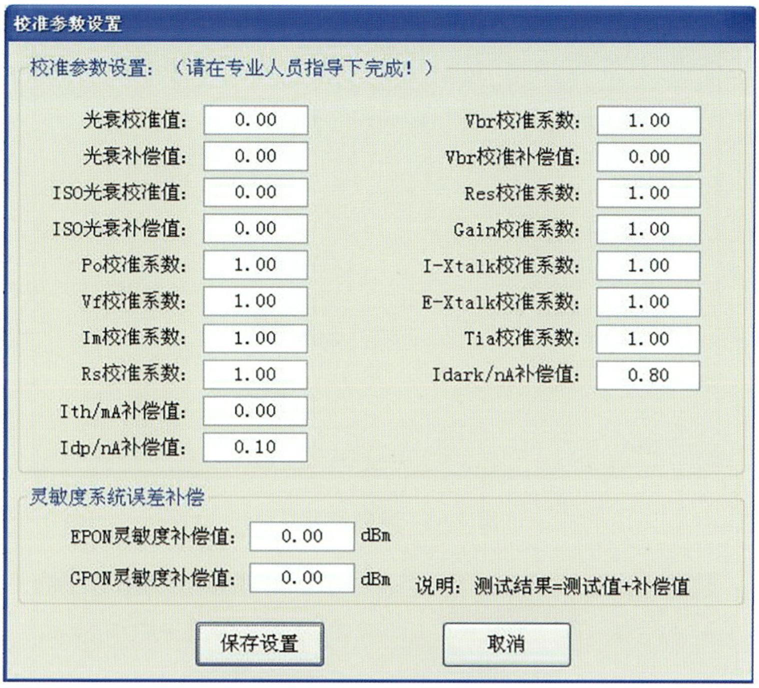

图 3-67 校准参数设置界面

4）步骤四，参数设置

（1）参数类型界面如图 3-68 所示。

测试选择：选择激光器端、探测器端，以及测试 V_{br} 时是否加 TIA 电压测试项。

温度设置：设置低温、常温、高温三种测试模式下对应的测试温度。

测试选择：选择误码仪类型（BOSA-2.5G 或 BOSA-10G）及待测器件类型。

型号：用户可以添加测试型号并保存型号对应的参数值，也可以删除型号。

（2）Rx 测试设置界面如图 3-69 所示。

APD 工作参数设置：设置 APD 器件工作电压、BOSA 接收端波长、外部光隔离度测试光源波长。

测试信号设置：设置误码仪工作速率、码型。

灵敏度测试方式：选择灵敏度测试方式，可定点测试或采取插值法测试，也可选择是否启动内部光串扰测试。

定点测试设置：设置定点模式灵敏度测试的光功率值、测试时间，以及饱和光功率测试的光功率值、测试时间。

插值测试设置：设置目标误码率值，此目标误码率条件下的光功率值即为灵敏度，可选择插值测试灵敏度的方法，有自动搜索法和五点法。

响应度测试设置：设置测试响应度时的 APD 工作电压及光功率。

TIA 电压：设置 VCC 器件的工作电压。

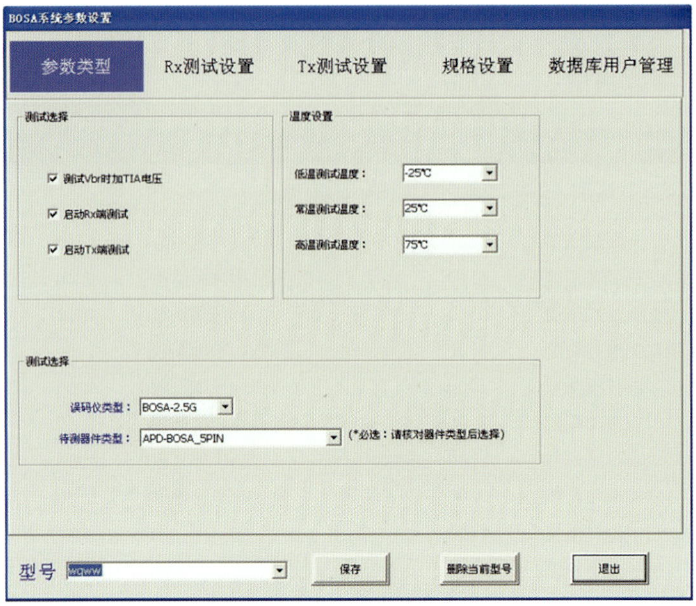

图 3-68　参数类型界面

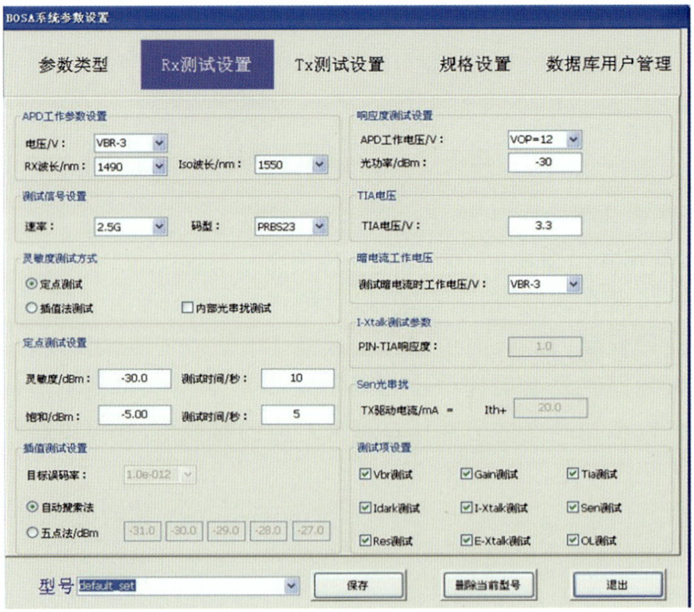

图 3-69　Rx 测试设置界面

暗电流工作电压：设置测试暗电流时 APD 器件的工作电压。

I-Xtalk 测试参数：此参数基于其他算法提供的参数接口。

Sen 光串扰：设置测试灵敏度实验中进行内部光串扰测试时，激光器的驱动电流。

测试项设置：用户可勾选 Rx 端参数测试项。

（3）Tx 测试设置界面如图 3-70 所示。

扫描电流（mA）、步进（mA）、波长（nm）、模式：设置激光器扫描电流起点、终点、步进，以及器件波长与扫描方式（连续扫描/脉冲扫描）。

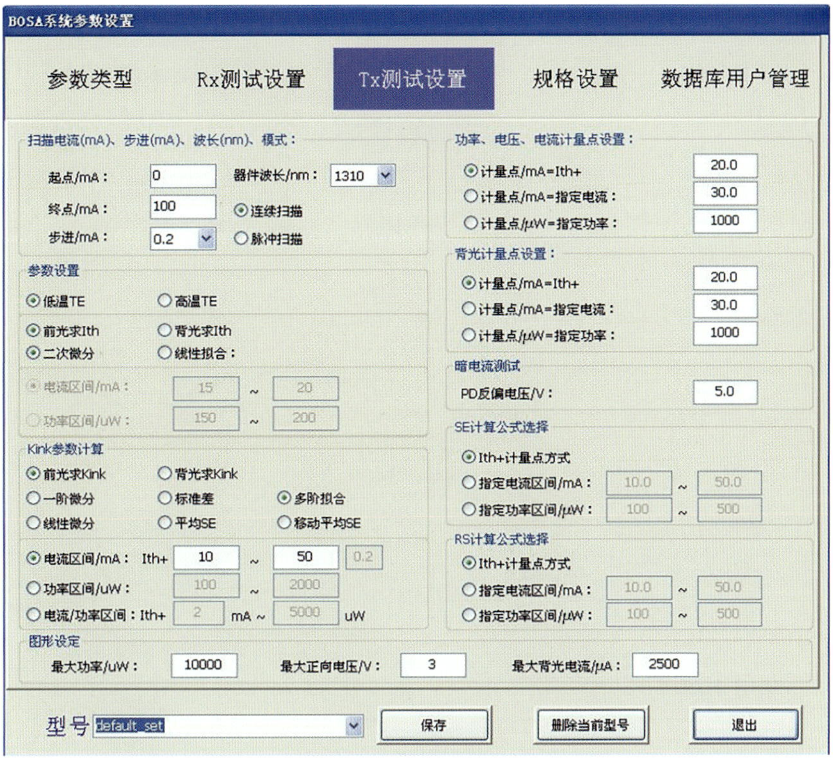

图 3-70 Tx 测试设置界面

参数设置：选择前光求阈值或背光求阈值等。

Kink 参数计算：用户可选择一阶微分、标准差、多阶拟合、线性微分、平均 SE、移动平均 SE 算法，也可设置对应的参数值等。

图形设定：设置 Tx 扫描曲线图的坐标值，包括最大功率、最大正向电压、最大背光电流。

功率、电压、电流计量点设置：设置获取功率、电压、电流参数值的计算方法。

背光计量点设置：设置获取背光参数值的计算方法。

暗电流测试：设置激光器暗电流测试的反偏电压。

SE 计算公式选择：设置获取 SE 值的计算方法。

RS 计算公式选择：设置获取 RS 值的计算方法。

(4) 规格设置界面如图 3-71 所示。

Rx 端规格：设置 V_{br}、Res、Sen、OL、I_{cc}、I_d、I-Xtalk、E-Xtalk、Gain 参数合格上、下限范围值。

Tx 端规格：设置 P_f、I_{th}、V_{op}、I_m、I_{op}、SE、R_s、MPD_Id、I_{oKink}、P_{Kink}、MaxKink、Kink、TE、TC 参数合格上、下限范围值，以及选择是否对这些参数进行测试。

(5) 数据库用户管理界面如图 3-72 所示。

密码修改：设置在打开 BOSA 系统参数设置界面时的登录密码。

用户列表：添加打开 BOSA 系统参数设置界面时的登录用户名。

数据库保存方式：设置数据库保存方式，可选择全部保存、相同 SN 号只保存最后一次测试结果或只保存合格产品测试结果。

图 3-71 规格设置界面

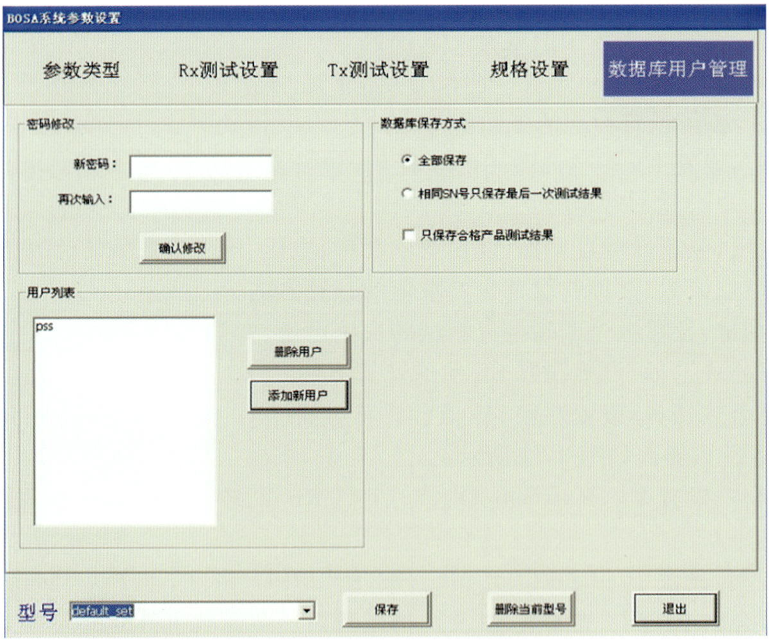

图 3-72 数据库用户管理界面

5）步骤五，显示测试结果

（1）软件测试界面如图 3-73 所示。

激光器端测试结果数据如图 3-74 所示，I_{th} 为阈值，R_s 为等效电阻，SE 为斜效率，I_m

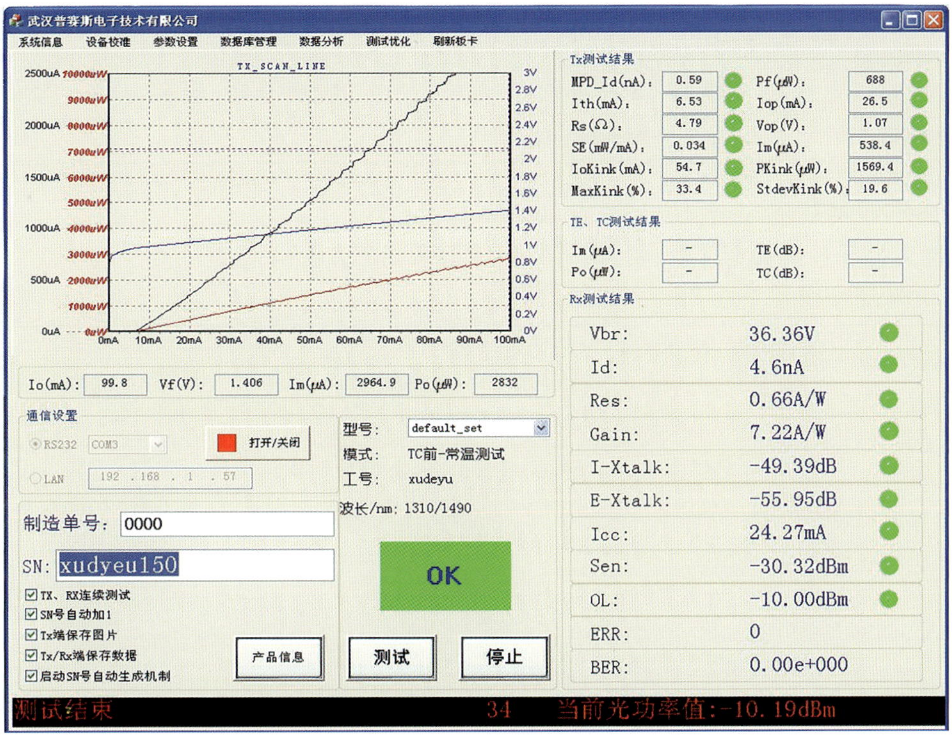

图 3-73 BOSA-B 软件测试界面

为背光电流，P_{Kink} 为 Kink 功率，MaxKink 为最大 Kink 比例。

(2) Rx 测试结果如图 3-75 所示，V_{br} 为击穿电压，I_{d} 为暗电流，Res 为响应度，Gain 为高压响应电流，I-Xtalk 为内部光串扰度，E-Xtalk 为外部光串扰度，I_{cc} 为 Tia 电流，Sen 为灵敏度，OL 为饱和光功率，ERR 为误码数，BER 为误码率。

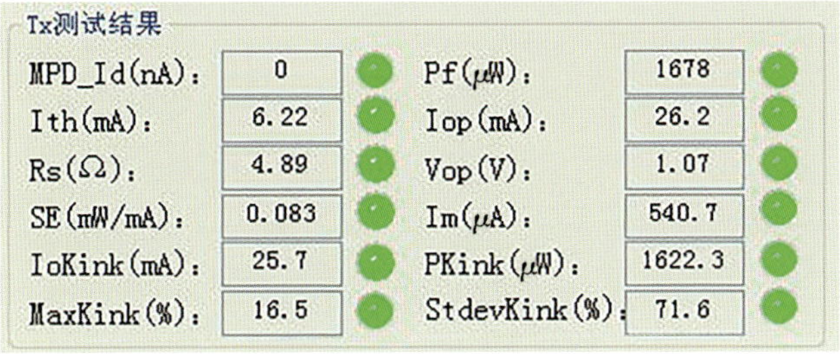

图 3-74 Tx 测试结果

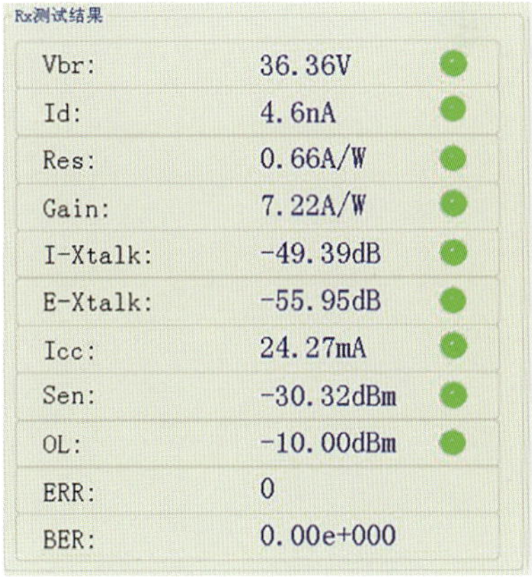

图 3-75 Rx 测试结果

测试结果显示区域会显示当前测试项目、测试结果、合格标志等。绿灯表示测试结果达标，红灯表示测试结果不达标。

现场 6S 管理可充分调动操作者的工作积极性，营造高效的工作环境，培养操作者良好的工作习惯，使实施过程制度化和规范化，其适应真实工作场景的要求，可提高操作者的安全意识和劳动素养。

拓展学习

查阅资料，了解现场6S的要点，即整理、整顿、清扫、清洁、素养、安全。请结合本任务谈谈自己如何做好现场6S管理。

4. 能力提升

能力提升包括制定计划、要点归纳、训练记录三个方面。

1）制定计划

要求指引	分组分工，梳理流程，制定计划，协作共同完成； 详细记录，展示成果，分享经验，互相查漏补缺； 自评互评，总结反思，巩固提高，分阶突破难点。
安排组织	每3～4名学生组成小组，设组长1名，负责带领本组同学分工合作，制定工作计划，学习行为组织。教师负责学习引导、安全监督、控制进度、规范流程、保证教学质量。本小组成员及分工如下：
工作计划	小组讨论结果如下：
预期目标	

2）要点归纳

知识笔记 & 思维导图

续表

工艺流程

3）训练记录

基本信息	任务内容	单纤双向型 BOSA 的制作与检测——BOSA 参数检测	
	小组成员		
	所需条件		
	完成时间		
序号	训练内容	完成情况	
1	系统接线	记录：	结果：
2	系统初设置	记录：	结果：
3	设备校准	记录：	结果：

续表

4	参数设置	记录：	结果：
5	显示测试结果	记录：	结果：

5. 评价反馈

1）鉴定评价

任务内容		单纤双向型 BOSA 的制作与检测——BOSA 参数检测				
小组成员						
评价方式		个人自评、小组互评、教师评价				
考核项目		评分依据	标准分数	个人自评	小组互评	教师评价
学习过程	制定计划	是否正确可行	10			
	要点归纳	是否全面无误	10			
	工具使用	是否熟练有效	10			
	操作环节	是否迅速规范	10			
	完成情况	是否符合要求	10			
训练记录	知识内容	是否详实准确	10			
	操作过程	是否熟练完成	10			
	时间统计	是否在规定时间内完成	10			
综合态度	团队协作	是否和谐团结	4			
	讨论分享	是否积极精彩	4			
	安全意识	是否牢固树立	4			
	生产纪律	是否严格遵守	4			
	现场 6S	是否执行落实	4			
合计			100			

2）总结反馈

<table>
<tr><td>小组成员</td><td colspan="2"></td></tr>
<tr><td rowspan="4">自我
反思</td><td>任务
难点</td><td></td></tr>
<tr><td>成功
之处</td><td></td></tr>
<tr><td>不足
之处</td><td></td></tr>
<tr><td>改善
方案</td><td></td></tr>
<tr><td>小组
总结</td><td colspan="2"></td></tr>
<tr><td>教师
点评</td><td colspan="2"></td></tr>
</table>

模块4

光电显示器件的封闭制作

LED(light emitting diode)是发光二极管的英文简称，是一种能将电能转化为光能的自发辐射半导体器件，可以发射紫外光、可见光及红外光。其具有工作电压低、耗电量小、发光效率高、发光响应时间极短、光色纯、结构牢固、抗冲击、耐振动、性能稳定可靠、重量轻、体积小、成本低等一系列特性，发展突飞猛进。LED 实物图如图 4-1 所示。

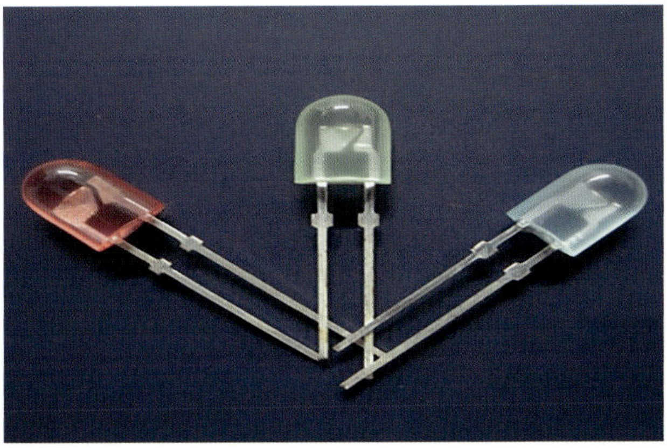

图 4-1　LED 实物图

无论是何种光电显示器件，都需要针对不同用途和结构类型设计出合理的封装形式。这些器件只有经过封装才能成为终端产品，才能投入实际应用。因此，对光电显示器件而言，封装前的设计和封装过程的质量控制尤为重要。

项目　直插式 LED 的制作与检测

直插式 LED 采用引线架作为各种封装外型的引脚，其是最先研发成功并投入市场的封装结构，品种数量繁多，技术成熟度较高，其封装内结构与反射层仍在不断改进，包封材料多采用高温固化环氧树脂，其光性能优良、工艺适应性好、产品可靠性高，可做成有色透明或无色透明的、有色散射或无色散射的透镜封装，不同的透镜具有多种外形尺寸，标准 LED 被大多数客户认为是目前显示行业中最方便、最经济的解决方案。

学生应通过对 3 个子任务的学习，掌握直插式 LED 的制作工艺及检测评价方法，形成对直插式 LED 的基本认知，了解直插式 LED 的工艺规范，培养专业实践技能和安全管理意识。

◆ **知识目标**

- 了解直插式 LED 的概念和特点
- 了解直插式 LED 的基本结构
- 掌握直插式 LED 的制作流程
- 熟悉直插式 LED 制作的安全事项
- 掌握直插式 LED 的质量评价方法
- 理解直插式 LED 有关参数的概念和意义
- 掌握直插式 LED 参数指标的检测方法

◆ **技能目标**

- 能熟练操作由直插式 LED 制作的各种设备
- 能独立完成直插式 LED 的制作预处理过程
- 能按工艺流程规范制作直插式 LED
- 能分析解决制作过程中出现的问题
- 能熟练使用检测仪器对质量进行分析评价
- 能严格遵守安全生产规范
- 能完成其他型号直插式 LED 的制作

◆ **素质目标**

- 建立对直插式 LED 制作的基本认知，建立职业能力初步认知
- 培养安全操作意识和职业规范意识，养成安全生产的良好习惯
- 培养专业信息分析能力和解决问题的能力，具备一定的工程实践能力
- 培养爱岗敬业、细心踏实的综合职业素养，提升语言表达能力、团队协作能力

任务 1　LED 的初始封装

1. 描述分析

LED 的核心发光部分是由 P 型和 N 型半导体构成的 PN 结管芯，当注入 PN 结的少数载流子与多数载流子复合时，就会发出可见光、紫外光或近红外光。但 PN 结区发出的光子是非定向的，即光子向各个方向发射的概率相同，因此，并不是管芯产生的所有光都可以释放出来，这主要取决于半导体材料质量、管芯结构及几何形状、封装内部结构与包封材料。LED 结构示意图如图 4-2 所示。

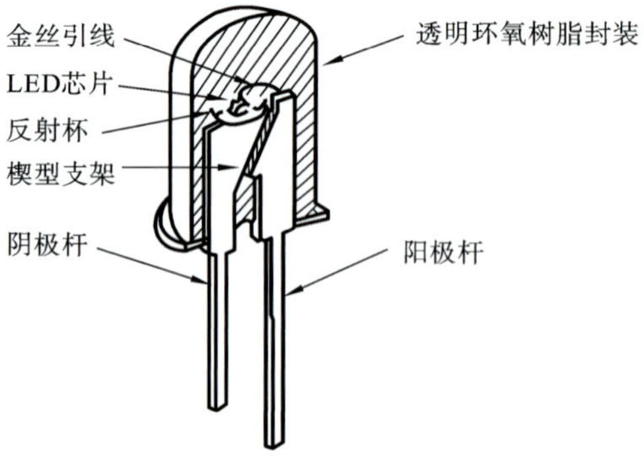

图 4-2　LED 结构示意图

LED 封装技术大都是在分立器件封装技术的基础上发展与演变而来的，但其具有很大的特殊性。一般情况下，分立器件的管芯被密封在封装体内，封装的作用主要是保护管芯和完成电气互连。LED 封装的作用是完成电信号输出、保护管芯。对于管芯输出的可见光而言，既有电参数设计要求，又有光参数设计要求，无法简单地将分立器件的封装用于 LED。

LED 封装流程如图 4-3 所示。

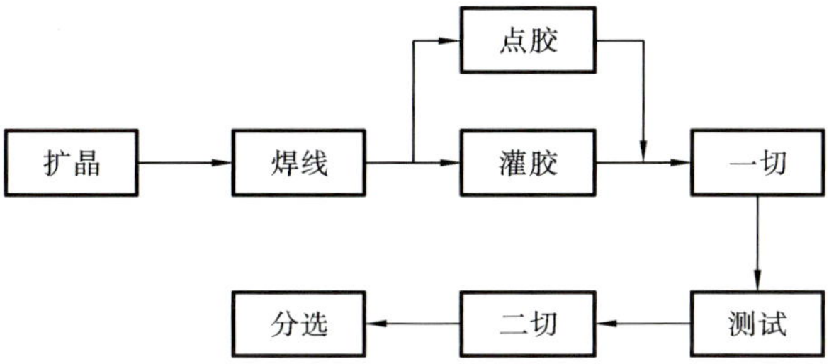

图 4-3　LED 封装流程图

2. 知识链接

1）LED 的基本结构

传统 LED 的基本结构如图 4-4 所示。LED 芯片被固定在导电、导热的带两根引线的金属支架上，反射杯（或反光碗）的引线为阴极，另外一根引线为阳极。芯片外围封以环氧树脂（帽），一方面可以保护芯片，另一方面起（透镜）聚光作用。LED 的两根引线不一样长时，其中较长的一根为阳极。如果 LED 的两根引线一样长，通常在管壳上有一凸起的小舌，靠近小舌的引线则是阳极。

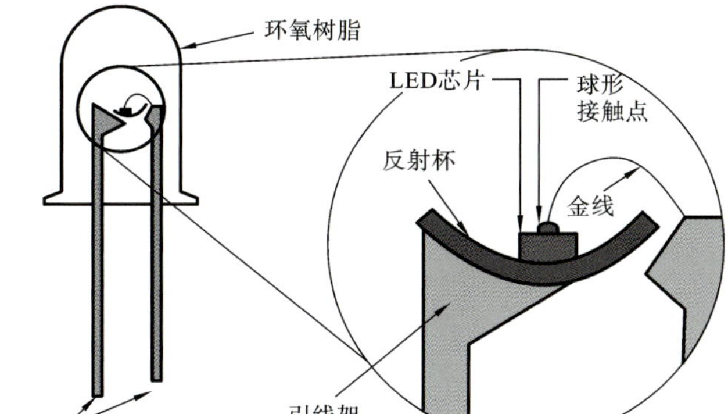

图 4-4　LED 的基本结构

LED 芯片是 LED 器件的核心。LED 芯片为分层结构，芯片两端是金属电极，底部为衬底材料，中间是由 P 型层和 N 型层构成的 PN 结，发光层被夹在 P 型层和 N 型层之间，是发光的核心区域。P 型层、N 型层和发光层是利用特殊的外延生长工艺在衬底材料上制得的。LED 芯片制作技术是 21 世纪的高新技术之一。

拓展学习

查阅资料，了解在当今社会中，LED 的结构还有哪些。

2）LED 的发光原理

如图 4-5 所示，发光二极管是由Ⅲ-Ⅴ族合化合物，如 GaAs（砷化镓）、GaP（磷化镓）、GaAsP（磷砷化镓）、GaN（氮化镓）等半导体制成的，其核心是 PN 结。因此，它具有一般 PN 结的 *V-I*（伏安）特性，即具有正向导通、反向截止和击穿特性。

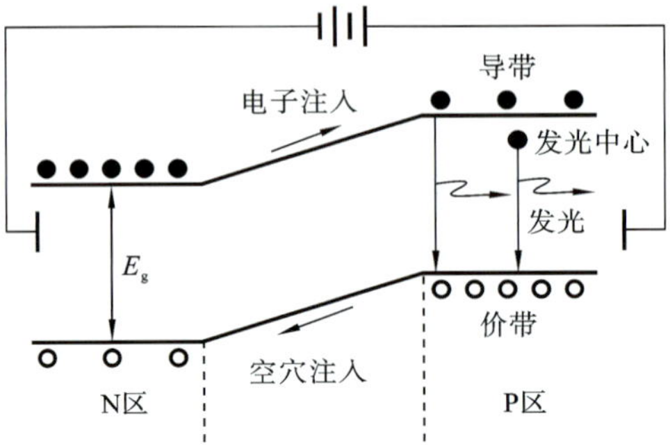

图 4-5　半导体能带和复合发光

LED 的实质性结构是半导体 PN 结，其核心部分是由 P 型半导体和 N 型半导体组成的晶片。在 P 型半导体和 N 型半导体之间有一个过渡层，称为 PN 结。

其发光过程可以用 P-N 结的能带结构来做解释。制作半导体发光二极管的半导体材料是重掺杂的，热平衡状态下的 N 区有很多迁移率很高的电子，P 区有较多的迁移率较低的空穴。在常态下，因为 PN 结阻挡层的限制，二者不能发生自然复合。而当给 P-N 结加以正向电压时，由于外加电场方向与势垒区的自建电场方向相反，因此势垒高度降低，势垒区宽度变窄，破坏了 P-N 结动态平衡，产生少数载流子的电注入。空穴从 P 区注入 N 区，同样电子从 N 区注入 P 区，注入的少数载流子将同该区的多数载流子复合，不断地将多余的能量以光的形式辐射出去，如图 4-5 所示。

3. 实施过程

固晶就是固定芯片，这是 Lamp-LED 封装的第一步，即将 LED 发光芯片通过银胶或绝缘胶固定在 LED 支架的碗杯中。固晶环节包括扩晶、排支架、点胶、固晶及固化工序，如图 4-6 所示。

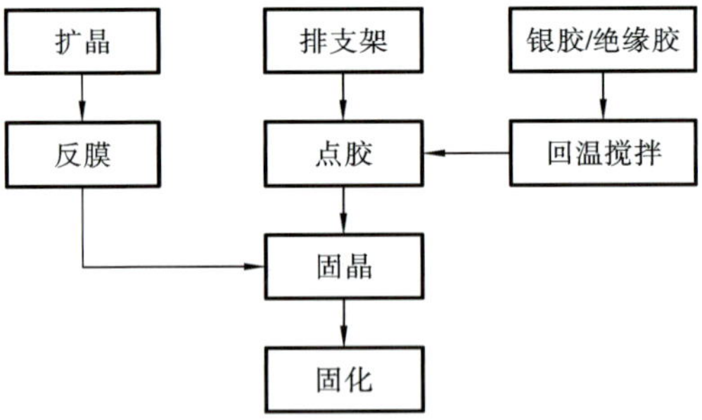

图 4-6　固晶环节

1）步骤一，扩晶

扩晶是指利用张力带动间隙较小的芯片运动，将原本紧密排列在一起的芯片分开，使得芯片和芯片之间的距离变大的过程。

LED 芯片及标签如图 4-7 所示。扩晶机的结构如图 4-8 所示。扩晶机也称为芯片扩张机，其广泛应用于 LED 发光管、数码管、背光板的扩晶。

图 4-7 LED 芯片及标签

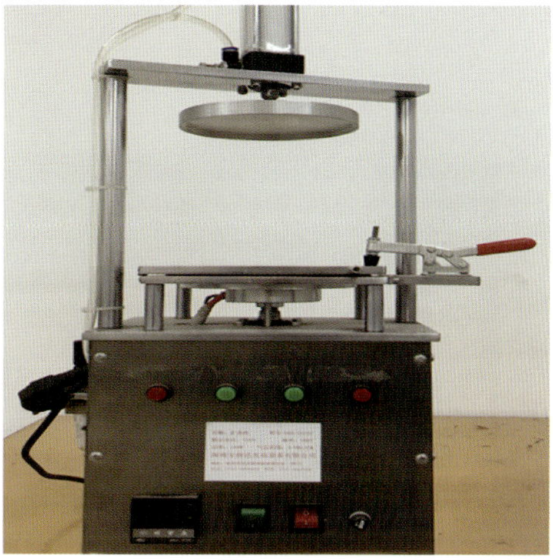

图 4-8 LED 扩晶机

☆ **注意事项**

(1) 在操作扩晶机时要注意什么？

(2) 在扩晶过程中要注意什么？

2) 步骤二，排支架

排支架是点胶的前一道工序，目的是提高整体效率。支架是 LED 最主要的原物料之一，与芯片金线相连，负责导电与散热，在 LED 封装中起到重要作用。在操作过程中应主要检查支架数量，是否存在混料，支架有无刮伤、压伤、毛边，支架反光碗碗口是否变形，支架是否电镀不均。支架结构图如图 4-9 所示。

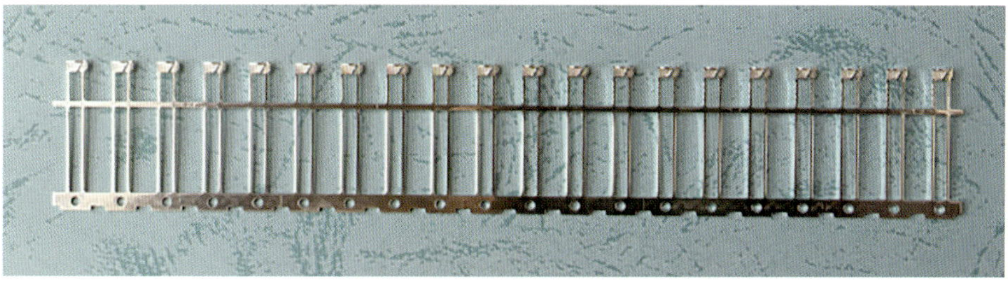

图 4-9 支架结构图

3) 步骤三，点胶

点胶是指利用点胶机将银胶或绝缘胶点入支架反光碗中的过程。银胶常用于需要芯片基底导电的封装中，而绝缘胶则用于无须导电的封装中。手动点胶机实物图如图 4-10 所示。

4) 步骤四，固晶

固晶是指将芯片固定在支架反光碗中的过程。固晶的要求为：晶粒四面包胶；晶粒要平，且在碗中央；杜绝斜片、晶粒固反；芯片不可悬浮在银胶上，应固定到底。固晶机实物图如图 4-11 所示。

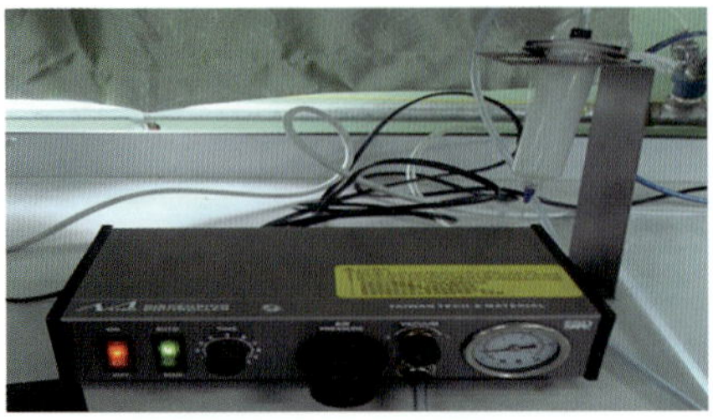

图 4-10　手动点胶机实物图

图 4-11　固晶机实物图

☆ 注意事项

(1) 注意银胶和绝缘胶的区别。

(2) 在固晶过程中注意芯片的放置。

5) 步骤五，固化

在 LED 封装流程中，有多道工序需要用到烘烤箱，包括固晶后的固化、AB 胶预热、模条预热、短烤、长烤。LED 光电烤箱实物图如图 4-12 所示。

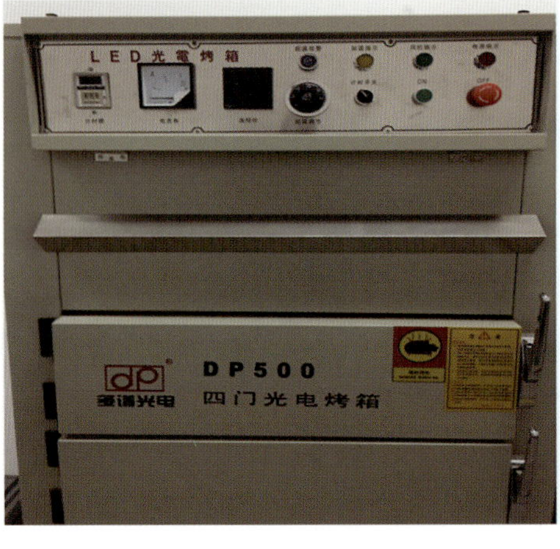

图 4-12　LED 光电烤箱实物图

☆ 注意事项

(1) 烤箱在使用过程中要注意什么？

(2) 固晶后的固化时间需要设置为多长？

6) 步骤六，结果检查与现场 6S

使用完毕后，将光纤光源、光功率计关机，放入收纳盒。现场 6S 管理可充分调动操作者的工作积极性，营造高效的工作环境，培养操作者良好的工作习惯，使实施过程制度化和规范化,其适应真实工作场景的要求,可提高操作者的安全意识和劳动素养。

4. 能力提升

能力提升包括制定计划、要点归纳、训练记录三个方面。

1)制定计划

要求指引	分组分工,梳理流程,制定计划,协作共同完成; 详细记录,展示成果,分享经验,互相查漏补缺; 自评互评,总结反思,巩固提高,分阶突破难点。
安排组织	每3~4名学生组成小组,设组长1名,负责带领本组同学分工合作,制定工作计划,学习行为组织。教师负责学习引导、安全监督、控制进度、规范流程、保证教学质量。本小组成员及分工如下:
工作计划	小组讨论结果如下:
预期目标	

2)要点归纳

知识笔记 & 思维导图

续表

工艺流程

3）训练记录

基本信息	任务内容	直插式 LED 的制作与检测——LED 的初始封装	
	小组成员		
	所需条件		
	完成时间		
序号	训练内容	完成情况	
1	扩晶	记录：	结果：
2	排支架	记录：	结果：
3	点胶	记录：	结果：
4	固晶	记录：	结果：

续表

序号	训练内容	完成情况	
5	固化	记录：	结果：
6	结果检查与现场6S	记录：	结果：

5. 评价反馈

1）鉴定评价

任务内容		直插式LED的制作与检测——LED的初始封装				
小组成员						
评价方式		个人自评、小组互评、教师评价				
考核项目		评分依据	标准分数	个人自评	小组互评	教师评价
学习过程	制定计划	是否正确可行	10			
	要点归纳	是否全面无误	10			
	工具使用	是否熟练有效	10			
	操作环节	是否迅速规范	10			
	完成情况	是否符合要求	10			
训练记录	知识内容	是否详实准确	10			
	操作过程	是否熟练完成	10			
	时间统计	是否在规定时间内完成	10			
综合态度	团队协作	是否和谐团结	4			
	讨论分享	是否积极精彩	4			
	安全意识	是否牢固树立	4			
	生产纪律	是否严格遵守	4			
	现场6S	是否执行落实	4			
合计			100			

2）总结反馈

小组成员		
自我反思	任务难点	
	成功之处	
	不足之处	
	改善方案	
小组总结		
教师点评		

任务 2 LED 封装的焊线、配胶、灌胶环节

1. 描述分析

焊线是 LED 生产中非常重要的一个环节，通过焊线机用金线将 LED 的支架管脚和 LED 芯片电极进行焊接，完成 LED 芯片的电气连接，使之发光。

焊线结束后，需要进行配胶、灌胶操作。配胶、灌胶环节利用特定的材料将 LED 的芯片和焊线保护起来，并达到一定的出光效果。应该根据生产配料单的要求用 A/B 胶、扩散剂、色膏等按比例配成胶水。

2. 知识链接

焊线过程利用超声波金丝球焊线机在一定超声能量、温度、压力的共同作用下形成焊点，其工艺过程可简单表示为烧球→一焊→拉丝→二焊→断丝→烧球。

3. 实施过程

1）步骤一，金线的拆装及检验

LED 金线示意图如图 4-13 所示。金线进料检验主要包括金线外观检查和拉力检测，要求金线外观干净无尘，并抽取 30%的金线卷做拉力检测，每卷检测 5～10 cm。

图 4-13 LED 金线示意图

> ☆ **注意事项**
>
> (1) 金线在拆装时要区别开线头和线尾。
>
> (2) 如何对金线进行检测？

2）步骤二，焊线

金丝球焊线机实物图如图 4-14 所示，全自动焊线机实物图如图 4-15 所示。

金丝球焊线机主要应用于大功率发光二极管、激光管、中小型功率二极管、三极管、集成电路、传感器和一些特殊半导体器件的内引线焊接，其特别适用于大功率发光管的焊接。

单向焊接可以记忆两条线的数据，方便左、右支架均采用同侧单向焊接。

双向焊接时，焊完第一条线后自动移动到第二条线第一焊点上方，大致对准第二条线的第一焊点，可提高效率并保护第一条线弧，两条线的二检高度、拱丝高度分别可调，

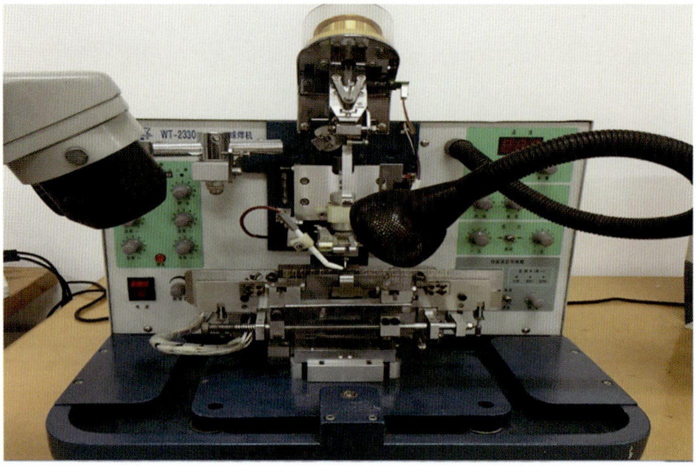

图 4-14　金丝球焊线机实物图

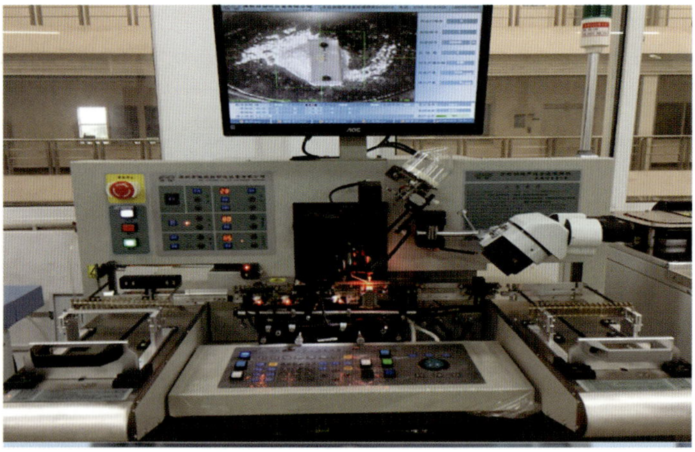

图 4-15　全自动焊线机实物图

以利于不同二焊高度的支架焊接。

瓷嘴，也称作陶瓷劈刀，是焊线机的一个重要组成部件，如图 4-16 所示。金线通过焊线机的送线系统，最后到达瓷嘴，在瓷嘴上下移动的过程中完成烧球、焊线等操作。

图 4-16　焊线瓷嘴

☆ **注意事项**

(1) 在用焊线机焊线时要注意什么?

(2) 在焊线时,如瓷嘴堵塞应如何处理?

3) 步骤三,配胶

焊线结束后,需要进行配胶、灌胶操作。根据生产配料单的要求对A胶、B胶、扩散剂、色膏按比例进行配比,并进行搅拌和抽真空操作进行配胶。

环氧树脂胶实物图如图4-17所示,蓝色的(左侧的)为A胶(环氧胶),白色的(右侧的)为B胶(固化剂)。

图4-17 环氧树脂胶

LED扩散剂一般由树脂和散光性填充料组成,是LED产品的重要辅料。加入扩散剂能使LED从点光源变为面光源,从而使LED发出的刺眼光线变得柔和。LED色膏是用来改变LED外观颜色的重要辅料。加入色膏能调节LED成品的发光效果,有利于在使用LED时辨别其颜色。

想一想

(1) 简述环氧树脂胶在LED封装中的作用。

(2) 简述扩散剂与色膏在LED封装中的作用。

4) 步骤四,搅拌

搅拌机是一种能将多种原料搅拌混合,使之成为稠度均匀的混合物的机器,如图4-18所示。

5) 步骤五,抽真空

配胶后,搅拌会使气泡混入胶水,气泡对LED成品有很大的影响,因此在灌胶之前必须对胶水进行抽真空处理。真空箱实物图如图4-19所示。

6) 步骤六,灌胶

Lamp LED主要采用灌胶封装的形式。灌胶的过程为:先在LED成型模粒内注入液态胶水,然后插入压焊好的LED支架,将其放入烤箱让胶水固化,然后将LED从模腔中脱出即成型。

模条是LED成形的模腔,直插式单管LED在封装不同的外形时需要用到不同的模条。模条是由钢片注塑(TPX材质)而成的。TPX有极佳的透明度、极佳的耐热性,其耐化学品、耐蒸汽，且在透光性聚合物中比重最轻。模具及模条示意图如图 4-20 所示。

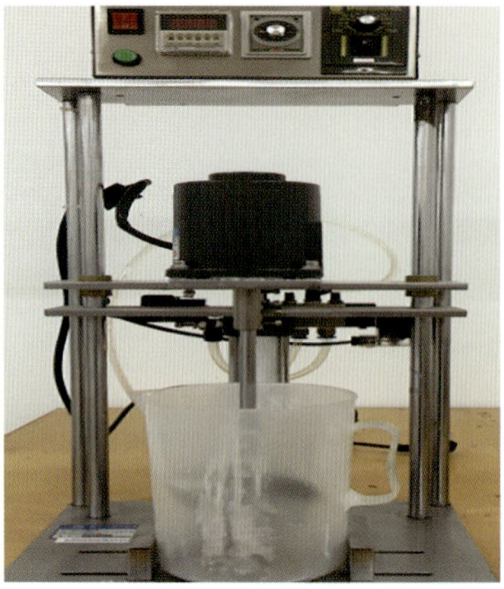

图 4-18 搅拌机

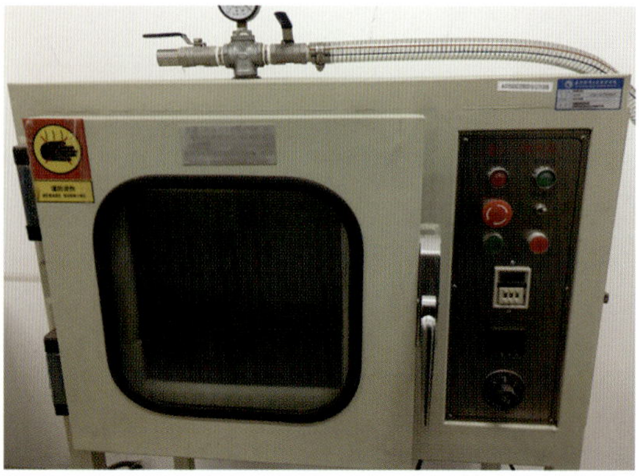

图 4-19 真空箱

图 4-20 模具及模条

7）步骤七，短烤

短烤可使环氧树脂胶初步固化，便于离膜，缩短铝船和模条的烘烤时间，提高其使用次数。

☆ **注意事项**

（1）注意搅拌机的温度设定要求。

（2）注意真空箱两个阀门的开关顺序。

（3）注意焊线和灌胶后烘烤时间的不同。

8）步骤八，离模

离模是指将短烤后的支架从模条中脱离出来，以便对支架进行长烤，对模条进行循环利用。离模时把短烤后的 LED 支架从模条中脱离出来。离模机一般由气缸、离膜针、底座、脚踏开关等组成，如图 4-21 所示，其操作简单、方便。离膜后的 LED 产品需进行长烤，其目的是使环氧树脂胶充分固化，保证 LED 成品性能稳定。注意应确保烘烤时间充足、烘烤箱温度与设定温度一致；房间温度应控制为 18～30 ℃，湿度应控制为

30%～70%RH，当湿度低于 30%RH 时，应用加湿器进行加湿。

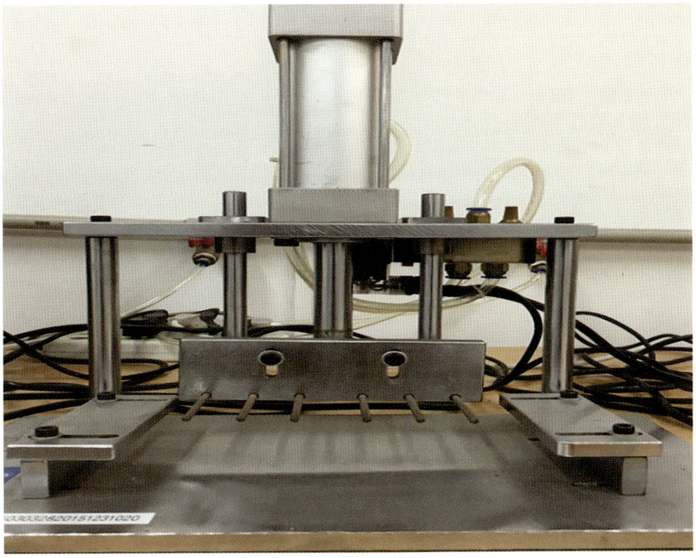

图 4-21 离模机

9）步骤九，结构检查与现场 6S

光纤光源、光功率计使用完毕后，将它们关机，放入收纳盒。现场 6S 管理可充分调动操作者的工作积极性，营造高效的工作环境，培养操作者良好的工作习惯，使实施过程制度化和规范化，其适应真实工作场景的要求，可提高操作者的安全意识和劳动素养。

4. 能力提升

能力提升包括制定计划、要点归纳、训练记录三个方面。

1）制定计划

要求指引	分组分工，梳理流程，制定计划，协作共同完成； 详细记录，展示成果，分享经验，互相查漏补缺； 自评互评，总结反思，巩固提高，分阶突破难点。
安排组织	每 3～4 名学生组成小组，设组长 1 名，负责带领本组同学分工合作，制定工作计划，学习行为组织。教师负责学习引导、安全监督、控制进度、规范流程、保证教学质量。本小组成员及分工如下：
工作计划	小组讨论结果如下：
预期目标	

2）要点归纳

知识笔记 & 思维导图
工艺流程

3）训练记录

基本信息	任务内容	直插式 LED 的制作与检测——LED 封装的焊线、配胶、灌胶环节	
	小组成员		
	所需条件		
	完成时间		
序号	训练内容	完成情况	
1	金线的拆装及检验	记录：	结果：

续表

2	焊线	记录：	结果：
3	配胶	记录：	结果：
4	搅拌	记录：	结果：
5	抽真空	记录：	结果：
6	灌胶	记录：	结果：
7	短烤	记录：	结果：

续表

8	离模	记录：	结果：
9	结果检查与现场6S	记录：	结果：

5. 评价反馈

1）鉴定评价

任务内容		直插式LED的制作与检测——LED封装的焊线、配胶、灌胶环节				
小组成员						
评价方式		个人自评、小组互评、教师评价				
考核项目		评分依据	标准分数	个人自评	小组互评	教师评价
学习过程	制定计划	是否正确可行	10			
	要点归纳	是否全面无误	10			
	工具使用	是否熟练有效	10			
	操作环节	是否迅速规范	10			
	完成情况	是否符合要求	10			
训练记录	知识内容	是否详实准确	10			
	操作过程	是否熟练完成	10			
	时间统计	是否在规定时间内完成	10			
综合态度	团队协作	是否和谐团结	4			
	讨论分享	是否积极精彩	4			
	安全意识	是否牢固树立	4			
	生产纪律	是否严格遵守	4			
	现场6S	是否执行落实	4			
合计			100			

2）总结反馈

<table>
<tr><td>小组成员</td><td colspan="2"></td></tr>
<tr><td rowspan="4">自我
反思</td><td>任务
难点</td><td></td></tr>
<tr><td>成功
之处</td><td></td></tr>
<tr><td>不足
之处</td><td></td></tr>
<tr><td>改善
方案</td><td></td></tr>
<tr><td>小组
总结</td><td colspan="2"></td></tr>
<tr><td>教师
点评</td><td colspan="2"></td></tr>
</table>

任务 3　LED 的切角、分选、包装

1. 描述分析

长烤完的 LED 性能已经稳定。数十颗 LED 在支架上相连，必须将其分开，以得到一颗颗独立的 LED 产品。整个切角环节包括一切、初检、二切这三道工序。

通过前几个环节，LED 封装已经完成，接下来则应对 LED 成品进行光色电参数的分选，才可打包入库。分选即对 LED 进行分光分色，它是 LED 成品入库前进行质量管控的一道重要工序。包装即对分选后的 LED 成品进行防静电包装。

2. 知识链接

一切是利用一切机将长烤后的 LED 灌胶支架的连接筋切断，使 20 颗或 30 颗 LED 成为共阴或共阳方式，便于初检。初检包括目测和基本电性能参数检测，主要是对一切后的 LED 支架进行目测和排测，初步分选出 A、B、C 类产品。二切是指利用二切机将一切后的 LED 支架切成一颗颗独立的 LED。初检合格的 LED 支架可进行二切操作，即将 LED 支架的底部连接筋切断，使之成为一颗颗独立的 LED 成品。

通常借助 LED 的几个常用关键参数进行分类分选，如主波长、发光亮度、正向电压、反向漏电流等。早期的分选机是 32 挡(Bin)的，后来由于人们对 LED 的一致性要求越来越高，开始使用 64 挡、72 挡分选机，白光 LED 甚至需要 128 挡分选机。

3. 实施过程

1) 步骤一，一切

进行一切操作，一切机实物图如图 4-22 所示，LED 灌胶支架如图 4-23 所示。

图 4-22　一切机

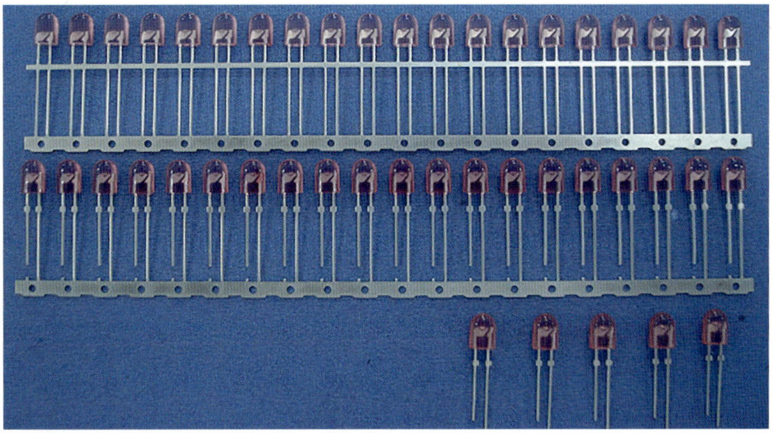

图 4-23 LED 灌胶支架

☆ **注意事项**

(1) 注意一切机的使用注意事项。

(2) 掌握一切后的 LED 支架的测试方法。

2) 步骤二，初检

发光二极管排测机是 LED 专用测试仪，它能给整个支架的 20 颗（或其他数目）LED 供电，并给出各颗 LED 的电参数。测试项目包括小电流压降、大电流压降、漏电流的检测，全点亮情况下的外观检测，闸流体效应检测，反向电压冲击试验等。排测机实物图如图 4-24 所示，排测检测结果如图 4-25 所示。

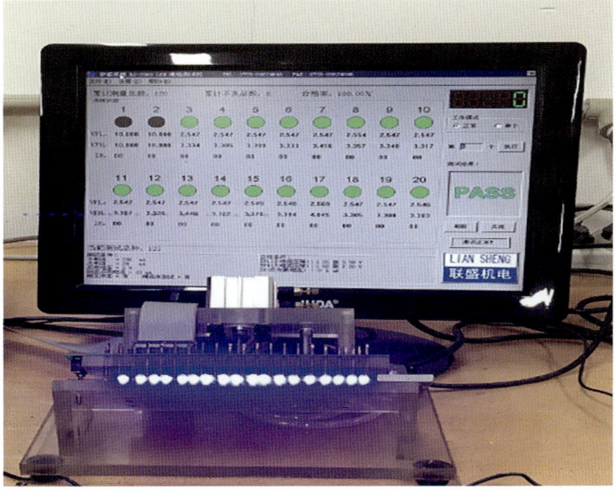

图 4-24 排测机

3) 步骤三，二切

进行二切操作，二切机实物图如图 4-26 所示，二切后的 LED 如图 4-27 所示。

4) 步骤四，分选

确认机台圆振盘、各个落料盒、传送轨道等部位已清理干净，气源已打

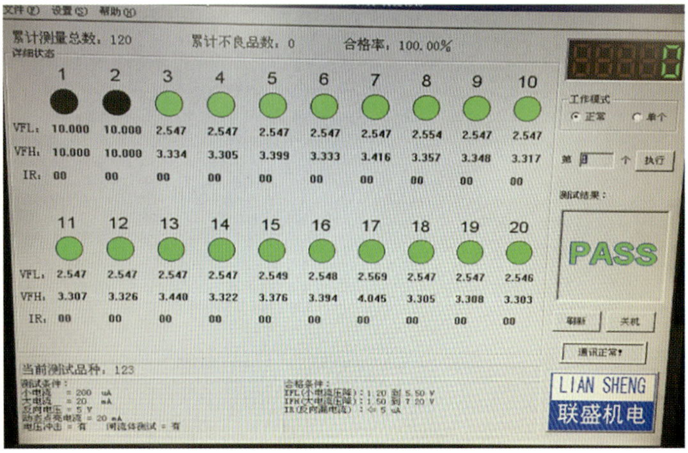

图 4-25　排测检测结果图

图 4-26　二切机

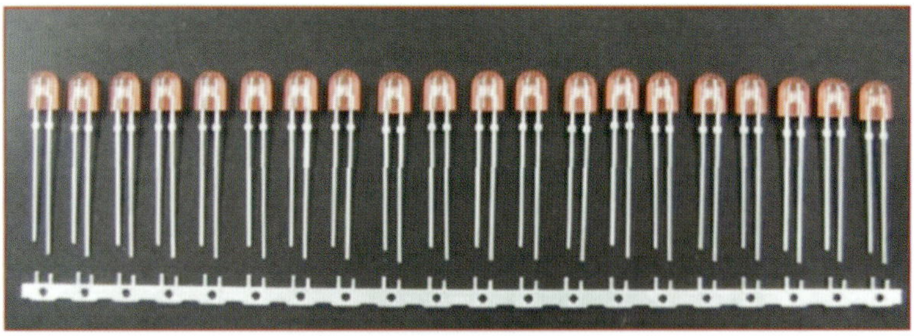

注：长脚为正极，短脚为负极。

图 4-27　二切后的 LED

开，备好经二切后的 LED 材料。应根据 LED 的型号选择合适的带料座，在操作界面按“5 手动操作→3 马达启动”，看带料爪能否顺利将测试完的单颗 LED 送入落料座；若该颗 LED 在带料爪处卡料或被压坏，请更换宽度更大的带料板。

用标准灯校准机器进行分选前，必须用标准灯进行校正。房间温度应控制为 18～

30 ℃；湿度应为 30%～70%RH，当湿度低于 30%RH 时，应用加湿器进行加湿。注意需戴防静电手环。分光分色机操作面板如图 4-28 所示。

图 4-28　分光分色机操作面板

5）步骤五，包装

分选过程中，当某个 Bin 的数量达到设定值时，取出该 Bin 的 LED，并将其放入防静电袋进行封口。最后，以数十包产品为一箱登记入库。在 LED 成品装入防静电袋后，为了使产品得以密封保存，保证产品质量，避免产品流失，需要对防静电袋进行封口，该操作是借助封口机完成的，封口机实物图如图 4-29 所示。

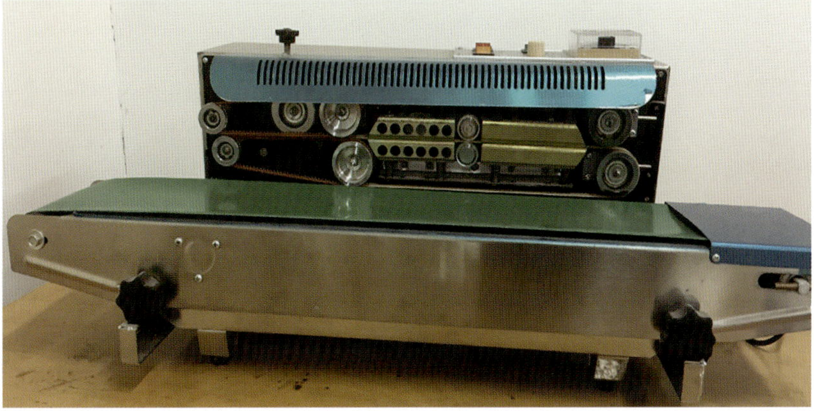

图 4-29　封口机

☆ **注意事项**

（1）注意二切机的使用注意事项。

（2）注意分光分色机的操作方法。

（3）注意防静电袋的封口要求。

6）步骤六，结果检查与现场 6S

光纤光源、光功率计使用完毕后，将它们关机，放入收纳盒。现场 6S 管理可充分调动操作者的工作积极性，营造高效的工作环境，培养操作者良好的工作习惯，使实施过程制度化和规范化，其适应真实工作场景的要求，可提高操作者的安全意识和劳动素养。

4. 能力提升

能力提升包括制定计划、要点归纳、训练记录三个方面。

1）制定计划

要求指引	分组分工，梳理流程，制定计划，协作共同完成； 详细记录，展示成果，分享经验，互相查漏补缺； 自评互评，总结反思，巩固提高，分阶突破难点。
安排组织	每 3～4 名学生组成小组，设组长 1 名，负责带领本组同学分工合作，制定工作计划，学习行为组织。教师负责学习引导、安全监督、控制进度、规范流程、保证教学质量。本小组成员及分工如下：
工作计划	小组讨论结果如下：
预期目标	

2）要点归纳

知识笔记 & 思维导图

续表

工艺流程

3）训练记录

基本信息	任务内容	直插式 LED 的制作与检测——LED 的切角、分选、包装	
	小组成员		
	所需条件		
	完成时间		
序号	训练内容	完成情况	
1	一切	记录：	结果：
2	初检	记录：	结果：
3	二切	记录：	结果：

续表

4	分选	记录：	结果：
5	包装	记录：	结果：
6	结果检查与现场 6S	记录：	结果：

5. 评价反馈

1）鉴定评价

任务内容		直插式 LED 的制作与检测——LED 的切角、分选、包装				
小组成员						
评价方式		个人自评、小组互评、教师评价				
考核项目		评分依据	标准分数	个人自评	小组互评	教师评价
学习过程	制定计划	是否正确可行	10			
	要点归纳	是否全面无误	10			
	工具使用	是否熟练有效	10			
	操作环节	是否迅速规范	10			
	完成情况	是否符合要求	10			
训练记录	知识内容	是否详实准确	10			
	操作过程	是否熟练完成	10			
	时间统计	是否在规定时间内完成	10			
综合态度	团队协作	是否和谐团结	4			
	讨论分享	是否积极精彩	4			
	安全意识	是否牢固树立	4			
	生产纪律	是否严格遵守	4			
	现场 6S	是否执行落实	4			
合计			100			

2）总结反馈

<table>
<tr><td>小组成员</td><td colspan="2"></td></tr>
<tr><td rowspan="4">自我
反思</td><td>任务
难点</td><td></td></tr>
<tr><td>成功
之处</td><td></td></tr>
<tr><td>不足
之处</td><td></td></tr>
<tr><td>改善
方案</td><td></td></tr>
<tr><td>小组
总结</td><td colspan="2"></td></tr>
<tr><td>教师
点评</td><td colspan="2"></td></tr>
</table>

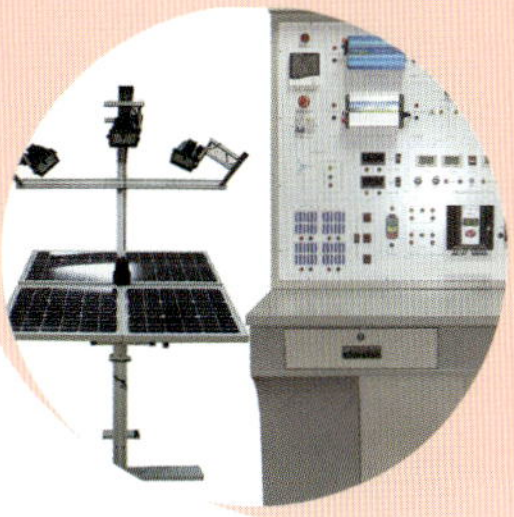

模块5

光伏发电技术相关实验及实训平台

光伏发电有安全、清洁、广泛、资源充足等特点，发展光伏发电技术对于提升发电的长久性和安全性具有重要意义。无论是从世界还是从中国来看，常规能源都是有限的。太阳能是人类取之不尽、用之不竭的可再生能源，具有充分的清洁性、绝对的安全性及潜在的经济性等优点，在长期的能源战略中具有重要地位。

由于单片光伏电池输出电压较低，且未封装的电池受环境影响电极容易脱落，因此必须将一定数量的单片电池用串联、并联的方式密封成太阳电池组件，以避免电池电极和互连线受到腐蚀。另外，封装也避免了电池碎裂，方便了户外安装，而封装质量决定了太阳电池组件的使用寿命及可靠性，光伏组件如图 5-1 所示。光伏阵列（photovoltaic array）是由多片光伏模组连接而成的，其也是更多光伏电池的连接，光伏阵列是最大规模的光伏发电系统，如图 5-2 所示。

图 5-1　光伏组件

图 5-2　光伏阵列

项目　了解风光互补发电系统的结构、功能和进行远程数据获取

风光互补发电系统利用太阳能电池方阵、风力发电机（将交流电转化为直流电）将发出的电能存储到蓄电池组中。当用户需要用电时，逆变器将蓄电池组中储存的直流电转变为交流电，通过输电线路送到用户负载处，或者直接从蓄电池端通过控制器输出直流电，驱动负载工作。本系统包含风力发电机和太阳电池方阵两种发电设备，因此称为风光互补发电系统。

学生应通过 3 个子任务的学习，了解风光互补发电系统的运行情况，学会处理系统数据和控制系统运行。

◆ **知识目标**

¤ 了解光伏发电系统的结构和功能

¤ 掌握光伏独立发电系统、并网发电系统的区别和特点

¤ 掌握风力发电系统变频器的参数设置方法

¤ 掌握利用力控软件远程获取系统仪表数据的方法及数据处理方法

¤ 理解有关参数的概念和意义

◆ **技能目标**

¤ 能熟练使用光伏发电实验箱中的各种仪表

¤ 能在特定条件下获取光伏电池 U-I 特性曲线和 p-u 特性曲线

¤ 能利用上位机制作控件，并控制风力发电变频器的输出

¤ 能严格遵守安全生产规范

¤ 能归纳整理最佳工作条件的测试方法和标准

◆ **素质目标**

¤ 建立对光伏组件的基本认知，建立职业能力初步认知

¤ 培养安全操作意识和职业规范意识，养成安全生产的良好习惯

¤ 培养专业信息分析能力和解决问题的能力，具备一定的工程实践能力

¤ 培养爱岗敬业、细心踏实的综合职业素养，提升语言表达能力、团队协作能力

任务 1　了解光伏发电系统的构成

1. 描述分析

光伏发电系统由哪些部分组成？独立发电系统和并网发电系统有何区别？带着这几个问题，我们进入任务 1 的学习。

2. 知识链接

1）光伏发电系统的结构

光伏发电系统一般可以分为独立发电系统和并网发电系统两种。其中，独立发电系统所发电量不上网，整个系统结构相对简单，如图 5-3 所示。而并网发电系统意味着所发电量需要发送至电网，因此要经过相位同步及具备孤岛效应检测功能，图 5-4 所示。

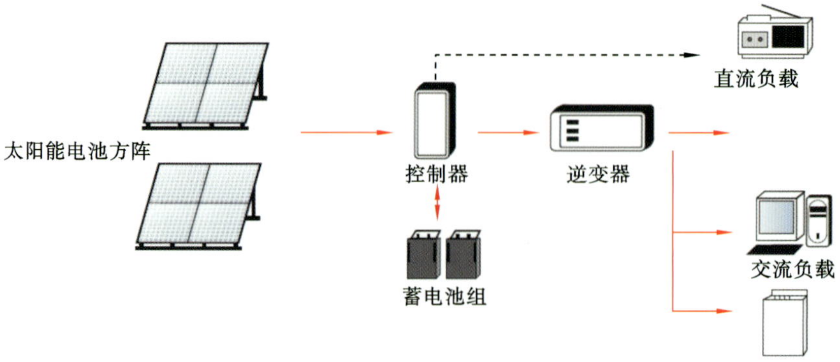

图 5-3　独立发电系统的结构

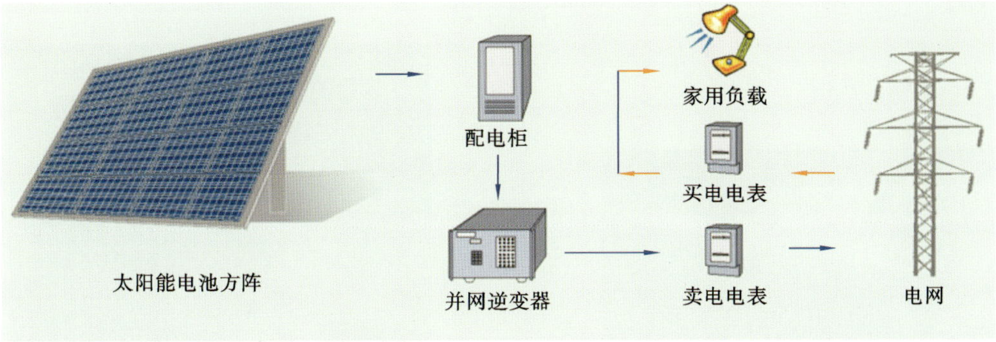

图 5-4 并网发电系统的结构

拓展学习

查阅资料，了解光伏发电系统中各个组成的类型和作用，并初步了解它们的参数，以及选型时所需注意的事项。

2）实验设备

根据测试需求，我们需要用到 V-SUN-Ⅱ型光伏发电实验箱，其主要部件介绍如表5-1 所示。

表 5-1 光伏发电实验箱及其主要部件

名称	光伏发电实验箱	光伏组件、模拟光源及配套滑轨
介绍	实验箱主体，内含仪表和接线	光源模拟太阳光对组件进行照射
实物图	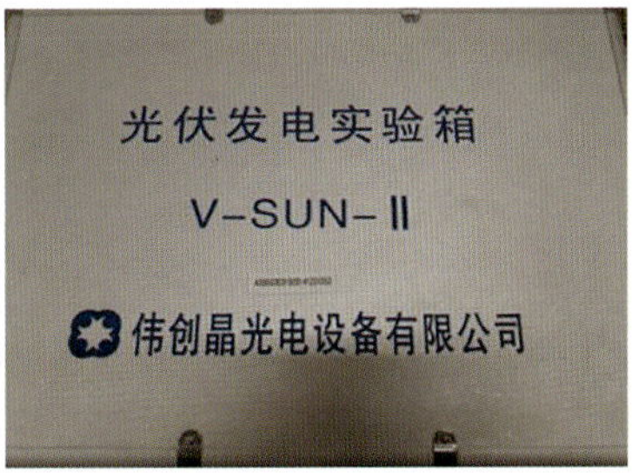	

3. 实施过程

根据实验要求依次按照步骤进行操作，其间务必注意用电安全，一定要保证接好线，并在反复核对后再进行上电测试。

1）步骤一，打开光伏发电实验箱，取出线材

打开光伏发电实验箱，取出电源线，并将电源线插入实验箱电源插口，如图 5-5 所示。

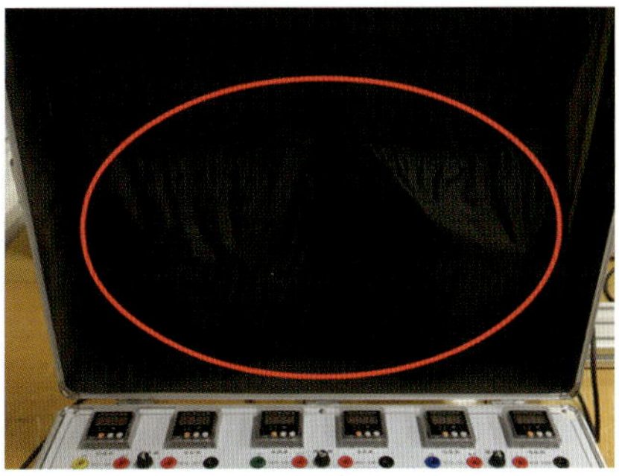

图 5-5 电源线和连接线存放处

2）步骤二，光伏组件航插对接实验箱组件输入端口

将光伏组件上的三芯航插对接到实验箱电池板接口，将温度探头插入温控仪接口，如图

5-6、图 5-7 所示。

图 5-6　光伏组件上的航插和温度探头（3.25 mm 音频接口）

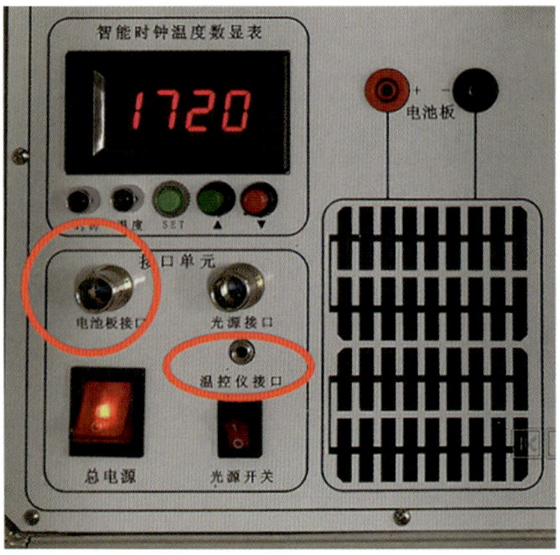

图 5-7　实验箱的电池板接口和温控仪接口

☆ **注意事项**

（1）航插具有方向性，注意观察航插接口处的突起部分。

（2）温控仪接口无方向，直接插入即可。

（3）实施过程中，注意不要带电操作。

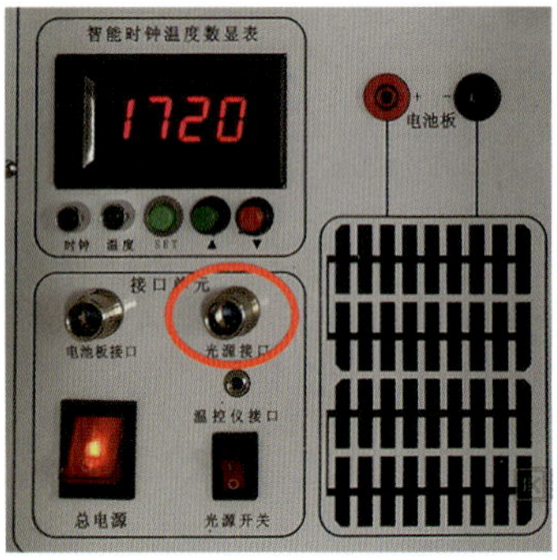

图 5-8　光源接口

3）步骤三，将光源接口插入实验箱光源接口

光源接口（见图 5-8）的航插为 2 芯插头，将其按照方向插入实验箱对应的母座内即可。在接线完毕后，即可依次打开总电源开关和光源开关，检查光源是否正常发光及光伏电池是否正常工作，如图 5-9、图 5-10 所示。

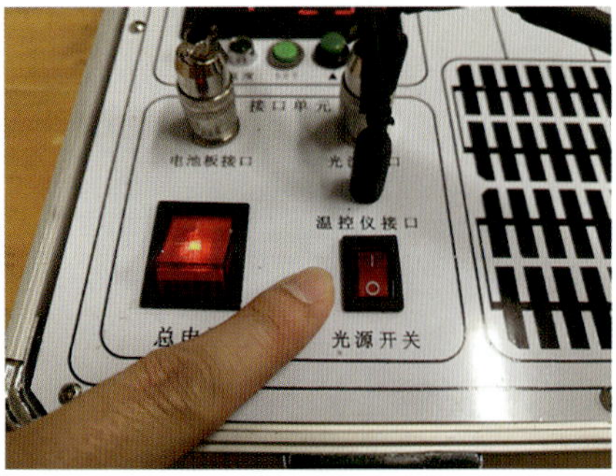

图 5-9　打开总电源开关和光源开关

图 5-10　检查光源工作是否正常

☆ **注意事项**

(1) 光源开启后，外壳温度较高，不要触摸外壳。

(2) 实施过程中，注意不要带电操作。

4) 步骤四，依照独立光伏发电系统结构进行连线

独立光伏发电系统的连线如图 5-11 所示。

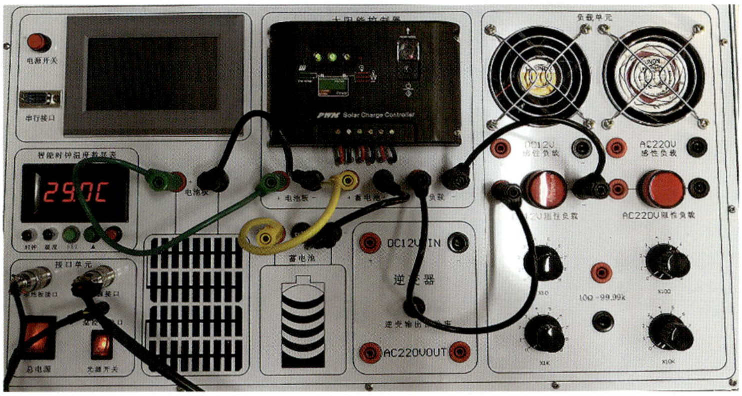

图 5-11　独立光伏发电系统的连线

5) 步骤五，控制器控制蓄电池对负载进行放电

点击光伏充电控制器上的负载输出按钮，实现独立系统的负载驱动功能。当系统电池电压足够时，蓄电池通过控制器对负载进行放电，如图 5-12 所示。

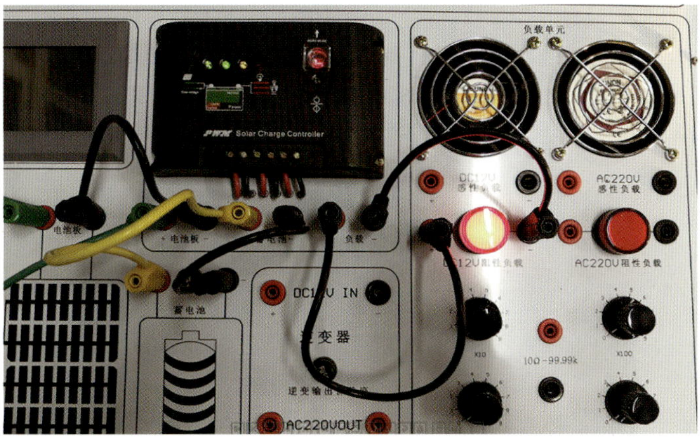

图 5-12　控制器控制蓄电池对负载进行放电

☆ **注意事项**

(1) 根据控制器灯的颜色可以判断蓄电池是处于充电状态还是放电状态。

(2) 通过控制器连接光伏电池和负载，可以防止蓄电池过充电和过放电。

6) 步骤六，将逆变器连接至控制器输出端，并将交流负载连接至逆变器输出端

如果需要对交流负载进行控制，我们需要将逆变器作为控制器的一级负载连接好，

并将交流负载连接至逆变器输出端，如图 5-13 所示。确认无误后，即可点击控制器输出电流，直流电经过逆变器后，即变为交流电对负载进行驱动。

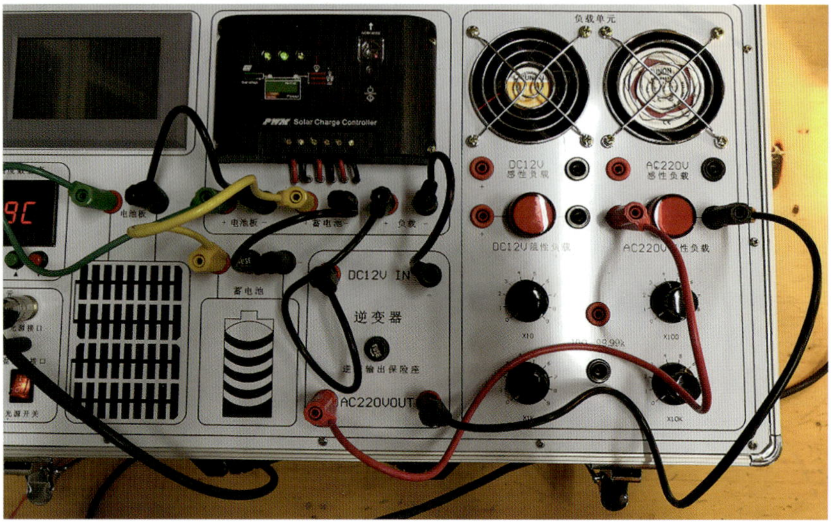

图 5-13　交流负载和控制器的连接

☆ **注意事项**

(1) 连接好逆变器前，切记断开控制器输出。

(2) 切记逆变器输出端不可连接直流负载，否则会将其直接烧毁。

(3) 确认无误后，打开控制器输出端，逆变器稳定后即可输出交流电，此时交流电压高达 220 V，切记不可触碰接线柱。

7）步骤七，在实验报告上绘制光伏发电系统的结构图

最后在实验报告上绘制光伏发电系统的结构图。

4. 能力提升

能力提升包括制定计划、要点归纳、训练记录三个方面。

1）制定计划

要求指引	分组分工，梳理流程，制定计划，协作共同完成； 详细记录，展示成果，分享经验，互相查漏补缺； 自评互评，总结反思，巩固提高，分阶突破难点。
安排组织	每 3～4 名学生组成小组，设组长 1 名，负责带领本组同学分工合作，制定工作计划，学习行为组织。教师负责学习引导、安全监督、控制进度、规范流程、保证教学质量。本小组成员及分工如下：
工作计划	小组讨论结果如下：
预期目标	

2）要点归纳

知识笔记 & 思维导图
工艺流程

3）训练记录

基本信息	任务内容	了解风光互补发电系统的结构、功能和进行远程数据获取——了解光伏发电系统的构成	
	小组成员		
	所需条件		
	完成时间		
序号	训练内容	完成情况	
1	打开光伏发电实验箱，取出线材	记录：	结果：

续表

2	光伏组件航插对接实验箱组件输入端口	记录：	结果：
3	将光源接口插入实验箱光源接口	记录：	结果：
4	依照独立光伏发电系统结构进行连线	记录：	结果：
5	控制器控制蓄电池对负载进行放电	记录：	结果：
6	将逆变器连接至控制器输出端，并将交流负载连接至逆变器输出端	记录：	结果：
7	在实验报告上绘制光伏发电系统的结构图	记录：	结果：

5. 评价反馈

1）鉴定评价

任务内容		了解风光互补发电系统的结构、功能和进行远程数据获取——了解光伏发电系统的构成				
小组成员						
评价方式		个人自评、小组互评、教师评价				
考核项目		评分依据	标准分数	个人自评	小组互评	教师评价
学习过程	制定计划	是否正确可行	10			
	要点归纳	是否全面无误	10			
	工具使用	是否熟练有效	10			
	操作环节	是否迅速规范	10			
	完成情况	是否符合要求	10			

续表

训练记录	知识内容	是否详实准确	10			
	操作过程	是否熟练完成	10			
	时间统计	是否在规定时间内完成	10			
综合态度	团队协作	是否和谐团结	4			
	讨论分享	是否积极精彩	4			
	安全意识	是否牢固树立	4			
	生产纪律	是否严格遵守	4			
	现场6S	是否执行落实	4			
合计			100			

2）总结反馈

小组成员		
自我反思	任务难点	
	成功之处	
	不足之处	
	改善方案	
小组总结		
教师点评		

任务 2　风力发电机和变频器的控制及数据获取

1. 描述分析

风力发电的时候，风速越大越好么？风力发电机组为何需要设置偏航角度？如何通过变频器控制风机的转速？带着这几个问题，我们进入任务 2 的学习。

2. 知识链接

1）风力发电机及偏航系统

当风吹动叶轮转动的时候，风力发电机组即可发电。风机迎风面最大时获取的能量最多，因此有必要使风机始终朝向风向进行发电作业。可以通过传感器获取风向，并驱动风机偏航系统转向。为了使风机不至于旋转角度太大而扭转内部导线，还需要加装风机偏航角度限位功能，例如偏航角度超过 600°则让系统停机，如图 5-14 所示。

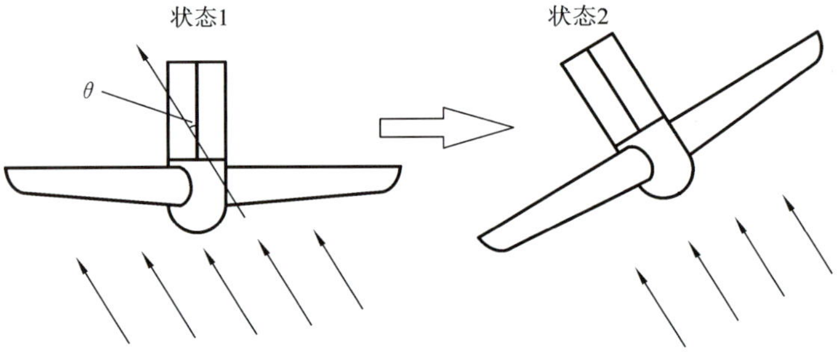

图 5-14　风力发电机偏航示意图

2）实验设备

实验使用风光互补发电实训平台 KNT-WP01，相关设备如表 5-2 所示。

表 5-2　实验设备

名称	风光互补监控系统上位机	风力发电系统控制柜
介绍	内装远程监控系统开发软件，通过 RS485 串口和发电系统的仪表连接	包含风力发电系统电压表、电流表、风速表，以及风力发电机变频器等设备
实物图	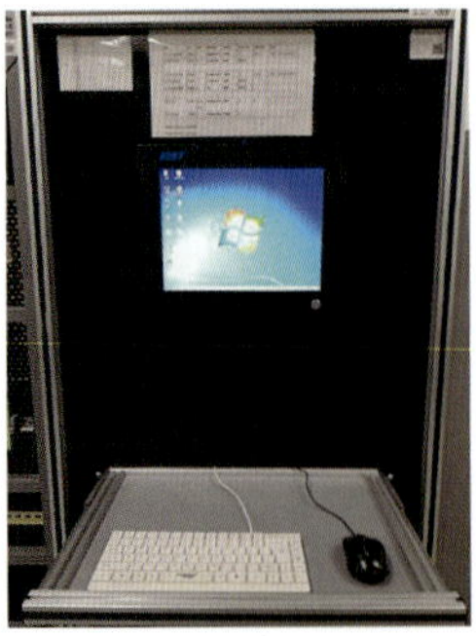	

3. 实施过程

根据实验要求依次按照步骤进行操作，其间务必注意用电安全，上位机设置好后，反复核对软件设置是否正确，如无误即可运行并观察结果，注意做好记录。

1）步骤一，熟悉监控系统的各个模块及功能

熟悉监控系统面板，熟悉其各个模块的作用和特点。

2）步骤二，上位机开机后，打开力控软件

打开上位机，打开力控软件，点击“新建”按钮，建立工程文件，工程文件可用中文命名，如图5-15所示。

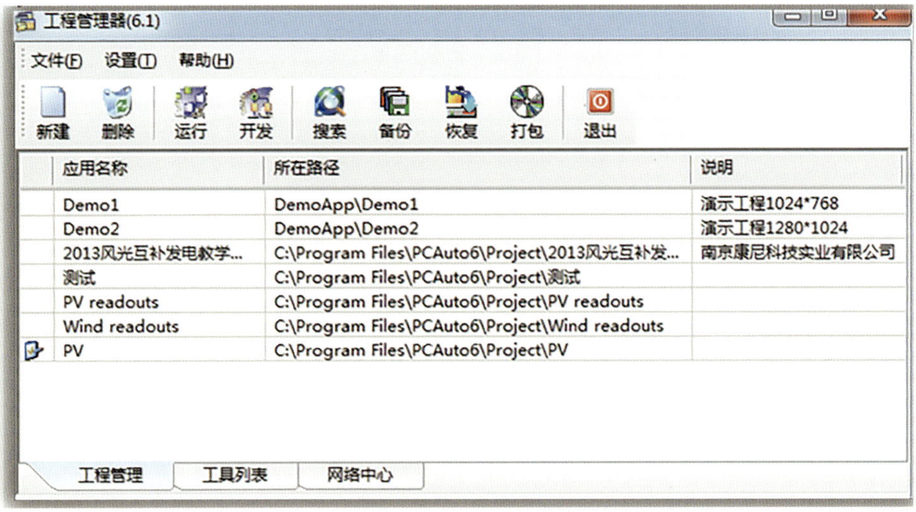

图5-15 建立工程文件

3）步骤三，添加窗口

进入开发页面后，点击左下侧的“工程窗口”选项卡，再双击“窗口”，添加一个监控窗口并命名，窗口可以根据需要进行切换，以便布置更多的虚拟控件或图表，如图5-16所示。

4）步骤四，根据需求添加变频器设备组态

双击“IO设备组态”，如图5-17所示，这样就可进入设备设置界面。在设备设置界面填入设备名称和设备地址，其中，设备的通信协议及地址可以参考表5-3。

图5-16 新建窗口

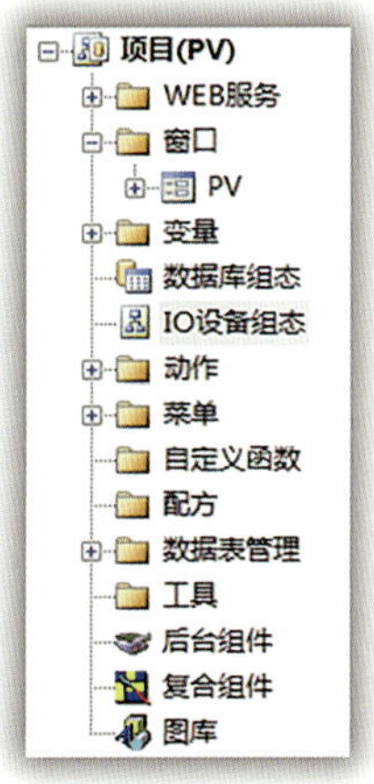

图5-17 双击“IO设备组态”

表 5-3　各个设备通信协议设置表

设备	端口	地址	通信协议	波特率/bps	校验方式	数据偏置	备注
光伏充电控制器	COM4	1	MODBUS RTU	19200	无	1,3,5,7	勾选"支持16号命令"
光伏发电 PLC	COM1	2	S7-200-PPI	9600	偶校验	—	—
风力发电控制器	COM5	1	MODBUS RTU	19200	无	1,3,5,7	勾选"支持16号命令"
风力发电 PLC	COM2	2	S7-200-PPI	9600	偶校验	—	—
风力发电变频器	COM2	3	USS	9600	偶校验	—	—
数显仪表	COM3	1,2,3,4,5,6	MODBUS RTU	9600	无	6	—
逆变控制器	COM6	1	MODBUS RTU	19200	无	—	—

数据格式浮点:F1 F2 F3 F4

数据格式整数:F4 F3 F2 F1

添加变频器设备组态示意图如图 5-18 所示，设置变频器通信参数，如图 5-19、图 5-20 所示，变频器设备组态添加成功示意图如图 5-21 所示。

图 5-18　添加变频器设备组态示意图

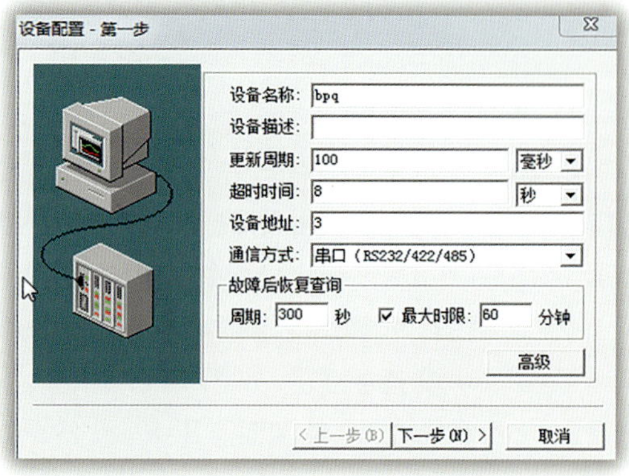

图 5-19　设置变频器通信参数 1

图 5-20　设置变频器通信参数 2

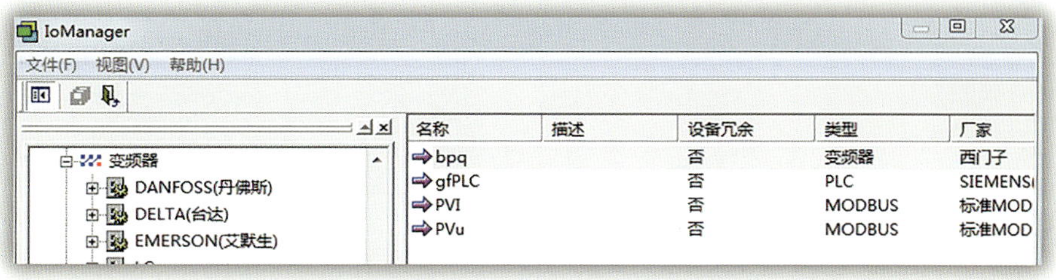

图 5-21　变频器设备组态添加成功示意图

5）步骤五，设置数据库组态

依次将启动和停止变频器所需的 15 个模拟 I/O 点全部添加进数据库组态，如图 5-22、图 5-23、图 5-24 所示。

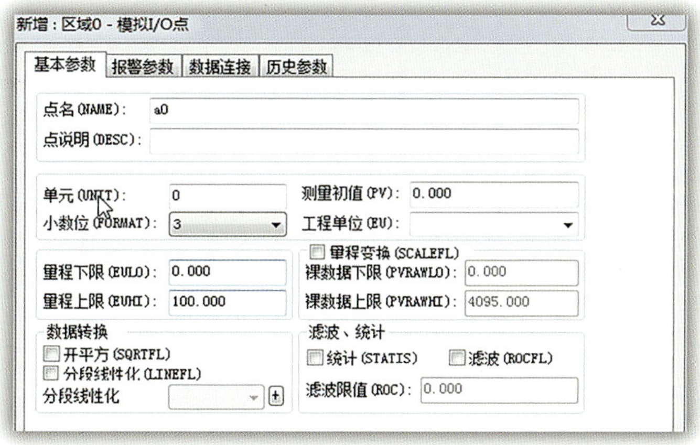

图 5-22　在数据库组态中添加模拟 I/O 点

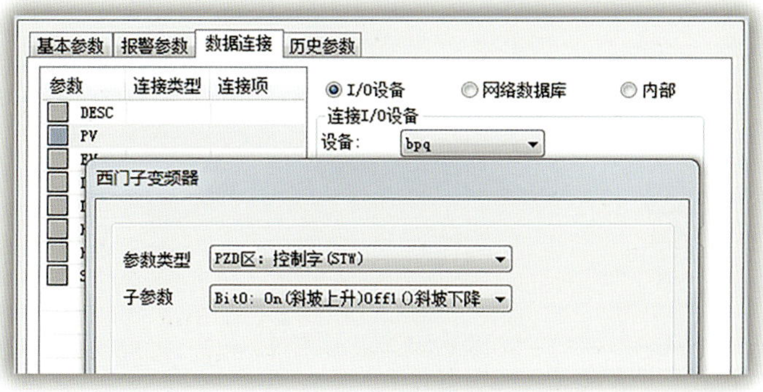

图 5-23　选择变频器

除此之外，还需要添加变频器旋转速度控制字和实际转速输出字，所以要定义两个变量，一个为变频器转速设定值，一个为变频器转速实际输出值，如图 5-25 所示。

6）步骤六，在窗口中编辑按钮动作和操作数据

设置好数据库组态后，保存工作并进入窗口。在“基本图元”中找到“增强型按钮”并将其放置在窗口图纸上，双击“增强型按钮”进入向导进行设置，然后选择“左键动作”

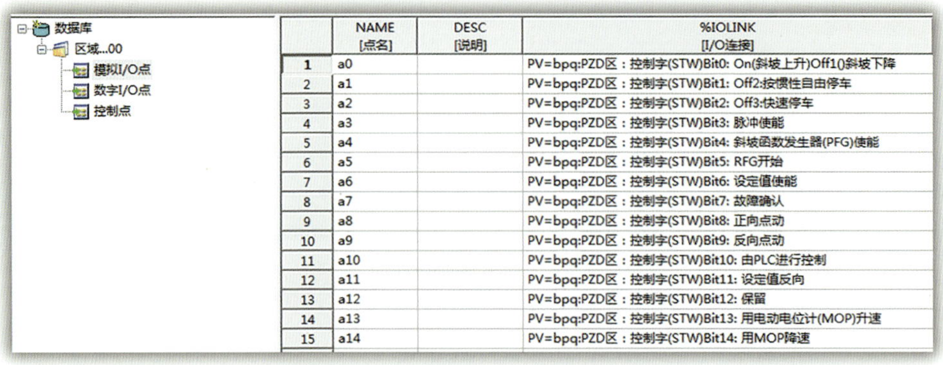

图 5-24　变频器控制所需的数据组态

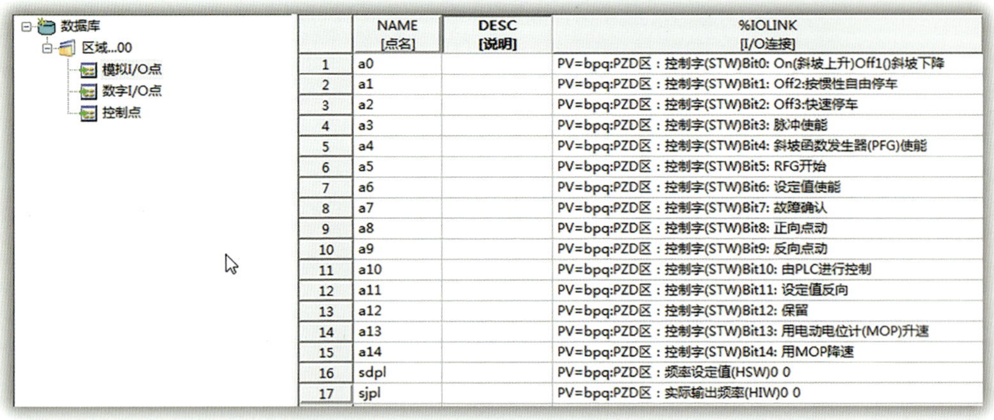

图 5-25　转速设定值和转速实际输出值

进入脚本编辑器界面，如图 5-26 至图 5-28 所示。

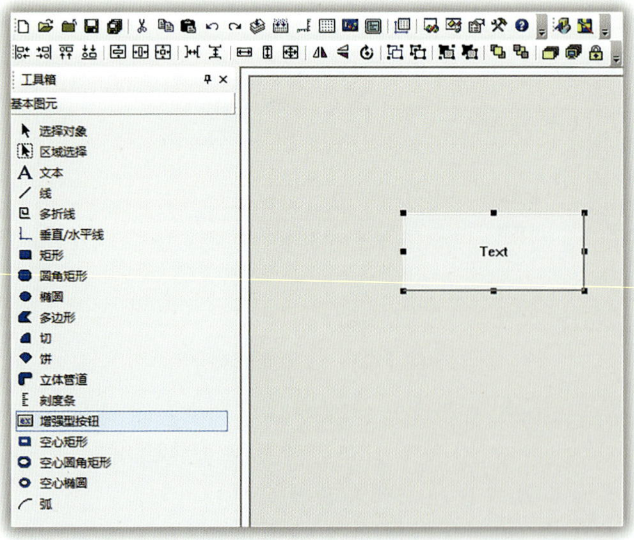

图 5-26　增强型按钮

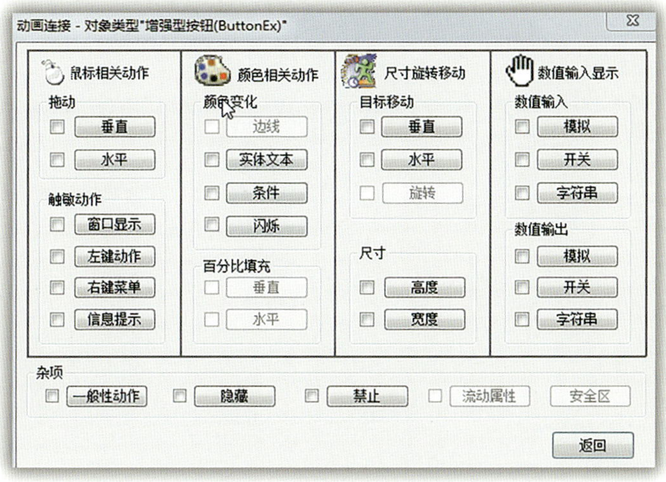

图 5-27 动作设置界面

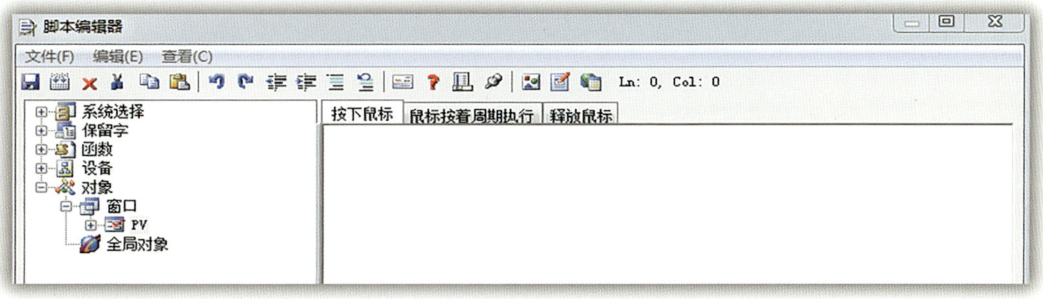

图 5-28 进入脚本编辑器界面

在脚本编辑器界面，将启动信号数据填入脚本栏内，如图 5-29 所示，并执行编译，如果有错误请及时改正，直至通过编译。

图 5-29 左键点击所需执行的数据脚本

除了启动和停止变频器外，我们还需要对变频器的输出进行随意修改，所以需要添加如图 5-30 所示的文本输入框。双击文本输入框，弹出“文本属性设置”窗口，如图5-31

所示，点击“变量名”右侧的问号按钮，选择设定的频率数据点，如图 5-32 所示，点击“确定”，如图 5-33 所示，如此即可由文本输入框直接输入设定频率的值。

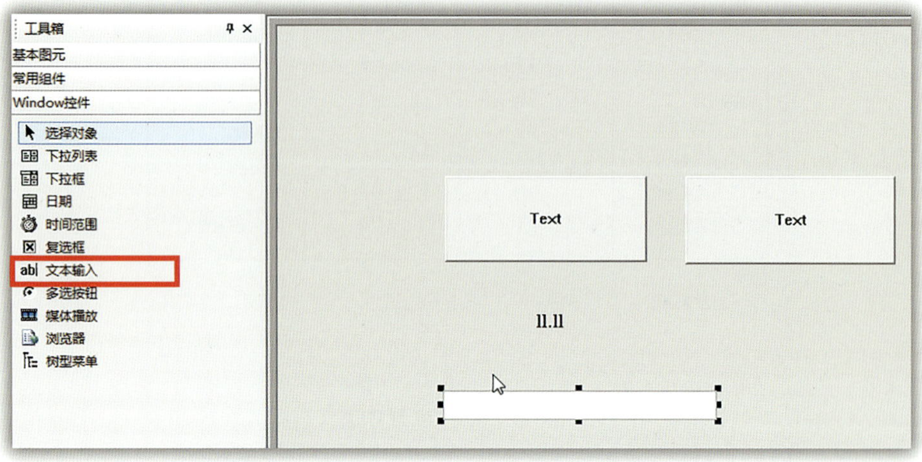

图 5-30　Windows 控件栏目下找到“文本输入”

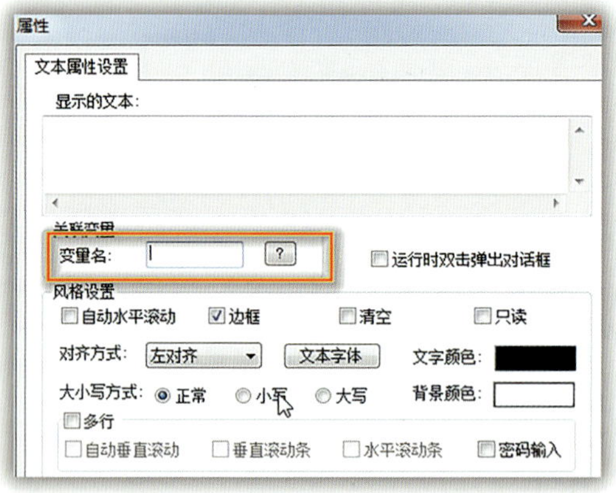

图 5-31　文本属性设置窗口

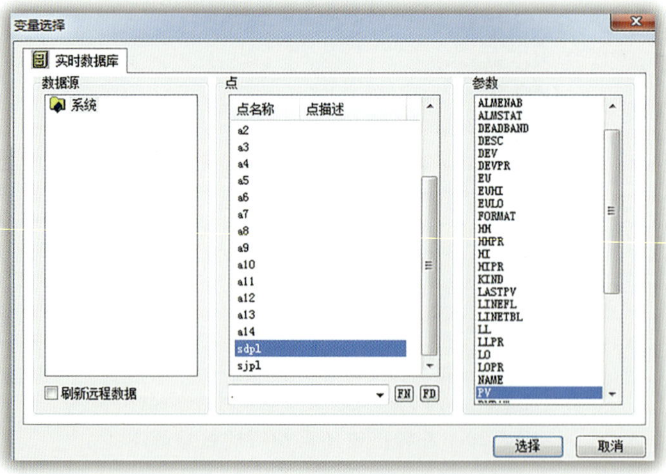

图 5-32　选择设定的频率数据点

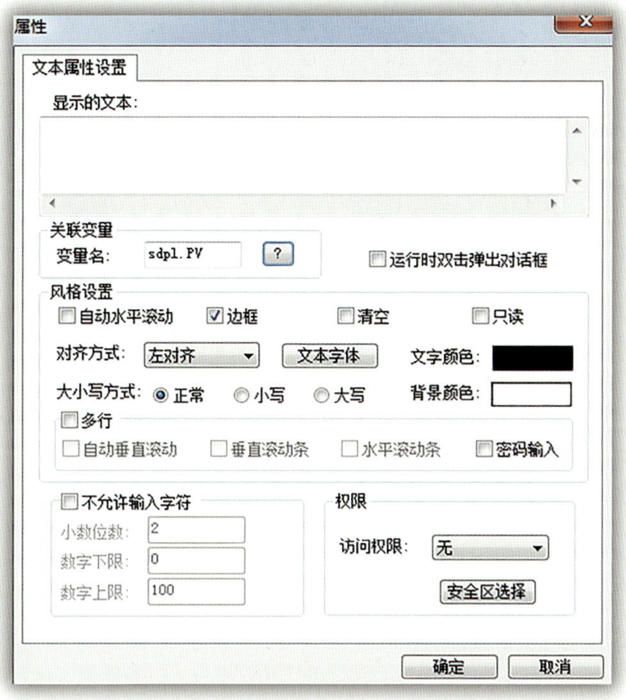

图 5-33 关联变量完毕后即可点击“确定”

我们还可以利用“下拉框”直接选中所需设定的频率值，并将其赋值给设定频率。我们在“Windows 控件”中找到“下拉框”并将其放置在图纸上，如图 5-34 所示。双击进入“下拉框”，在输入列表中输入几个变频器目标值，如图 5-35 所示。

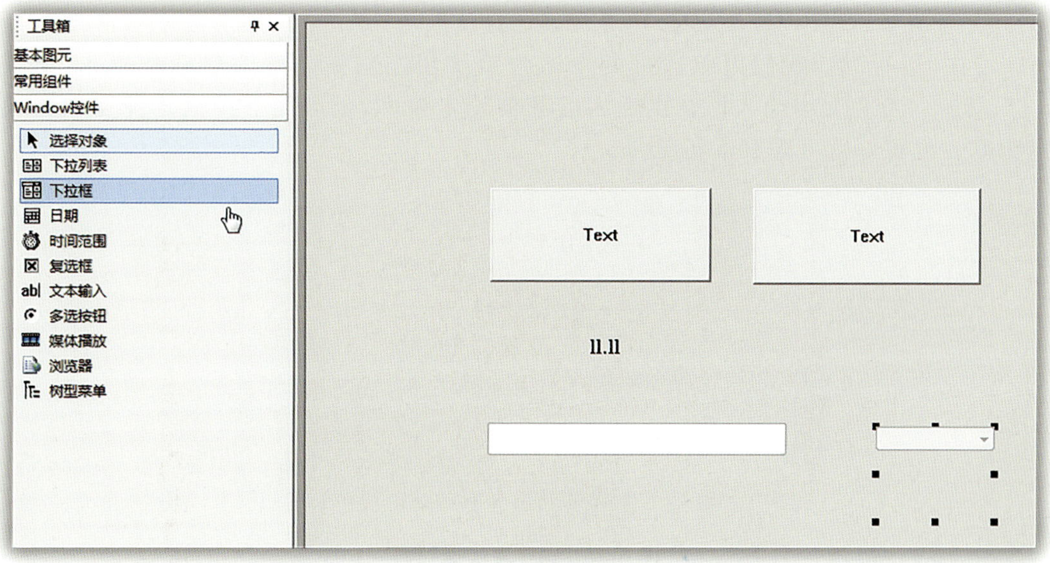

图 5-34 在“Windows 控件”栏目下找到“下拉框”

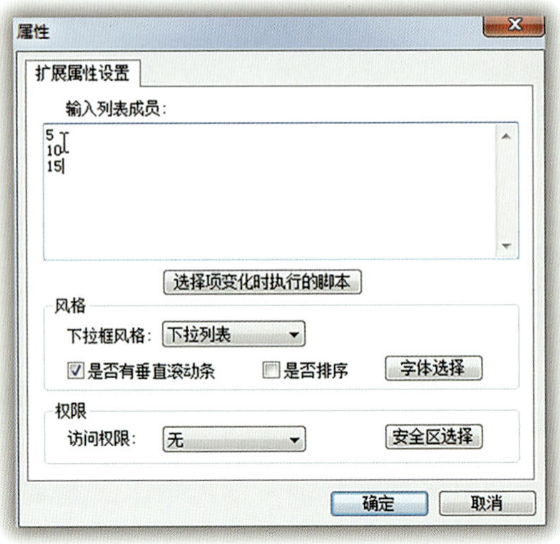

图 5-35 输入变频器目标值

点击“选择项变化时执行的脚本”按钮，进入脚本编辑界面，如图 5-36 所示，依次选择获取输入列表成员的值，并赋值给设定频率。

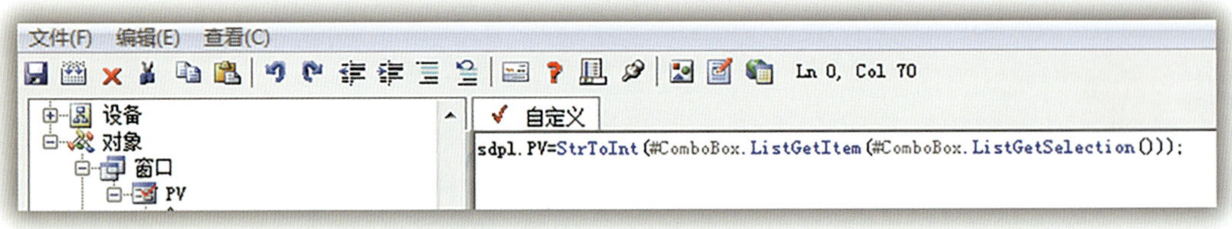

图 5-36 完成赋值

7）步骤七，设置初始启动窗口，并观察运行结果

点击“运行”后，我们可以通过两个增强型按钮控制变频器的启动和停止，如图 5-37 所示。可在文本输入框直接输入变频器设定频率，也可在下拉框选择变频器设定频率。设置好后可观察运行结果。

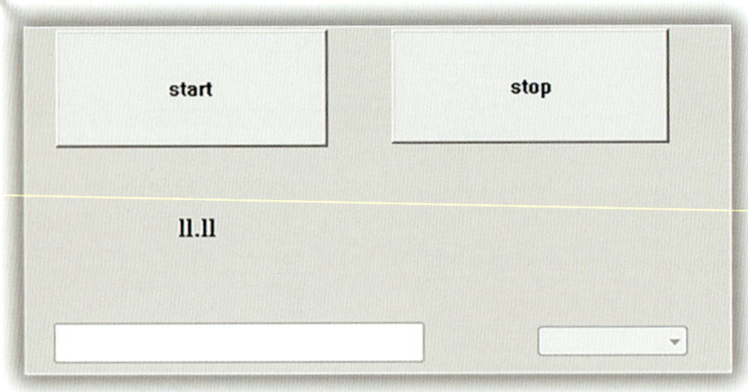

图 5-37 操作变频器界面

4. 能力提升

能力提升包括制定计划、要点归纳、训练记录三个方面。

1）制定计划

要求指引	分组分工，梳理流程，制定计划，协作共同完成； 详细记录，展示成果，分享经验，互相查漏补缺； 自评互评，总结反思，巩固提高，分阶突破难点。
安排组织	每3～4名学生组成小组，设组长1名，负责带领本组同学分工合作，制定工作计划，学习行为组织。教师负责学习引导、安全监督、控制进度、规范流程、保证教学质量。本小组成员及分工如下：
工作计划	小组讨论结果如下：
预期目标	

2）要点归纳

知识笔记 & 思维导图
工艺流程

3）训练记录

<table>
<tr><td rowspan="4">基本信息</td><td>任务内容</td><td colspan="2">了解风光互补发电系统的结构、功能和进行远程数据获取——风力发电机和变频器的控制及数据获取</td></tr>
<tr><td>小组成员</td><td colspan="2"></td></tr>
<tr><td>所需条件</td><td colspan="2"></td></tr>
<tr><td>完成时间</td><td colspan="2"></td></tr>
<tr><td>序号</td><td>训练内容</td><td colspan="2">完成情况</td></tr>
<tr><td>1</td><td>熟悉监控系统的各个模块及功能</td><td>记录：</td><td>结果：</td></tr>
<tr><td>2</td><td>上位机开机后，打开力控软件</td><td>记录：</td><td>结果：</td></tr>
<tr><td>3</td><td>添加窗口</td><td>记录：</td><td>结果：</td></tr>
<tr><td>4</td><td>根据需求添加变频器设备组态</td><td>记录：</td><td>结果：</td></tr>
<tr><td>5</td><td>设置数据库组态</td><td>记录：</td><td>结果：</td></tr>
</table>

续表

6	在窗口中编辑按钮动作和操作数据	记录：	结果：
7	设置初始启动窗口，并观察运行结果	记录：	结果：

5. 评价反馈

1）鉴定评价

任务内容		了解风光互补发电系统的结构、功能和进行远程数据获取——风力发电机和变频器的控制及数据获取				
小组成员						
评价方式		个人自评、小组互评、教师评价				
考核项目		评分依据	标准分数	个人自评	小组互评	教师评价
学习过程	制定计划	是否正确可行	10			
	要点归纳	是否全面无误	10			
	工具使用	是否熟练有效	10			
	操作环节	是否迅速规范	10			
	完成情况	是否符合要求	10			
训练记录	知识内容	是否详实准确	10			
	操作过程	是否熟练完成	10			
	时间统计	是否在规定时间内完成	10			
综合态度	团队协作	是否和谐团结	4			
	讨论分享	是否积极精彩	4			
	安全意识	是否牢固树立	4			
	生产纪律	是否严格遵守	4			
	现场6S	是否执行落实	4			
合计			100			

2）总结反馈

<table>
<tr><td>小组成员</td><td colspan="2"></td></tr>
<tr><td rowspan="4">自我反思</td><td>任务难点</td><td></td></tr>
<tr><td>成功之处</td><td></td></tr>
<tr><td>不足之处</td><td></td></tr>
<tr><td>改善方案</td><td></td></tr>
<tr><td>小组总结</td><td colspan="2"></td></tr>
<tr><td>教师点评</td><td colspan="2"></td></tr>
</table>

任务 3　仪表数据处理和图表生成

1. 描述分析

获取系统数据后，能否保存并处理它们？如何利用这些数据获得更加直观的曲线？带着这几个问题，我们进入任务 3 的学习。

2. 知识链接

1）数据处理

充分利用远程获取的数据，将其记录或进行处理，最终获得曲线以便进行分析。

2）实验设备

实验使用风光互补发电实训平台 KNT-WP01。

3. 实施过程

根据实验要求依次按照步骤进行操作，其间务必注意用电安全，上位机设置好后，反复核对软件设置是否正确，如无误即可运行并观察结果，注意做好记录。

1）步骤一，开机

以光伏面板输出数据为基础进行实验，打开上位机，进入力控软件。

2）步骤二，建立新工程

进入开发页面后，添加窗口。

3）步骤三，根据需求添加设备组态

双击“IO 设备组态”，在“I/O 设备”列表中选择“MODBUS”，如图 5-38 所示，并依次在次级目录中选择“标准 MODBUS”、“MODBUS(RTU 串行口)”，这样就可进入设备设置界面。在设备设置界面填入设备名称和设备地址，其中，设备的通信协议及地址可以参考表 5-3。

以光伏电流表为例，其通信端口为“COM3”，通信地址为 1，通信协议为“MODBUS RTU”，波特率为 9600 bps，校验方式为“无”，数据偏置为 6，具体设置流程如图 5-39 至图5-42 所示。

图 5-38　MODBUS 通信协议

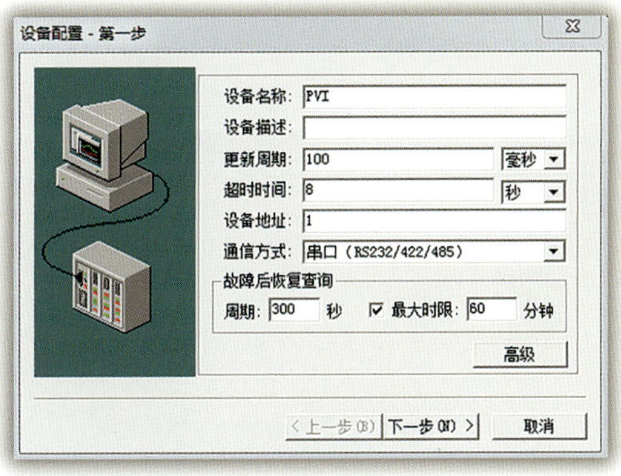

图 5-39　端口设置界面

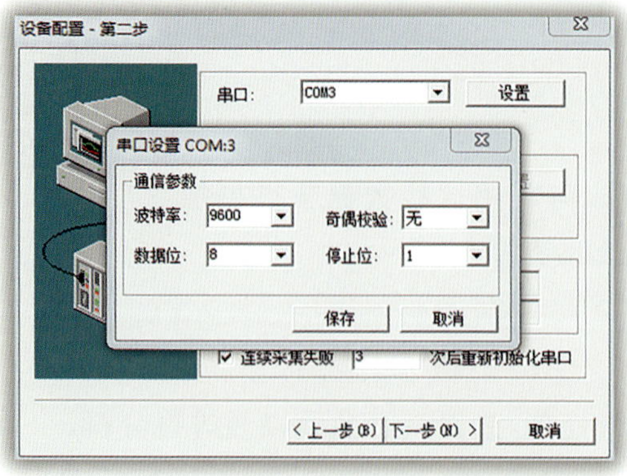

图 5-40 波特率、校验方式设置界面

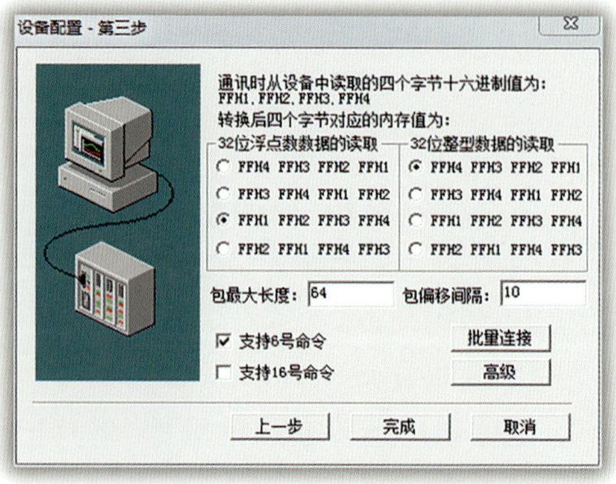

图 5-41 数据格式设置界面

名称	描述	设备冗余	类型	厂家	型号
gfPLC		否	PLC	SIEMENS(西...	S7-200(PPI)
PVI		否	MODBUS	标准MODBUS	MODBUS(R
PVu		否	MODBUS	标准MODBUS	MODBUS(R

图 5-42 继续添加电压表、PLC 设备

4）步骤四，添加好设备后，需要建立设备对应的数据库组态

双击左侧的“数据库组态”，进入数据库组态设置界面，如图 5-43 所示。

图 5-43 双击“数据库组态”

双击右侧空白栏，在弹出的窗口中选择需要创建的数据类型，这里我们选择“模拟 I/O 点”并双击，如图 5-44 所示。在弹出的新增窗口上，在“基本参数”选项卡中填入数据点名称，例如电流符号 I，我们填入“I”即可知道这个数据是电流表的读数，如图 5-45 所示。

然后点击“数据连接”选项卡，在“设备”下拉列表中找到这个数据点对应的设备，例如，I 点来自于电流表，则我们在下拉列表中找到设备“PVI”(此设备名称在 I/O 设备

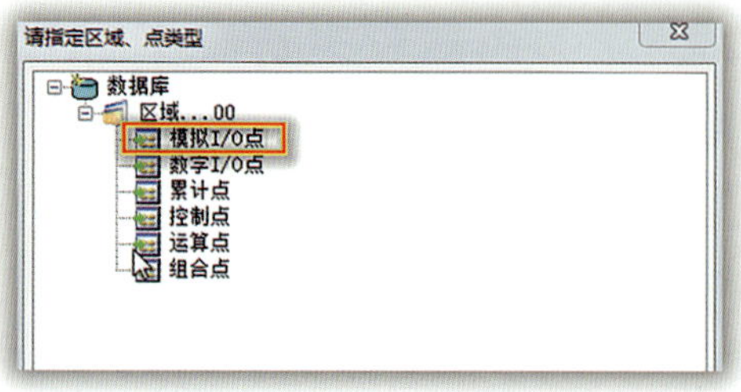

图 5-44 双击“模拟 I/O 点”

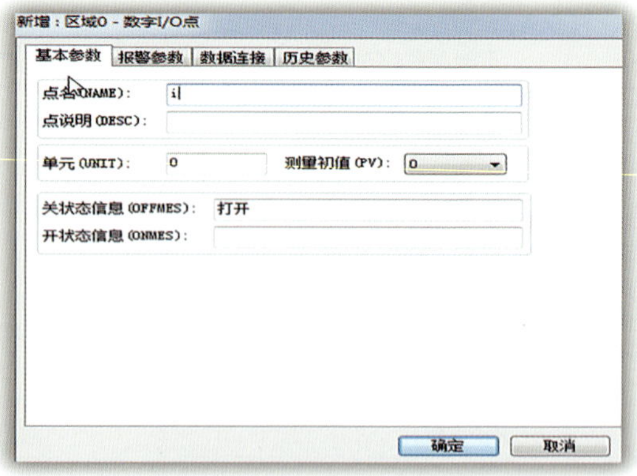

图 5-45 在“基本参数”选项卡中填入数据点名称

组态中定义了)，如图 5-46 所示，然后点击“增加”按钮，选择数据来源和格式，如图 5-47 所示。这里我们选择“03 号功能码(HR 保持寄存器)”，数据偏置为“6”，数据格式为“32 位 IEEE 浮点数”，然后点击“确定”即可。设置好数据库组态后，记得一定要点击“保存”按钮，否则会丢失数据信息。

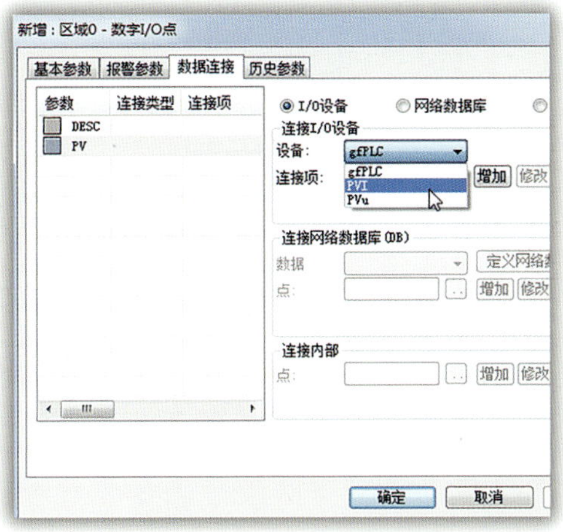

图 5-46 选择数据点对应的设备

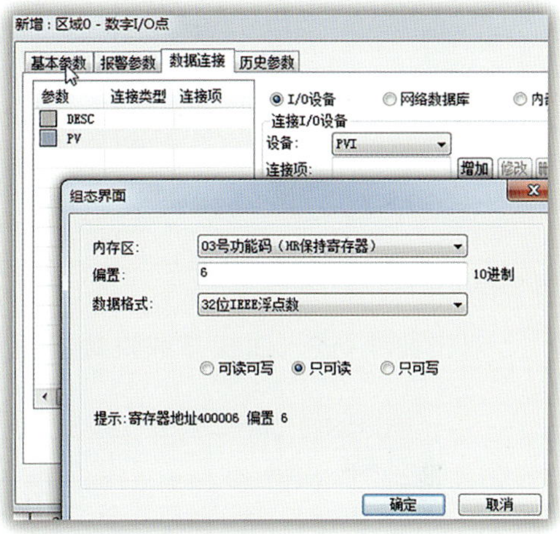

图 5-47 选择数据来源和格式

在“数据连接”选项卡中分别选择 P1 和 P2，并让其连接至内部数据电流 I 和电压 U，如图 5-48 所示。

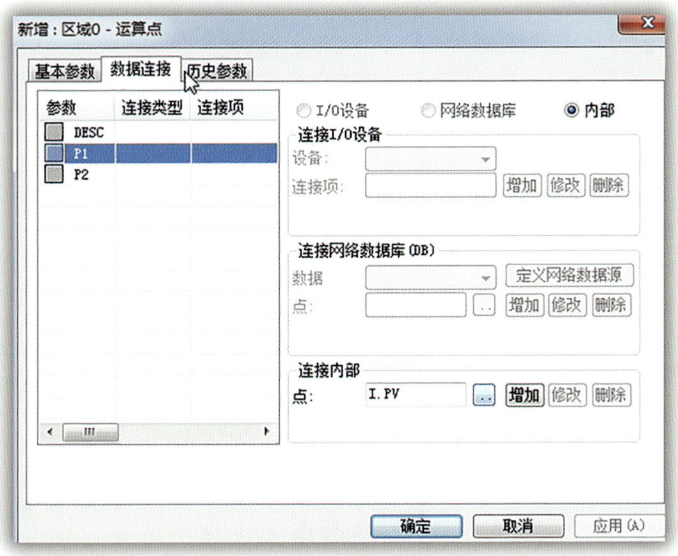

图 5-48 连接至内部数据

5）步骤五，在窗口中建立实时 X-Y 曲线

在窗口中的工具箱下的“常用组件”下可以找到“X-Y 曲线”或者“趋势曲线”，这里我们研究光伏电池功率与电压的关系，因此选择“X-Y 曲线”，如图 5-49 所示。实时 X-Y 曲线如图 5-50 所示。

图 5-49　选择“X-Y 曲线”

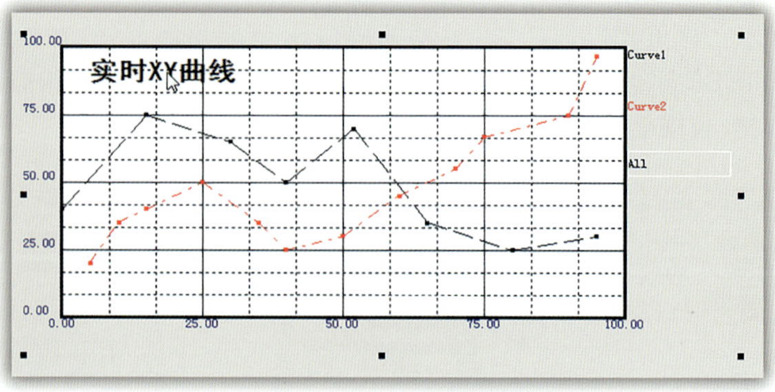

图 5-50　实时 X-Y 曲线

双击曲线，进入曲线参数设置界面，如图 5-51 所示。

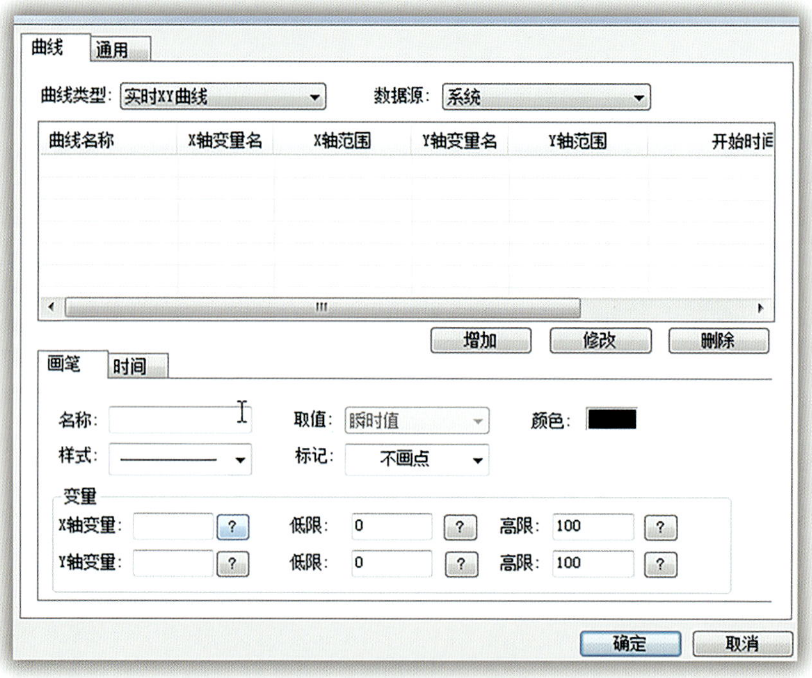

图 5-51　曲线参数设置界面

点击“X 轴变量”右边的问号，进入“变量选择”界面，这里我们选择电压 u 作为横坐标参数，功率 p 作为纵坐标参数，如图 5-52 和图 5-53 所示。

为了曲线表现合理，我们可以给各个坐标轴指定上下限，例如指定电压上限为 16 V，指定功率上限为 0.3 W。然后可以给曲线命名，并修改曲线颜色或曲线表现形式，点击“增加”按钮将设置添加进曲线列表中，如图 5-54 所示。

6）步骤六，保存窗口并运行

运行窗口后，缓慢旋转光伏系统的负载，通过改变负载大小即可获取光伏面板的输出电压和输出功率的关系曲线，如图 5-55 所示。通过分析此图我们可以直观得到光伏面板最大功率点的电压及最大功率点。

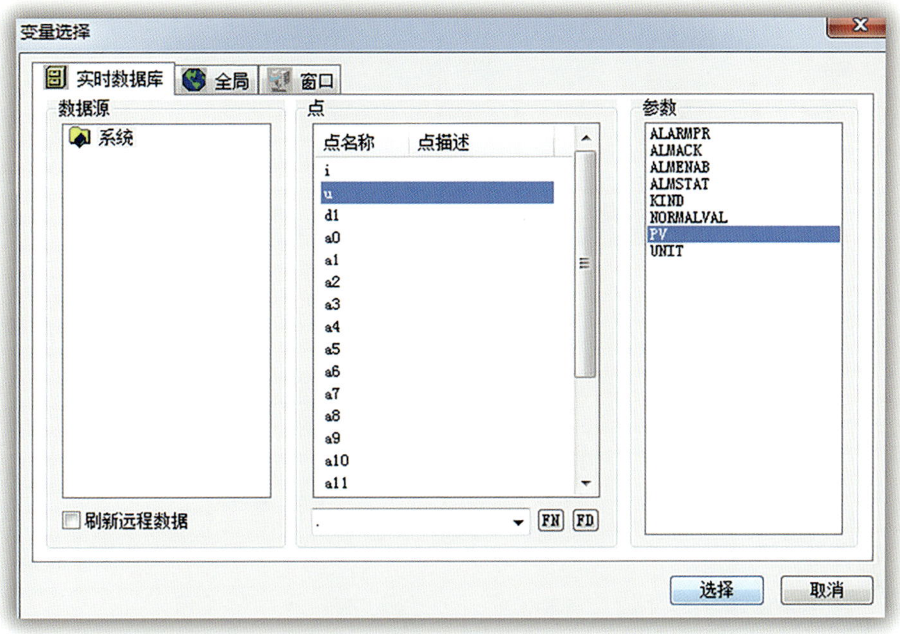

图 5-52 选择电压 u 作为横坐标参数

图 5-53 选择功率 p 作为纵坐标参数

7）步骤七，建立伏安特性曲线

按照前面的操作步骤添加 X-Y 曲线，并建立伏安特性曲线。

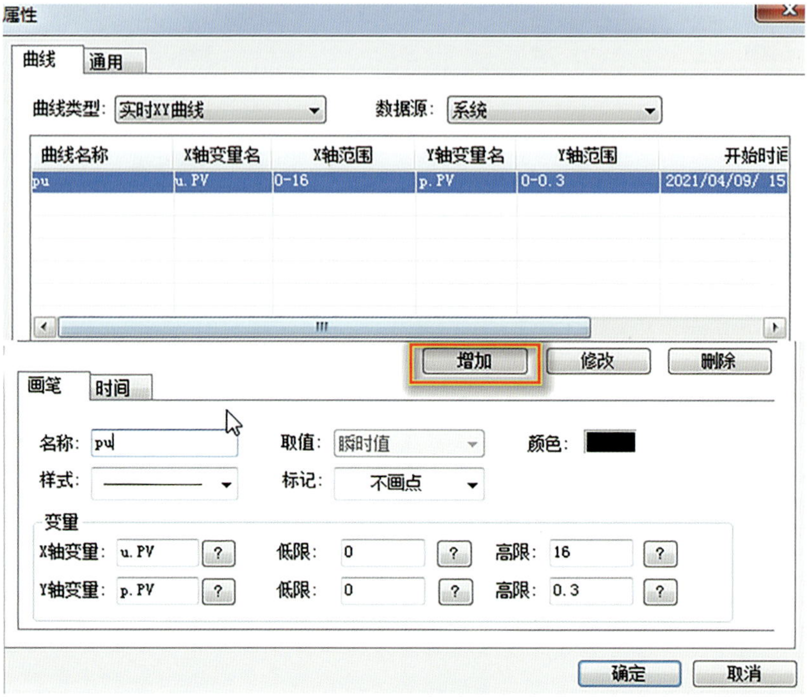

图 5-54　添加设置

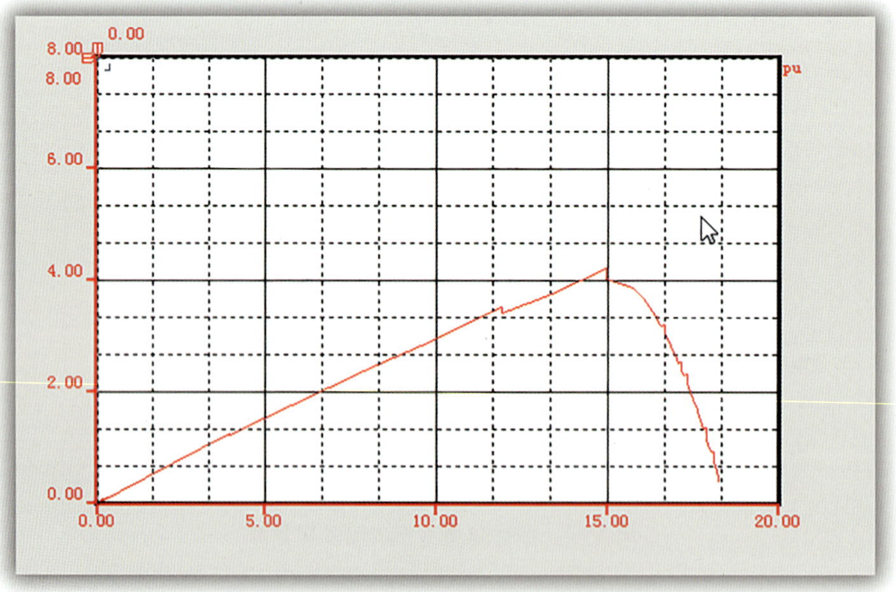

图 5-55　光伏面板的 p-u 曲线

4. 能力提升

能力提升包括制定计划、要点归纳、训练记录三个方面。

1）制定计划

要求指引	分组分工，梳理流程，制定计划，协作共同完成； 详细记录，展示成果，分享经验，互相查漏补缺； 自评互评，总结反思，巩固提高，分阶突破难点。
安排组织	每3～4名学生组成小组，设组长1名，负责带领本组同学分工合作，制定工作计划，学习行为组织。教师负责学习引导、安全监督、控制进度、规范流程、保证教学质量。本小组成员及分工如下：
工作计划	小组讨论结果如下：
预期目标	

2）要点归纳

知识笔记 & 思维导图

续表

工艺流程

3）训练记录

基本信息	任务内容	了解风光互补发电系统的结构、功能 和进行远程数据获取——仪表数据处理和图表生成	
	小组成员		
	所需条件		
	完成时间		
序号	训练内容	完成情况	
1	开机	记录：	结果：
2	建立新工程	记录：	结果：
3	根据需求 添加设备组态	记录：	结果：
4	添加好设备后， 需要建立设备对应 的数据库组态	记录：	结果：

续表

5	在窗口中建立实时 X-Y 曲线	记录：	结果：
6	保存窗口并运行	记录：	结果：
7	建立伏安特性曲线	记录：	结果：

5. 评价反馈

1）鉴定评价

任务内容		了解风光互补发电系统的结构、功能 和进行远程数据获取——仪表数据处理和图表生成				
小组成员						
评价方式		个人自评、小组互评、教师评价				
考核项目		评分依据	标准分数	个人自评	小组互评	教师评价
学习过程	制定计划	是否正确可行	10			
	要点归纳	是否全面无误	10			
	工具使用	是否熟练有效	10			
	操作环节	是否迅速规范	10			
	完成情况	是否符合要求	10			
训练记录	知识内容	是否详实准确	10			
	操作过程	是否熟练完成	10			
	时间统计	是否在规定时间内完成	10			
综合态度	团队协作	是否和谐团结	4			
	讨论分享	是否积极精彩	4			
	安全意识	是否牢固树立	4			
	生产纪律	是否严格遵守	4			
	现场 6S	是否执行落实	4			
合计			100			

2）总结反馈

<table>
<tr><td>小组成员</td><td colspan="2"></td></tr>
<tr><td rowspan="4">自我反思</td><td>任务难点</td><td></td></tr>
<tr><td>成功之处</td><td></td></tr>
<tr><td>不足之处</td><td></td></tr>
<tr><td>改善方案</td><td></td></tr>
<tr><td>小组总结</td><td colspan="2"></td></tr>
<tr><td>教师点评</td><td colspan="2"></td></tr>
</table>

高等职业教育智能光电技术应用专业群
建设项目系列教材

- 电工电子技术与虚拟仿真
- Altium Designer 电路设计与制作图解
- 光机电系统集成及调试
- 光电器件装配与调试
- 光电探测技术与应用
- 激光原理与应用
- 电路基础

策划编辑：王红梅
责任编辑：刘艳花　李　露
封面设计：秦　茹

说明：与本系列教材相关的教学资源可登录
华中科技大学出版社教学资源网http://www.hustp.com查得。

ISBN 978-7-5680-7684-5

9 787568 076845 >

定价：78.00元